PyTorch
编程技术与深度学习

袁梅宇　编著

清华大学出版社
北京

内容简介

本书讲述深度学习的基本原理，使用 PyTorch 展示涉及的深度学习算法。通过理论讲解和编程操作，使读者了解并掌握深度学习的原理和 PyTorch 编程技能，拉近理论与实践的距离。全书共分 9 章，主要内容包括 PyTorch 介绍、PyTorch 基础编程、深度学习快速入门、神经网络训练与优化、卷积神经网络原理、卷积神经网络示例、词嵌入模型、循环神经网络原理、NLP 示例。书中不但涵盖成熟的卷积神经网络和循环神经网络的原理和示例，还包含一些新的如 Transformer 和知识蒸馏的内容。全书源代码全部在 Python 3.7.4 + PyTorch 1.9.0 版本上调试成功。

本书适合深度学习和 PyTorch 编程人员作为入门和提高的技术参考书使用，也适合用作计算机专业高年级本科生和研究生的教材或教学参考书。

本书封面贴有清华大学出版社防伪标签，无标签者不得销售。
版权所有，侵权必究。举报: 010-62782989, beiqinquan@tup.tsinghua.edu.cn。

图书在版编目(CIP)数据

PyTorch 编程技术与深度学习/袁梅宇编著. —北京: 清华大学出版社，2022.4 (2023.11重印)
ISBN 978-7-302-60208-8

Ⅰ. ①P… Ⅱ. ①袁… Ⅲ. ①机器学习 Ⅳ. ①TP181

中国版本图书馆 CIP 数据核字(2022)第 033315 号

责任编辑: 魏　莹
封面设计: 李　坤
责任校对: 周剑云
责任印制: 曹婉颖

出版发行: 清华大学出版社
网　　址: http://www.tup.com.cn, http://www.wqbook.com
地　　址: 北京清华大学学研大厦 A 座　　　邮　　编: 100084
社 总 机: 010-83470000　　　邮　　购: 010-62786544
投稿与读者服务: 010-62776969, c-service@tup.tsinghua.edu.cn
质量反馈: 010-62772015, zhiliang@tup.tsinghua.edu.cn

印 装 者: 三河市东方印刷有限公司
经　　销: 全国新华书店
开　　本: 185mm×230mm　　印　张: 21.5　　字　数: 468 千字
版　　次: 2022 年 6 月第 1 版　　　印　次: 2023 年 11 月第 3 次印刷
定　　价: 89.00 元

产品编号: 090089-01

前言

深度学习是机器学习中最激动人心的领域,深度学习算法工程师、图像视觉工程师和自然语言处理工程师逐渐成为报酬较高的新兴职业,各行各业都在寻求具备深度学习理论知识和实际编程技能的人才。只有具备深度学习相关理论和实践技能才更有可能在上述新兴职业中获得成功,但是学习和掌握神经网络、卷积神经网络、循环神经网络等深度学习理论具有一定的难度,而掌握 PyTorch 等深度学习工具更显得困难,因此拥有一本容易上手的深度学习入门书籍肯定会对初学者有很大的帮助,本书就是专门为初学者精心编写的。

初学者探究深度学习理论与 PyTorch 编程技术一般都会面临两大障碍。第一大障碍是深度学习理论基础,深度学习包含了很多需要掌握的基本概念,如神经元、全连接、Dropout、权重初始化、优化算法、卷积神经网络、卷积层和池化层、残差网络、Inception 网络、迁移学习、知识蒸馏、循环神经网络、LSTM、GRU、双向循环神经网络、词嵌入、Word2Vec、GloVe、注意力机制、Transformer 等,学习和理解这些概念需要花费大量的时间和精力,学习周期漫长。第二大障碍是编程实践,PyTorch 是一个非常庞大的开源平台,拥有一个包含各种工具、库和社区资源的良好生态系统,要在短时间内掌握这些编程技能较为困难,并且由于人工智能领域发展异常迅猛,新技术、新方法层出不穷,PyTorch 的 API 也在不断进化发展,这使得 PyTorch 开发人员在应用中总会遇到新问题,需要与时俱进,不断学习。

本书就是为了让初学者顺利入门而设计的。首先,本书讲述深度学习的基本原理,让读者了解基本的深度学习算法之后,通过实践来解决经典问题,逐步过渡到解决实际问题。其次,本书精心设计了一些构建深度网络的案例,读者能亲身体会如何将深度学习理论应用到实际中,加深对深度学习算法的理解和编程能力的提高,逐步掌握深度学习的原理和编程技能,拉近理论与实践的距离。

本书共分 9 章。第 1 章介绍深度学习和 PyTorch 的基本概念、PyTorch 的安装和常用数据集；第 2 章为 PyTorch 基础编程，主要内容包括张量数据操作、自动求导、数据集 API、torchvision 工具示例和 torchtext 工具示例；第 3 章为深度学习快速入门，主要内容包括线性回归、使用 nn 模块构建线性回归模型、逻辑回归、Softmax 回归、神经网络的基本概念以及 PyTorch 实现；第 4 章为神经网络训练与优化，主要内容包括神经网络迭代概念、正则化方法、优化算法和 PyTorch 的初始化函数；第 5 章为卷积神经网络原理，主要内容包括 CNN 的基本概念、简单的 CNN 网络和 PyTorch 实现 LeNet-5 网络；第 6 章为卷积神经网络示例，主要内容包括经典 CNN 网络、使用预训练的 CNN、知识蒸馏，以及 CNN 可视化；第 7 章为词嵌入模型，主要内容包括词嵌入模型介绍、词嵌入学习，以及 Word2Vec 算法实现；第 8 章为循环神经网络原理，主要内容包括 RNN 介绍、基本 RNN 模型、LSTM、GRU、注意力机制、Transformer 模型原理及 PyTorch 实现；第 9 章为 NLP 示例，主要内容包括情感分析、语言模型，以及文本序列数据生成。

由于深度学习软件更新很快，新开发的代码在旧版本环境下不一定能够兼容运行，为便于读者参考，在此列出本书代码的开发调试环境，即 Python 3.7.4、PyTorch 1.9.0、conda 4.10.3、numpy 1.19.2、torchvision 0.10.0、torchtext 0.10.0、gensim 4.0.1、spacy 2.3.7。此外，本书配套源代码读者可通过扫描右侧的二维码下载使用。

扫码下载配书源代码

作者在写作中付出很多努力和劳动，但限于作者的学识、能力和精力，书中难免会存在一些疏漏或缺陷，敬请各位读者批评指正。感谢昆明理工大学提供的研究和写作环境。感谢清华大学出版社的编辑老师在出版方面提出的建设性意见和给予的无私帮助，没有他们的大力支持、帮助和鼓励，本书不一定能够面世。感谢读者群的一些未见面的群友，他们对作者以前的著作提出宝贵的建议并鼓励作者撰写更多更好的技术书籍，虽然我无法一一列举姓名，但他们的帮助我会一直铭记在心。感谢购买本书的朋友，欢迎批评指正，你们的批评和建议都会受到重视，并在将来再版中改进。

编　者

目录

第1章 PyTorch 介绍 ... 1
1.1 深度学习与 PyTorch 简介 ... 2
1.1.1 深度学习介绍 ... 2
1.1.2 PyTorch 介绍 ... 3
1.2 PyTorch 安装 ... 6
1.2.1 Anaconda 下载 ... 6
1.2.2 Windows 下安装 PyTorch ... 7
1.2.3 Linux Ubuntu 下安装 PyTorch ... 8
1.2.4 Anaconda 管理 ... 9
1.3 常用数据集 ... 12
1.3.1 MNIST 数据集 ... 12
1.3.2 Fashion-MNIST 数据集 ... 14
1.3.3 CIFAR-10 数据集 ... 17
1.3.4 Dogs vs. Cats 数据集 ... 19
1.3.5 AG_NEWS 数据集 ... 20
1.3.6 WikiText2 数据集 ... 22
1.3.7 QIQC 数据集 ... 23
1.3.8 Multi30k 数据集 ... 24
习题 ... 25

第2章 PyTorch 基础编程 ... 27
2.1 张量数据操作 ... 28
2.1.1 张量简介 ... 28
2.1.2 张量操作 ... 28
2.1.3 广播机制 ... 45
2.1.4 在 GPU 上使用 Tensor ... 48
2.2 自动求导 ... 50
2.2.1 自动求导概念 ... 50
2.2.2 自动求导示例 ... 50
2.3 数据集 API ... 53
2.3.1 自定义数据集类 ... 53
2.3.2 DataLoader 类 ... 55
2.4 torchvision 工具示例 ... 57
2.4.1 编写简单的图像数据集 ... 57
2.4.2 Transforms 模块 ... 59
2.4.3 Normalize 用法 ... 61
2.4.4 ImageFolder 用法 ... 62
2.5 torchtext 工具示例 ... 64
2.5.1 编写文本预处理程序 ... 64
2.5.2 使用 torchtext ... 67
习题 ... 70

第3章 深度学习快速入门 ... 71
3.1 线性回归 ... 72
3.1.1 线性回归介绍 ... 72
3.1.2 线性回归实现 ... 76
3.2 使用 nn 模块构建线性回归模型 ... 82
3.2.1 使用 nn.Linear 训练线性回归模型 ... 82
3.2.2 使用 nn.Sequential 训练线性回归模型 ... 85
3.2.3 使用 nn.Module 训练线性回归模型 ... 87
3.3 逻辑回归 ... 88
3.3.1 逻辑回归介绍 ... 89
3.3.2 逻辑回归实现 ... 91

3.4 Softmax 回归 96
    3.4.1 Softmax 回归介绍 96
    3.4.2 Softmax 回归实现 98
3.5 神经网络 103
    3.5.1 神经元 103
    3.5.2 激活函数 104
    3.5.3 神经网络原理 108
    3.5.4 PyTorch 神经网络编程 111
习题 116

第 4 章 神经网络训练与优化 119

4.1 神经网络迭代概念 120
    4.1.1 训练误差与泛化误差 120
    4.1.2 训练集、验证集和测试集划分 121
    4.1.3 偏差与方差 123
4.2 正则化方法 124
    4.2.1 提前终止 125
    4.2.2 正则化 126
    4.2.3 Dropout 127
4.3 优化算法 129
    4.3.1 小批量梯度下降 130
    4.3.2 Momentum 算法 131
    4.3.3 RMSProp 算法 134
    4.3.4 Adam 算法 137
4.4 PyTorch 的初始化函数 139
    4.4.1 普通初始化 139
    4.4.2 Xavier 初始化 140
    4.4.3 He 初始化 141
习题 142

第 5 章 卷积神经网络原理 145

5.1 CNN 介绍 146

    5.1.1 CNN 与图像处理 146
    5.1.2 卷积的基本原理 146
    5.1.3 池化的基本原理 155
5.2 简单的 CNN 网络 158
    5.2.1 定义网络模型 158
    5.2.2 模型训练 160
    5.2.3 模型评估 160
    5.2.4 主函数 161
5.3 PyTorch 实现 LeNet-5 网络 163
    5.3.1 LeNet-5 介绍 163
    5.3.2 LeNet-5 实现 MNIST 手写数字识别 164
    5.3.3 LeNet-5 实现 CIFAR-10 图像识别 168
习题 170

第 6 章 卷积神经网络示例 171

6.1 经典 CNN 网络 172
    6.1.1 VGG 172
    6.1.2 ResNet 173
    6.1.3 Inception 175
    6.1.4 Xception 178
    6.1.5 ResNet 代码研读 179
6.2 使用预训练的 CNN 185
    6.2.1 特征抽取 186
    6.2.2 微调 194
6.3 知识蒸馏 197
    6.3.1 知识蒸馏原理 197
    6.3.2 知识蒸馏示例 199
6.4 CNN 可视化 204
    6.4.1 中间激活可视化 205
    6.4.2 过滤器可视化 212

习题 214

第7章 词嵌入模型 215

7.1 词嵌入模型介绍 216
7.1.1 独热码 216
7.1.2 词嵌入 222

7.2 词嵌入学习 225
7.2.1 词嵌入学习的动机 226
7.2.2 Skip-Gram 算法 227
7.2.3 CBOW 算法 229
7.2.4 负采样 230
7.2.5 GloVe 算法 234

7.3 Word2Vec 算法实现 235
7.3.1 Skip-Gram 实现 235
7.3.2 CBOW 实现 239
7.3.3 负采样 Skip-Gram 实现 243

习题 248

第8章 循环神经网络原理 251

8.1 RNN 介绍 252
8.1.1 有记忆的神经网络 252
8.1.2 RNN 用途 255

8.2 基本 RNN 模型 259
8.2.1 基本 RNN 原理 259
8.2.2 基本 RNN 的训练问题 263
8.2.3 基本 RNN 编程 265
8.2.4 基本 RNN 示例 269

8.3 LSTM 275
8.3.1 LSTM 原理 275
8.3.2 LSTM 编程 279

8.4 GRU 280
8.4.1 GRU 原理 280
8.4.2 GRU 编程 282

8.5 注意力机制 283
8.5.1 Seq2Seq 模型的缺陷 283
8.5.2 机器翻译中的注意力机制 284

8.6 Transformer 模型 286
8.6.1 编码器 287
8.6.2 多头注意力层 288
8.6.3 前向层 289
8.6.4 位置编码 289
8.6.5 解码器 290
8.6.6 解码器层 291
8.6.7 Transformer 的 PyTorch 实现 291

习题 292

第9章 NLP 示例 295

9.1 情感分析 296
9.1.1 AG NEWS 示例 296
9.1.2 Quora 竞赛示例 301

9.2 语言模型 310

9.3 文本序列数据生成 316
9.3.1 向莎士比亚学写诗 316
9.3.2 神经机器翻译 324

习题 333

参考文献 335

第 1 章

PyTorch 介绍

　　机器学习是人工智能的一个重要研究方向,用于研究如何从数据中提取一些潜在且有用模式的算法。深度学习利用深度神经网络来直接从图像、文本和声音数据中学习有用的表示或特征,是机器学习的一个子领域,也是计算机视觉、自然语言处理和其他领域中机器学习最具发展潜力的方向。目前,计算机视觉、自然语言处理、语音识别等领域大都采用深度学习框架,其中最受欢迎的框架之一是 PyTorch,它是由 Facebook(脸书)公司开发的深度学习平台,主要用于实验研究。

　　本章首先介绍深度学习和 PyTorch 的基本概念,然后介绍 PyTorch 的安装配置以及常用数据集。

1.1 深度学习与 PyTorch 简介

本节首先介绍深度学习的发展简史，简单列举了深度学习在计算机视觉和自然语言处理方向的技术，然后介绍 PyTorch 开发环境。

1.1.1 深度学习介绍

深度学习有望成为实现人工智能的最佳途径，未来正向着大型神经系统的方向发展。许多领域都能看到深度学习的巨大进步，如 Google(谷歌)DeepMind 团队研发的人工智能程序 AlphaGo 战胜世界围棋名将李世石、放弃人类经验通过强化方法学习的 AlphaGo Zero 更是棋力飞涨、无人驾驶公交客车正式上路等。相比这些新闻，我们也许更关心其背后的支撑技术，深度学习就是 AlphaGo 和无人驾驶等背后的重要技术。

深度学习已经广泛地应用在计算机视觉、自然语言处理等人工智能领域，极大地推动了人工智能的发展。但深度学习的发展并不是一帆风顺的，其间经历过数次高潮和低谷，是一段漫长的发展史，回顾深度学习的发展历程有助于了解深度学习领域。

最早的神经网络起源于 1943 年由 McCulloch(麦卡洛克)和 Pitts(皮兹)提出的 MCP 神经元模型，包括多个输入参数和权重、内积运算和二值激活函数等神经网络的要素。

1958 年，Rosenblatt(罗森布拉特)发明了感知机(perceptron)算法，感知机能够对输入的多维数据进行二元分类，且能够从训练样本中自动学习更新权值。感知机对神经网络的发展具有里程碑式的意义，引发神经网络的第一次热潮。

1969 年，Minsky(明斯基)证明感知机本质上是一种线性模型，只能处理线性分类问题，甚至连最简单的异或(XOR)问题都无法正确解决。神经网络进入第一个寒冬期，研究陷入近 20 年的停滞。

1986 年，Hinton(辛顿)发明多层感知机的反向传播(BP)算法，解决了非线性分类和参数学习的问题。神经网络再次引起人们广泛的关注，带来神经网络的第二次热潮。

1991 年人们发现，当神经网络的层数增加时，BP 算法会出现"梯度消失"的问题，无法对前层进行有效的学习，并且 20 世纪 90 年代中期以支持向量机(SVM)为代表的机器学习算法取得很好的效果，使得神经网络的发展再次进入衰退期。

2006 年辛顿等正式提出深度学习的概念，并且在世界顶级学术期刊 *Science* 中提出深层网络训练中梯度消失问题的解决方案：使用无监督学习方法逐层训练算法，再使用有监督反向传播算法进行调优，在学术圈引起巨大的反响。

2012 年辛顿课题组参加 ImageNet 图像识别比赛，采用深度学习模型 AlexNet 一举夺冠，碾压第二名的 SVM 方法，深度学习吸引了很多研究者的注意。在随后的 3 年中，深度学习不断在 ImageNet 比赛中取得进步。

2016 年，谷歌公司基于深度学习技术研发的 AlphaGo 以 4∶1 的比分战胜国际顶尖围棋高手李世石，证明在围棋界，基于深度学习技术的计算机已经超越了人类。

2017 年，基于强化学习算法的 AlphaGo 升级版——AlphaGo Zero 诞生，它采用自对弈强化学习的模式——完全从随机落子开始，不再使用人类棋谱。AlphaGo Zero 轻易打败先前的 AlphaGo。

除了以上的图像领域和围棋领域，深度学习在自然语言处理领域也取得了显著成果。例如，词向量(Word2Vec)已经成为自然语言处理的核心，其基本思想是把人类语言中的字或词转换为维度可控的机器容易理解的稠密向量，容易计算出词与词之间的相互关系，因而在机器翻译、情感分析等应用上取得很好的效果。LSTM、GRU、注意力机制、ELMo、Transformer、BERT、GPT、GPT2 和 GPT3 等新模型、新方法令人目不暇接，基于深度学习的自然语言处理在机器翻译、智能问答和聊天机器人等方面都取得长足的进步。

总之，今天的深度学习已经越来越趋于成熟，尽管在落地应用上还需要解决许多实际问题，但深度学习无疑是有趣和有挑战性而又充满希望的新兴领域。

1.1.2　PyTorch 介绍

PyTorch 框架是 Facebook 公司开发的最受欢迎的端到端深度学习平台，是一个由 Python、C++和 CUDA 语言编写的免费开源软件库，广泛用于语音识别、计算机视觉、自然语言处理等各种深度学习网络。PyTorch 主要提供两个高级功能：一是具有强大 GPU 加速的类似 Numpy 的张量计算；二是包含自动求导系统的深度神经网络。

PyTorch 的前身可追溯到 2002 年诞生于纽约大学的 Torch，Facebook 人工智能研究院(FAIR)团队于 2017 年 1 月在 GitHub 上开源了 PyTorch，并迅速占据 GitHub 热度榜榜首。PyTorch 是具有先进设计理念的框架，对 Tensor 之上的所有模块进行了重构，新增先进的自动求导系统，立刻引起广泛关注，并迅速在研究领域流行起来。

在开源框架领域，PyTorch 与 TensorFlow 之间的竞争一直存在，研究人员在写论文时也会有不同的偏向。但近年来，得益于 PyTorch 自身的一些优势，越来越多的学者偏向于选择 PyTorch，TensorFlow 的使用比例逐渐下降。据机器之心于 2020 年 6 月 26 日博文(https://www.jiqizhixin.com/articles/2020-06-26-2)，PyTorch 在顶会 CVPR(IEEE Conference on

Computer Vision and Pattern Recognition，IEEE 国际计算机视觉与模式识别会议)的论文占比已达 TensorFlow 的 4 倍。

Horace He 一直致力于研究机器学习领域深度学习框架发展趋势，他发布了题为"PyTorch vs TensorFlow 的交互版本图表"，网址为 http://horace.io/pytorch-vs-tensorflow/。图 1.1～图 1.3 均来源于 Horace He 的交互图表。下面主要以顶会 ICLR(International Conference on Learning Representations，国际学习表征会议)和 CVPR 为例，来比较 PyTorch 和 TensorFlow 在论文中的使用情况。由于交互图表会随时间动态变化，因此不同时间访问得到的结果有些差别，以下统计数据的获取日期是 2020 年 10 月 16 日。

图 1.1 所示为全部 TensorFlow 和 PyTorch 论文中的 PyTorch 论文占比，可以看到，在 ICLR 2020 接收论文中，PyTorch 占比高达 64.02%，但在 ICLR 2018 和 ICLR 2019 却分别为 22.76%和 50.00%，说明 ICLR 2020 接收论文中 PyTorch 使用数已经超过 TensorFlow。在 CVPR 2020 接收论文中，PyTorch 占比高达 78.72%，但在 CVPR 2018 和 CVPR 2019 却分别为 39.38%和 66.52%，占比呈逐年增长的趋势。

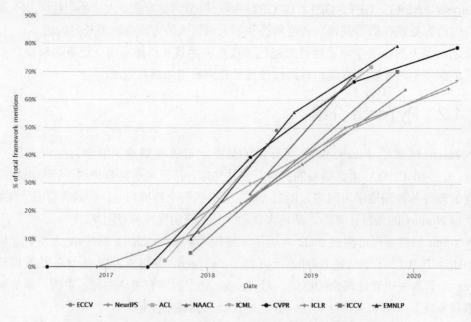

图 1.1　全部 TensorFlow 和 PyTorch 论文中的 PyTorch 论文占比

PyTorch 与 TensorFlow 在全部论文中占比的对比情况如图 1.2 所示。可以看到，自 2018 年开始，PyTorch 的使用比例逐年上升。

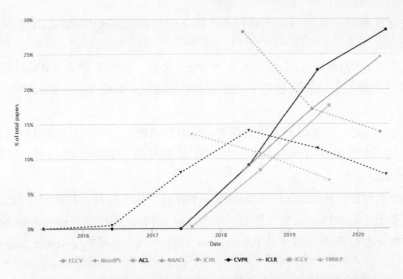

图 1.2　PyTorch(实线)与 TensorFlow(点线)在全部论文中占比的对比

图 1.3 展示了 PyTorch 与 TensorFlow 论文数量对比。在 ICLR 2020 接收论文中，PyTorch 和 TensorFlow 的使用数分别为 169 次和 95 次。ICLR 2019 的 PyTorch 使用数与 TensorFlow 持平，都是 86 篇，而在 2019 年以前 TensorFlow 使用数远高于 PyTorch。在 CVPR 2020 会议接收论文中，PyTorch 和 TensorFlow 的使用次数分别为 418 次和 113 次，相差近 4 倍。在 CVPR 2019 的 PyTorch 和 TensorFlow 的使用次数分别为 294 和 148，但在 2019 年之前 PyTorch 使用数少于 TensorFlow。

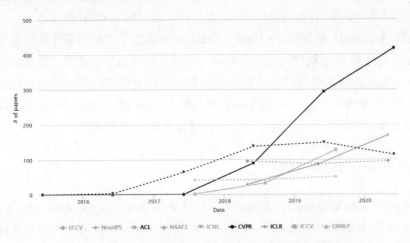

图 1.3　PyTorch(实线)与 TensorFlow(点线)论文数量对比

就框架本身来说，越来越多的研究者在论文中选择使用 PyTorch，其原因可能有以下 3 个。

(1) 简单性。PyTorch 的工作方式与 Numpy 类似，很容易融入 Python 的生态系统。Numpy 用户感到最为亲切的就是 PyTorch 非常容易调试，但在 TensorFlow 中，调试模型非常麻烦。

(2) 合理的 API。多数研究者更喜欢 PyTorch 的 API，一个原因是 PyTorch 的 API 设计更加合理，另一个原因是 TensorFlow 的 API 非常复杂，既有低级 API，又有 Keras 和 Estimators 的高级 API。

(3) 良好的性能。PyTorch 使用动态图，不容易优化，但有一些非正式报告称 PyTorch 在速度上不亚于 TensorFlow，公平而言，至少 TensorFlow 在速度上还没有取得绝对优势。

因此，如果不是多年习惯使用 TensorFlow 的老用户，选择 PyTorch 无疑是明智之举。

1.2 PyTorch 安装

PyTorch 的安装比较简单，支持 Windows、Linux 和 MacOS 操作系统。

PyTorch 等深度学习框架一般都基于 nVIDIA 的 GPU 显卡进行加速运算，因此需要先安装 nVIDIA 提供的 CUDA 库和 cuDNN 神经网络加速库。网址分别为 https://developer.nvidia.com/cuda-toolkit 和 https://developer.nvidia.com/cudnn，请读者按照机器配置自行下载安装。需要说明的是，如果没有 GPU 显卡，可跳过这一步骤。GPU 显卡能大大加速深度网络的训练过程，因此，如果有条件，最好配置 GPU 显卡。

通常借助 Anaconda 来安装 PyTorch，Anaconda 集成了大批科学计算的第三方库，如 Conda、Python 和 150 多个科学包及其依赖项，可以立即开始处理数据。数据分析会用到很多第三方包，Anaconda 的包管理器可以很好地帮助用户安装和管理这些包，包括安装、卸载和更新包。同时安装多个运行环境(如不同版本的 Python 和 PyTorch)可能会造成许多混乱和错误，Anaconda 可以帮助用户为不同的项目建立不同的运行环境。

1.2.1 Anaconda 下载

Anaconda 个人版(Individual Edition)的下载地址为 https://www.anaconda.com/products/individual-d，支持 Windows、Mac OS X 和 Linux 平台，可以在页面上找到安装程序和安装说明，然后根据自己的操作系统类型以及 Python 版本来选择对应的版本。除个人版以外，

Anaconda 还提供商业版、团队版和企业版。

1.2.2 Windows 下安装 PyTorch

默认的下载界面如图 1.4 所示，适用于 Windows 操作系统。作者的系统为 64 位 Windows 10，选择下载对应 Python 3.8 版本的 Anaconda3-2021.05-Windows-x86_64.exe，文件大小为 477MB。

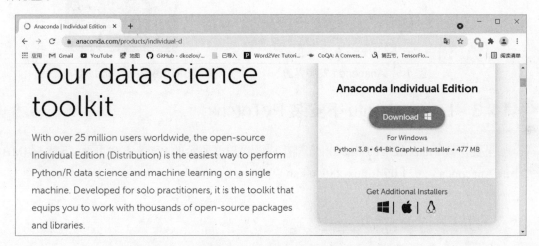

图 1.4　Anaconda for Windows 个人版下载页面

Anaconda 的安装比较简单，首先同意协议，然后选择安装类型，并设置安装目录，就可以启动安装了，如图 1.5 所示。

安装完成后，在 Windows 的"开始"菜单下会出现图 1.6 所示的菜单。其中，Anaconda Navigator 是一个不使用命令行的图形界面，用于启动应用以及轻松管理 conda 包、环境和 channels；Anaconda Powershell Prompt 打开一个 Powershell 命令行窗口；Anaconda Prompt 打开一个 CMD 命令行窗口；Jupyter Notebook 是一个集成了代码、图像、注释、公式和作图的一种工具；Spyder 是 Python 开发的一个集成开发环境。

需要说明的是，图 1.6 所示菜单里的 Jupyter Notebook 和 Spyder 命令启动的是 Anaconda 的 base 环境的开发工具，如果另外新建一个环境来使用 PyTorch，最好在新环境中创建对应的 Jupyter Notebook 和 Spyder。创建环境的具体方法可参见 1.2.4 小节。另外，如果使用命令行来管理 Anaconda，可使用 Anaconda Powershell Prompt 或 Anaconda Prompt 来打开命令行窗口，不要使用 cmd 命令。

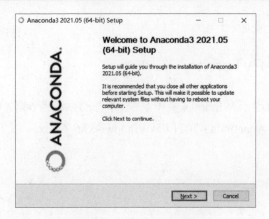

图 1.5　Anaconda 安装界面　　　　图 1.6　Anaconda 菜单

1.2.3　Linux Ubuntu 下安装 PyTorch

如果要下载 Linux 版本的 Anaconda，需切换到图 1.7 所示的 Linux 下载页面，下载 544MB 大小的 Anaconda3-2021.05-Linux-x86_64.sh 文件。

图 1.7　Anaconda for Linux 个人版下载页面

下载完毕后，按 Ctrl + Alt + T 组合键打开终端程序，然后输入命令：

```
bash Anaconda3-2021.05-Linux-x86_64.sh
```

开始安装 Anaconda，这一过程与 Windows 的安装过程类似，唯一区别是不会出现像 Windows 那样的"开始"菜单，只能在终端程序中运行 Anaconda。

1.2.4 Anaconda 管理

既可以使用 Navigator 图形界面来管理 Anaconda，也可以使用命令行命令来管理 Anaconda。

1. 启动 Anaconda Navigator

Windows 操作系统下启动 Anaconda Navigator 十分容易，选择图 1.6 所示的 Anaconda Navigator 命令，就可以启动 Navigator 窗口，如图 1.8 所示。

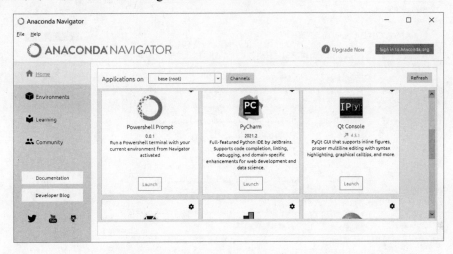

图 1.8 Windows 下的 Anaconda Navigator

Linux 操作系统下在终端程序中输入以下命令可启动 Anaconda Navigator：

```
Anaconda -navigator
```

2. 创建和删除环境

不论是 Windows 操作系统还是 Linux 操作系统，创建新环境都可以使用 Anaconda Navigator 或者命令行，图形界面 Navigator 直观方便，命令行对细节控制更好。

（1）使用 Anaconda Navigator 创建环境的方法是，首先启动 Anaconda Navigator，单击图 1.8 左侧的 Environments 选项，然后单击 Create 按钮，在弹出的图 1.9 所示的对话框中输入环境名称；然后设置 Packages 为 Python 及其对应版本；最后单击 Create 按钮创建 PyTorch 运行环境。

图 1.9　创建运行环境

新创建的环境只有少量几个默认的包，如图 1.10 所示。

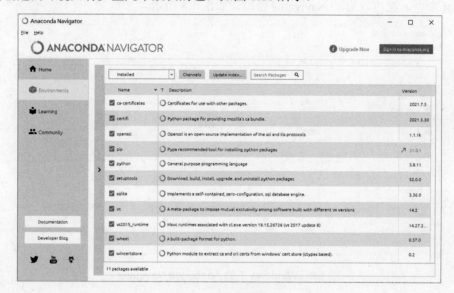

图 1.10　新创建的环境

因此，需要根据开发要求来安装一些必要的开发包，如 numpy、tensorflow、notebook、spyder、matplotlib、scikit-learn、scikit-image、scipy、h5py、pillow 等。图 1.10 中，在 Installed 下拉列表框中可选择 Installed(已安装)、Not installed(未安装)、Updatable(可更新)、Selected(已选中)和 All(全部)选项，Channels 按钮用于管理想让 Navigator 包含的通道，Update index... 按钮用于更新索引，Search Packages 用于查找包。

在 Anaconda Navigator 中删除环境可单击 Remove 按钮，然后确认。

(2) 使用命令行创建环境的方法是，在 Linux 终端程序或 Windows 控制台下输入以下命令：

```
conda create -n env_name list_of_packages
```

其中，env_name 是要创建的环境名称；list_of_packages 可以列出在新环境中需要安装的工具包。

例如，以下命令创建一个名称为 pytorch 的环境，且同时安装 3.8 版本的 Python 和 Pandas 及其相应的依赖包：

```
conda create -n pytorch python=3.8 pandas
```

使用命令行删除名称为 env_name 的环境，可使用以下命令：

```
conda env remove -n env_name
```

3. 查看和切换环境

显示当前环境列表，可使用以下命令：

```
conda env list
```

进入 env_name 环境，可使用以下命令：

```
source activate env_name
```

注意，Linux 系统才需要使用 source，Windows 系统不需要使用 source，上述命令相应修改如下：

```
activate env_name
```

使用以下命令可以退出环境，回到 activate 前的状态：

```
source deactivate
```

注意，Windows 系统不需要使用 source，上述命令相应修改如下：

```
deactivate
```

4. 复制环境

有时需要在分享代码的同时也分享运行环境，可以将当前环境下的包信息存入后缀名为 yaml[①] 的文件，命令如下：

```
conda env export > environment.yaml
```

如果获得 yaml 文件，可以使用该文件创建环境：

```
conda env create -f environment.yaml
```

---

① YAML 是英文 YAML Ain't a Markup Language(YAML 不是一种标记语言)的递归缩写。

5. 管理 Anaconda

查看帮助的命令如下：

```
conda -h
```

或：

```
conda --help
```

查看 conda 版本号的命令如下：

```
conda -V
```

或：

```
conda --version
```

查看已安装包的命令如下：

```
conda list
```

安装指定包到当前运行环境的命令如下：

```
conda install package_name
```

查找指定可安装包的命令如下：

```
conda search package_name
```

移除指定的已安装包的命令如下：

```
conda remove -n env_name package_name
```

Anaconda 命令很丰富，以上仅列举几个常用命令，更多命令可查阅 conda 命令帮助文件。

1.3 常用数据集

本节介绍几个常用的公开数据集，供计算机视觉和自然语言处理领域的实验和评测模型使用。

1.3.1 MNIST 数据集

MNIST(Modified National Institute of Standards and Technology database)数据集是一个著

名的手写体数据集，用于识别手写数字字符图像算法的性能评估。该数据集由纽约大学柯朗研究所(Courant Institute, NYU)的研究员 Yann LeCun、Google 纽约实验室(Google Labs, New York)的 Corinna Cortes 和微软研究院(Microsoft Research, Redmond)的 Christopher J. C. Burges 共同创立，网址为 http://yann.lecun.com/exdb/mnist/。在该网址可以下载样本数为 60000 的训练集和样本数为 10000 的测试集，训练集有 train-images.idx3-ubyte 和 train-labels.idx1-ubyte 两个文件，测试集有 t10k-images.idx3-ubyte 和 t10k-labels.idx1-ubyte 两个文件，后缀为 idx3-ubyte 的文件是字符图像文件，后缀为 idx1-ubyte 的文件是类别标签，这两者都是自定义格式的文件，原网址有文件格式说明。每个字符图像尺寸为 28 像素×28 像素，每个像素用一个字节(取值范围为 0～255)表示，标签为数字 0～9。

需要说明的是，MNIST 数据集已经内置于 torchvision.datasets 模块中，使用 datasets.MNIST 就可以下载和加载，而无须去 MNIST 官网下载原始数据集并解析。当然，编码实现下载与解析功能对自己也是一个很好的锻炼。加载 MNIST 数据集的部分代码如代码 1.1 所示。其中，参数 root 指定数据集的存放路径；train 设置为 True 说明导入的是训练集，否则为测试集；download 指定是否在必要时从网络下载数据集；transform 指定加载数据集时需要进行的变换操作。加载后的训练集存放在 train_set 中，测试集存放在 test_set 中。

代码 1.1　加载 MNIST 数据集

```
# 加载数据集
train_set = datasets.MNIST(root='../datasets/mnist', train=True,
            download=True, transform=None)
test_set = datasets.MNIST(root='../datasets/mnist', train=False,
            download=True, transform=None)
```

脚本 mnist_dataset.py 实现了加载 MNIST 数据集并绘制部分字符的功能，结果如图 1.11 和图 1.12 所示。

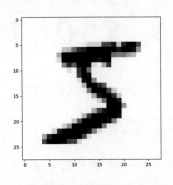

图 1.11　手写字符 5

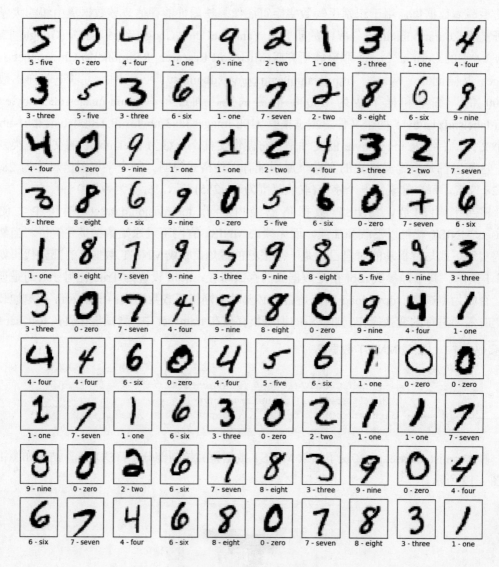

图 1.12 前 100 个手写字符

1.3.2 Fashion-MNIST 数据集

Fashion-MNIST 数据集是一个服装图片库，用于替代 MNIST 手写数字集。Fashion-MNIST 的图片大小、训练样本数、测试样本数以及类别数与经典 MNIST 完全相同，网址为 https://github.com/zalandoresearch/fashion-mnist。Fashion-MNIST 数据集是由 Zalando (一家德国的时尚科技公司)旗下的研究部门提供，包含了来自 10 种类别的共 7 万个不同商品的正面图片，图像尺寸为 28 像素×28 像素，图片种类如表 1.1 所示。

表 1.1 Fashion-MNIST 的图片种类

描 述	标 签
T-shirt/top(T 恤)	0
Trouser(裤子)	1
Pullover(套头衫)	2
Dress(连衣裙)	3
Coat(外套)	4
Sandal(凉鞋)	5
Shirt(衬衫)	6
Sneaker(运动鞋)	7
Bag(包)	8
Ankle boot(靴子)	9

可以自己编写程序实现对 Fashion-MNIST 数据集的下载和解析。由于 Fashion-MNIST 数据集已经内置于 torchvision.datasets 模块中，因此使用 datasets.FashionMNIST 下载并加载 Fashion-MNIST 数据集更为简单，部分代码如代码 1.2 所示。加载后的训练集存放在 train_images 和 train_labels 文件中，测试集存放在 test_images 和 test_labels 文件中。

代码 1.2 加载 Fashion_MNIST 数据集

```
# 加载数据集
mnist_train = torchvision.datasets.FashionMNIST(root='../datasets/FashionMNIST',
            train=True, download=False, transform=transforms.ToTensor())
mnist_test = torchvision.datasets.FashionMNIST(root='../datasets/FashionMNIST',
            train=False, download=False, transform=transforms.ToTensor())
train_images, train_labels = mnist_train.data, mnist_train.targets
test_images, test_labels = mnist_test.data, mnist_test.targets
```

脚本 fashion_mnist_dataset.py 可以加载 MNIST 数据集并绘制部分样本图像，结果如图 1.13 和图 1.14 所示。

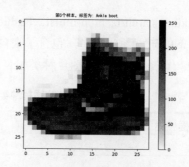

图 1.13　Fashion-MNIST 样本示例

图 1.14　前 100 个 Fashion-MNIST 图像

1.3.3 CIFAR-10 数据集

CIFAR-10 数据集由多伦多大学的 Alex Krizhevsky、Vinod Nair 和 Geoffrey Hinton 收集，网址为 https://www.cs.toronto.edu/~kriz/cifar.html。该数据集由 10 个类别共 60000 张 32 像素×32 像素的彩色图像组成，每个类别都有 6000 张图像，共有 50000 张训练图像和 10000 张测试图像。

CIFAR-10 的图像种类如表 1.2 所示。

表 1.2 CIFAR-10 的图像种类

描　述	标　签
airplane(飞机)	0
automobile(汽车)	1
bird(鸟)	2
cat(猫)	3
deer(鹿)	4
dog(狗)	5
frog(蛙)	6
horse(马)	7
ship(船)	8
truck(卡车)	9

CIFAR-10 数据集分为 5 个训练批次和一个测试批次，每个批次有 10000 张图像。测试批次包含每个类别的正好 1000 张随机选择的图像。训练批次以随机顺序包含剩余图像，但一些训练批次可能包含某个类别的图像比另一个类别的更多些。5 个训练批次总共包含各个类别正好 5000 张图像。读者可以自己编码实现去 CIFAR-10 官网下载原始数据集并解析。

CIFAR-10 数据集已经内置在 torchvision.datasets 模块中，使用 datasets.cifar.CIFAR10 就可以下载并加载。加载 CIFAR-10 数据集的部分代码如代码 1.3 所示。加载后的训练集存放在 train_images 和 train_labels 中，测试集存放在 test_images 和 test_labels 中。

代码 1.3　加载 CIFAR-10 数据集

```
# 加载数据集
cifar10_train = torchvision.datasets.cifar.CIFAR10(root='../datasets/CIFAR10',
        train=True, download=False, transform=transforms.ToTensor())
train_images, train_labels = cifar10_train.data, cifar10_train.targets
```

```
cifar10_test = torchvision.datasets.cifar.CIFAR10(root='../datasets/CIFAR10',
                train=False, download=False, transform=transforms.ToTensor())
test_images, test_labels = cifar10_test.data, cifar10_test.targets
```

完整代码可参见 cifar10_dataset.py 程序。图 1.15 是 CIFAR-10 样本，这是一只蛙的 32 像素×32 像素图像，很模糊。

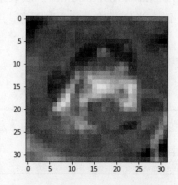

图 1.15　CIFAR-10 样本示例

图 1.16 显示了前 100 张 CIFAR-10 图像，每张图像下面是图像所属类别的英文说明。

图 1.16　前 100 张 CIFAR-10 图像

图 1.16　前 100 张 CIFAR-10 图像(续)

1.3.4　Dogs vs.Cats 数据集

　　Dogs vs.Cats(猫狗)数据集是 2013 年 Kaggle 举办的竞赛数据集,该数据集下载地址为 https://www.kaggle.com/c/dogs-vs-cats/data。训练集包含 25000 张猫和狗的照片,其中猫和狗的照片各 12500 张,测试集包含 12500 张猫和狗的照片,部分测试集照片如图 1.17 所示。竞赛任务是使用训练集训练自己的算法并预测测试集中照片的标签,1 为狗,0 为猫。这些照片都来源于真实世界,规格尺寸各不相同,因此加大了图像识别的难度。最终的竞赛冠军由美国的 Pierre Sermanet 摘得,该优胜者使用卷积神经网络,最佳识别准确率高达 95%。

　　由于训练集样本总数较大,配置较低的计算机难以处理,并且由于 PyTorch 的实用工具库 torchvision 的 ImageFolder 类对数据集目录有特别的要求,因此创建一个较小的新数据集,不到原数据集的 10%大小。新的小数据集包含 3 个子集:训练集的两种类别各 1000 个样本;验证集的两种类别各 500 个样本;测试集的两种类别各 500 个样本。

　　新的小数据集的划分由脚本 dogvscat_split.py 完成,由于功能较简单,因此不列示代码,请读者自行阅读源代码。运行 dogvscat_split.py 脚本后,会在 small 目录下新建 3 个子目录,即 train、validate 和 test,每个子目录下又再建两个子目录,即 dogs 和 cats,在这两个子目录下又复制了若干对应类别的照片。

图 1.17　猫和狗数据集部分测试集照片

读取猫、狗数据集以及预处理可参见第 2 章 2.4 节。

1.3.5　AG_NEWS 数据集

AG 收录了 100 多万篇新闻文章，由 ComeToMyHead 搜索引擎收集，该新闻搜索引擎自 2004 年 7 月开始运行。ComeToMyHead 花一年多时间从 2000 多个新闻来源收集新闻文章。AG 数据集由学术团体提供，可用于数据挖掘、信息检索和任何其他非商业活动的研究目的。

AG_NEWS 新闻主题分类数据集由 Xiang Zhang(xiang.zhang@nyu.edu)根据 AG 数据集构建，论文"Xiang Zhang, Junbo Zhao, Yann LeCun. Character-level Convolutional Networks for Text Classification. Advances in Neural Information Processing Systems 28 (NIPS 2015)"将其作为文本分类基准。

数据集以 CSV 格式存放，分为 label 和 text 两个字段，前者为分类标签，取值为 World (0)、Sports (1)、Business (2)和 Sci/Tech (3)，后者为字符串文本。AG_NEWS 数据集已经内置在 torchtext.datasets 模块中，使用 AG_NEWS 就可以下载并加载。

代码 1.4 先加载 AG_NEWS 数据集，并打印 3 个样本，然后调用 build_vocab_from_iterator 函数通过训练集构建词典，以便将单词转换为单词索引。该代码演示了 3 种方法将英文"Mary Had a Little Lamb"转换为单词索引列表。

代码 1.4 加载 AG_NEWS 数据集

```python
train_iter = AG_NEWS(root='../datasets', split='train')

print("连续三个 next(train_iter)得到的结果：")
print(next(train_iter))
print(next(train_iter))
print(next(train_iter))

tokenizer = get_tokenizer('basic_english')
train_iter = AG_NEWS(root='../datasets', split='train')

def yield_tokens(data_iter):
    for _, text in data_iter:
        yield tokenizer(text)

vocab = build_vocab_from_iterator(yield_tokens(train_iter), specials=["<unk>"])
vocab.set_default_index(vocab["<unk>"])

print("vocab('Mary Had a Little Lamb'.lower().split())")
print(vocab('Mary Had a Little Lamb'.lower().split()))
print("vocab(tokenizer('Mary Had a Little Lamb'.lower()))")
print(vocab(tokenizer('Mary Had a Little Lamb'.lower())))

def text_pipeline(x):
    return vocab(tokenizer(x))

def label_pipeline(c):
    """ AG_NEWS 有以下 4 种类别：
    1 : World 2 : Sports 3 : Business 4 : Sci/Tec """
    return int(c) - 1  # 1~4 --> 0~3

print("text_pipeline('Mary Had a Little Lamb'.lower())")
print(text_pipeline('Mary Had a Little Lamb'.lower()))
print("label_pipeline('4')")
print(label_pipeline('4'))
```

ag_news_sentimental.py 程序输出如下：首先输出前 3 个样本的标签和文本；然后输出将英文"Mary Had a Little Lamb"转换为单词索引列表的结果；最后将标签由字符串类型转换为数值类型，且转换为合适的范围。

```
连续三个 next(train_iter)得到的结果：
(3, "Wall St. Bears Claw Back Into the Black (Reuters) Reuters - Short-sellers,
Wall Street's dwindling\\band of ultra-cynics, are seeing green again.")
(3, 'Carlyle Looks Toward Commercial Aerospace (Reuters) Reuters - Private
investment firm Carlyle Group,\\which has a reputation for making well-timed and
occasionally\\controversial plays in the defense industry, has quietly placed\\its
bets on another part of the market.')
(3, "Oil and Economy Cloud Stocks' Outlook (Reuters) Reuters - Soaring crude prices
plus worries\\about the economy and the outlook for earnings are expected to\\hang
over the stock market next week during the depth of the\\summer doldrums.")
vocab('Mary Had a Little Lamb'.lower().split())
[4004, 86, 5, 548, 15001]
vocab(tokenizer('Mary Had a Little Lamb'.lower()))
[4004, 86, 5, 548, 15001]
text_pipeline('Mary Had a Little Lamb'.lower())
[4004, 86, 5, 548, 15001]
label_pipeline('4')
3
```

1.3.6 WikiText2 数据集

WikiText2 语言模型数据集是从维基百科(Wikipedia)上经过验证的良好且有特色的文章集中提取的。WikiText2 数据集比 Penn Treebank(PTB)数据集大 2 倍，WikiText2 数据集的词汇量更大，并保留了原始的大小写、标点和数字(这些在 PTB 数据集中都被删除了)。由于 WikiText2 由完整的文章组成，因此非常适合具备长期依赖性的模型使用。

WikiText2 数据集已经内置在 torchtext.datasets 模块中，使用 WikiText2 就可以下载并加载。该数据集的训练集、验证集和测试集都只有一个文本字段，行数分别为 36718、3760 和 4358。

代码 1.5 展示了如何加载 WikiText2 数据集：首先调用 get_tokenizer 函数构建分词器；然后调用 build_vocab_from_iterator 函数构建词典；最后加载数据集并打印训练集、验证集和测试集的行数。完整代码可参见 wikitext2_dataset.py。

代码 1.5 加载 WikiText2 数据集

```
train_it = WikiText2(root='../datasets', split='train')
tokenizer = get_tokenizer('basic_english')
vocab = build_vocab_from_iterator(map(tokenizer, train_it),
        specials=["<unk>"])
vocab.set_default_index(vocab["<unk>"])
print("训练集单词总数: ", len(vocab))
```

```
# 加载数据集
train_iter, val_iter, test_iter = WikiText2(root='../datasets',
                                  split=('train', 'valid', 'test'))

print("训练集行数: ", len(train_iter))
print("验证集行数: ", len(val_iter))
print("测试集行数: ", len(test_iter))
```

程序输出如下,包含训练集单词总数、训练集行数、验证集行数和测试集行数:

```
训练集单词总数: 28782
训练集行数: 36718
验证集行数: 3760
测试集行数: 4358
```

1.3.7 QIQC 数据集

QIQC(Quora Insincere Questions Classification)是 Kaggle 于 2019 年年初举行的竞赛数据集。Quora 是一个增强人们相互学习能力的平台,人们可以在 Quora 平台上提出问题,并可以与提供独特见解和高质量答案的人取得联系。QIQC 的关键性挑战就是,排除那些不真诚的问题,即建立在错误前提之上的问题,或者只是意图发表声明而不是寻找有用答案的问题。QIQC 竞赛就是开发一个能识别和标记不真诚问题的模型。

QIQC 数据集有以下 3 个文件: train.csv 为训练数据集; test.csv 为测试数据集; sample_submission.csv 为要提交的正确格式示例。QIQC 竞赛不允许使用外部数据源,因此网站提供了大小高达 6GB 的词嵌入文件,具体有 GoogleNews-vectors-negative300、glove.840B.300d、paragram_300_sl999 和 wiki-news-300d-1M,这些文件都存放在 embeddings 目录下,供竞赛者选择使用。

该数据集有以下 3 个字段: qid 为问题的唯一标识符; question_text 为 Quora 问题文本; target 为标签,不真诚问题的标签值为 1,否则为 0。字段使用逗号进行分隔。

下面分别列举 4 条负例问题和 4 条正例问题,格式为: qid, question_text, target。

```
00002165364db923c7e6,How did Quebec nationalists see their province as a nation in the 1960s?,0
000032939017120e6e44,"Do you have an adopted dog, how would you encourage people to adopt and not shop?",0
0000412ca6e4628ce2cf,Why does velocity affect time? Does velocity affect space geometry?,0
000042bf85aa498cd78e,How did Otto von Guericke used the Magdeburg hemispheres?,0
```

```
0000e91571b60c2fb487,Has the United States become the largest dictatorship in the
world?,1
00013ceca3f624b09f42,Which babies are more sweeter to their parents? Dark skin
babies or light skin babies?,1
0004a7fcb2bf73076489,If blacks support school choice and mandatory sentencing for
criminals why don't they vote Republican?,1
000537213b01fd77b58a,Which races have the smallest penis?,1
```

QIQC 数据集的最大麻烦是样本分布很偏，不真诚问题样本只占总体的 6.19%，如图 1.18 所示。因此，竞赛的衡量指标是 F1 score，而不是准确率。另外，竞赛还有一些限制条件：①只允许 kernel submit，即代码只能提交到 Kaggle 服务器上运行；②对运行时间有严格要求，使用 CPU 只允许运行 6 个小时，使用 GPU 只允许运行 2 个小时；③不能引入外部数据。

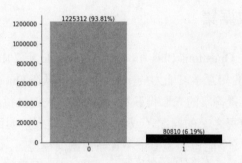

图 1.18　QIQC 数据集的样本分布

因此，QIQC 数据集是一个二元分类问题，最终成绩以 F1 score 性能指标来判定。

1.3.8　Multi30k 数据集

Multi30k 是一个英语—德语平行语料的翻译数据集，详情可参考 http://www.statmt.org/wmt16/multimodal-task.html#task1。它基于 Flickr30k(http://shannon.cs.illinois.edu/DenotationGraph/) 数据集，其包含 31014 张来自在线照片分享网站的图片，每张图片都配有 5 句英文描述。Multi30k 数据集已经内置在 torchtext.datasets 模块中，使用 Multi30k 就可以下载并加载。数据集有英语和德语两种语言，训练集、测试集和验证集分别有 29000 个句子、1014 个句子和 1000 个句子。

代码 1.6 展示了如何加载 Multi30k 数据集：首先加载 Multi30k 训练集；然后打印训练集的前 10 个源语言和目标语言的句子。

代码 1.6　加载 Multi30k 数据集

```
# 源语言和目标语言
src_lang = 'de'
tgt_lang = 'en'

print("打印前10个源语言和目标语言的句子：")
train_iter = Multi30k(root='../datasets', split='train',
            language_pair=(src_lang, tgt_lang))
for i in range(10):
    print(next(train_iter))
```

程序运行结果如下：

```
打印前10个源语言和目标语言的句子：
('Zwei junge weiße Männer sind im Freien in der Nähe vieler Büsche.\n', 'Two young, White males are outside near many bushes.\n')
('Mehrere Männer mit Schutzhelmen bedienen ein Antriebsradsystem.\n', 'Several men in hard hats are operating a giant pulley system.\n')
('Ein kleines Mädchen klettert in ein Spielhaus aus Holz.\n', 'A little girl climbing into a wooden playhouse.\n')
('Ein Mann in einem blauen Hemd steht auf einer Leiter und putzt ein Fenster.\n', 'A man in a blue shirt is standing on a ladder cleaning a window.\n')
('Zwei Männer stehen am Herd und bereiten Essen zu.\n', 'Two men are at the stove preparing food.\n')
('Ein Mann in grün hält eine Gitarre, während der andere Mann sein Hemd ansieht.\n', 'A man in green holds a guitar while the other man observes his shirt.\n')
('Ein Mann lächelt einen ausgestopften Löwen an.\n', 'A man is smiling at a stuffed lion\n')
('Ein schickes Mädchen spricht mit dem Handy während sie langsam die Straße entlangschwebt.\n', 'A trendy girl talking on her cellphone while gliding slowly down the street.\n')
('Eine Frau mit einer großen Geldbörse geht an einem Tor vorbei.\n', 'A woman with a large purse is walking by a gate.\n')
('Jungen tanzen mitten in der Nacht auf Pfosten.\n', 'Boys dancing on poles in the middle of the night.\n')
```

习　题

1.1　谈谈人工智能、机器学习和深度学习有什么区别和联系。

1.2　查阅资料，对比 PyTorch 与 TensorFlow 的优缺点。

1.3　Anaconda 有什么优点？为什么不推荐在系统中直接安装 PyTorch？

1.4 Anaconda 可以使用 Navigator 图形界面，也可以使用命令行命令，你更喜欢哪一种？说说自己的理由。

1.5 为什么有了 MNIST 数据集，还要创建一个类似的 Fashion-MNIST 数据集替代它？

1.6 试比较 MNIST 数据集、Fashion-MNIST 数据集、CIFAR-10 数据集以及猫和狗数据集，并对识别图像的难易程度进行排序。

1.7 AG_NEWS 数据集和 WikiText2 数据集的用途各是什么？

1.8 QIQC 数据集和 AG_NEWS 数据集都用于分类，试分析这两个数据集的差异。

1.9 试使用文本编辑器打开 Multi30k 数据集文件，查看文件内容。

1.10 尝试安装 spaCy 模块，了解英语和德语分词器模型的安装与使用方法。

第 2 章

PyTorch 基础编程

　　本章首先介绍 PyTorch 的基础编程，主要包括 PyTorch 张量操作和自动求导功能。然后介绍如何使用 PyTorch 的 Dataset 类和 DataLoader 类来读取数据集文件；由于大部分数据集都是以文件形式存放，熟悉并掌握各种格式的文件读写操作是 PyTorch 编程必备的常规技能。最后介绍 torchvision 和 torchtext 工具示例，以便能够快速上手计算机视觉和自然语言处理的工作。

2.1 张量数据操作

PyTorch 所使用的数据结构是基于计算图和基于张量的，因此理解张量的定义和基本操作非常重要。

2.1.1 张量简介

Tensor(张量)是 PyTorch 的核心数据结构。张量的维度(dimension)也称为阶，注意这里的阶与矩阵的阶无关。零阶张量称为标量(scalar)，1 阶张量称为向量(vector)，2 阶张量称为矩阵(matrix)，3 阶以上的就直接称为张量。

Tensor 类的 shape(形状)属性和 size(大小)函数返回张量的具体维度分量。PyTorch 中很多与张量相关的函数都有 dim 控制参数，指定对张量的哪一个维度进行操作。

(1) 标量 Tensor 的维度为 0，一般用作超参数、参数和损失函数。

(2) 向量 Tensor 的维度为 1，一般用作神经网络的偏置，以及神经网络各层的输入。要注意的是，虽然向量只有一个维度，但这个维度可以有多个分量，就像一维数组可以有多个元素一样，不要混淆维度和分量的概念。

(3) 矩阵 Tensor 的维度为 2，一般用作神经网络的批量输入和输出，以及线性神经元的权重参数。

(4) 三维张量通常用于图片表示，一张彩色图片的 RGB 这 3 个通道占一维，宽和高各占一维，假如图片的宽高都是 32 个像素，就构成一个 3×32×32 的三维张量。三维张量也可用于表示自然语言。例如，10 句话，每句话都有 20 个单词，将每个单词表示为 300 分量的向量，将得到一个 10×20×300 的三维张量。

(5) 四维张量通常在卷积神经网络中表示图像。一次输入到神经网络进行训练的样本数目称为批大小(batch size)，以 CIFAR-10 数据集为例，如果批大小为 64，RGB 图像通道数是 3，每张图高和宽都为 32 像素，所以这个批次的数据组成一个四维张量，其形状为[64, 3, 32, 32]，通常表示为[batch_size, channel, height, width]。

2.1.2 张量操作

本小节介绍 PyTorch 的张量操作，这是 PyTorch 的编程基础，深度学习时需要频繁地对张量数据进行操作。

1. 创建张量

创建张量的完整程序可参见 tensor_create.py。

1) 判断是否为 PyTorch 张量

torch.is_tensor 函数可判断输入参数是否为 PyTorch 张量。

代码 2.1　判断是否为 PyTorch 张量

```
# 创建 Python 列表
a = [1.0, 2.0, 3.0]
# 是否为 PyTorch 张量
print("a = [1.0, 2.0, 3.0]\na 是否为 PyTorch 张量:", torch.is_tensor(a))
print("a[0]: ", a[0])
```

运行结果如下：

```
a = [1.0, 2.0, 3.0]
a 是否为 PyTorch 张量: False
a[0]: 1.0
```

2) 从 Python 列表中创建张量

torch.tensor 函数可直接从 Python 列表中创建 PyTorch 张量。

代码 2.2　从 Python 列表中创建张量

```
# 从 Python 列表中创建 PyTorch 张量
b = torch.tensor([1.0, 2.0, 3.0, 4.0, 5.0, 6.0])
print("b = torch.tensor([1.0, 2.0, 3.0, 4.0, 5.0, 6.0])")
# 是否是 PyTorch 张量
print("b 是否是 PyTorch 张量:", torch.is_tensor(b))
print("b 中的数据:", b)
```

运行结果如下：

```
b = torch.tensor([1.0, 2.0, 3.0, 4.0, 5.0, 6.0])
b 是否是 PyTorch 张量: True
b 中的数据: tensor([1., 2., 3., 4., 5., 6.])
```

下面的例子创建两个维度的 PyTorch 张量。

代码 2.3　从 Python 列表中创建张量的另一个例子

```
# 从 Python 列表中创建 PyTorch 张量
c = torch.tensor([[1.0, 4.0], [2.0, 1.0], [3.0, 5.0]])
print("c = torch.tensor([[1.0, 4.0], [2.0, 1.0], [3.0, 5.0]])\nc 中的数据:", c)
```

运行结果如下:

```
c = torch.tensor([[1.0, 4.0], [2.0, 1.0], [3.0, 5.0]])
c中的数据: tensor([[1., 4.],
        [2., 1.],
        [3., 5.]])
```

3) 创建初始化为全 0 或全 1 的张量

torch.ones 函数和 torch.zeros 函数分别用于创建全 1 和全 0 的张量。代码中的 torch.numel 函数用于计算张量中的元素个数。

代码 2.4 创建初始化为全 0 或全 1 的张量

```
# 创建 3 个元素的张量, 初始化为 1
d = torch.ones(3)
print("d = torch.ones(3)\nd 中的数据:", d)

# 创建 3*3 张量, 初始化为 0
e = torch.zeros(3, 3)
print("e = torch.zeros(3, 3)\ne 中的数据:", e)
print("e 中的元素个数:", torch.numel(e))
```

运行结果如下:

```
d = torch.ones(3)
d中的数据: tensor([1., 1., 1.])
e = torch.zeros(3, 3)
e中的数据: tensor([[0., 0., 0.],
        [0., 0., 0.],
        [0., 0., 0.]])
e中的元素个数: 9
```

4) 创建随机数张量

torch.randn 函数用于创建正态分布的随机数张量,torch.rand 函数用于创建取值在[0,1)范围内均匀分布的随机数张量。

代码 2.5 创建随机数张量

```
# 创建 1*2*3 张量。n 表示正态分布,从均值为 0 方差为 1 的标准正态分布中抽取一组随机数
f = torch.randn(1, 2, 3)
print("f = torch.randn(1, 2, 3)\n 正态分布:")
print("f 中的数据:", f)
print("f 中的元素个数:", torch.numel(f))

# 创建 1*2*3 张量。从[0,1)范围内均匀分布中抽取一组随机数
g = torch.rand(1, 2, 3)
print("g = torch.rand(1, 2, 3) \n 均匀分布:")
```

```
print("g 中的数据:", g)
print("g 中的元素个数:", torch.numel(g))
```

运行结果如下：

```
f = torch.randn(1, 2, 3)
正态分布:
f 中的数据: tensor([[[ 1.1537, -0.0282,  2.2642],
         [-1.1006,  1.1332, -0.3923]]])
f 中的元素个数: 6
g = torch.rand(1, 2, 3)
均匀分布:
g 中的数据: tensor([[[0.5068, 0.2015, 0.4386],
         [0.7781, 0.9347, 0.4478]]])
g 中的元素个数: 6
```

注意：由于输出是随机数，可能每次运行的实际输出不同于以上结果。

5) 创建二维对角矩阵张量

torch.eye 函数用于创建二维对角矩阵张量，并不要求矩阵必须是方阵。

代码 2.6　创建二维对角矩阵张量

```
# 创建二维对角矩阵张量
print(f"torch.eye(3):\n{torch.eye(3)}")
print(f"torch.eye(4):\n{torch.eye(4)}")
print(f"torch.eye(3, 4):\n{torch.eye(3, 4)}")
```

运行结果如下：

```
torch.eye(3):
tensor([[1., 0., 0.],
        [0., 1., 0.],
        [0., 0., 1.]])
torch.eye(4):
tensor([[1., 0., 0., 0.],
        [0., 1., 0., 0.],
        [0., 0., 1., 0.],
        [0., 0., 0., 1.]])
torch.eye(3, 4):
tensor([[1., 0., 0., 0.],
        [0., 1., 0., 0.],
        [0., 0., 1., 0.]])
```

6) 创建一维序列张量

PyTorch 常用 torch.arange 函数和 torch.linspace 函数来创建一维序列张量。

torch.arange 函数用输入参数 start(默认值为 0)指定起始值，end 指定结束值，step(可选，默认值为 1)指定步长。注意,输出序列不会包含 end 值,因此序列取值为[start, end)区间。

代码 2.7　创建一维序列张量

```
# 在[start, end]区间内创建一维序列张量,step 为步长
# 注意 torch.range 已经弃用,最好只用 torch.arange
print(f"torch.arange(1, 4):\n{torch.arange(1, 4)}")
print(f"torch.arange(0, 3, step=0.5):\n{torch.arange(0, 3, step=0.5)}")
```

运行结果如下:

```
torch.arange(1, 4):
tensor([1, 2, 3])
torch.arange(0, 3, step=0.5):
tensor([0.0000, 0.5000, 1.0000, 1.5000, 2.0000, 2.5000])
```

torch.linspace 函数生成等分间隔的序列,由输入参数 start 指定起始值,end 指定结束值,steps(可选,默认值为 100)指定在 start 和 end 之间的数据个数。注意,输出序列会包含 end 值。

下面的代码生成 1~4 之间的等分间隔序列,第一条语句给出 steps 参数值为 5,第二条语句不明确给出 steps 参数名,使用参数值 100。注意,稍旧的 PyTorch 版本可以不指定 steps 参数,默认值为 100,但新版本的 PyTorch 要求必须指定 steps 参数。

代码 2.8　生成等分间隔的序列

```
# 生成等分间隔的序列
print(f"torch.linspace(1, 4, steps=5):\n{torch.linspace(1, 4, steps=5)}")
print(f"torch.linspace(1, 4, 100):\n{torch.linspace(1, 4, 100)}")
```

运行结果如下:

```
torch.linspace(1, 4, steps=5):
tensor([1.0000, 1.7500, 2.5000, 3.2500, 4.0000])
torch.linspace(1, 4, 100):
tensor([1.0000, 1.0303, 1.0606, 1.0909, 1.1212, 1.1515, 1.1818, 1.2121, 1.2424,
        1.2727, 1.3030, 1.3333, 1.3636, 1.3939, 1.4242, 1.4545, 1.4848, 1.5152,
        1.5455, 1.5758, 1.6061, 1.6364, 1.6667, 1.6970, 1.7273, 1.7576, 1.7879,
        1.8182, 1.8485, 1.8788, 1.9091, 1.9394, 1.9697, 2.0000, 2.0303, 2.0606,
        2.0909, 2.1212, 2.1515, 2.1818, 2.2121, 2.2424, 2.2727, 2.3030, 2.3333,
        2.3636, 2.3939, 2.4242, 2.4545, 2.4848, 2.5152, 2.5455, 2.5758, 2.6061,
        2.6364, 2.6667, 2.6970, 2.7273, 2.7576, 2.7879, 2.8182, 2.8485, 2.8788,
        2.9091, 2.9394, 2.9697, 3.0000, 3.0303, 3.0606, 3.0909, 3.1212, 3.1515,
        3.1818, 3.2121, 3.2424, 3.2727, 3.3030, 3.3333, 3.3636, 3.3939, 3.4242,
        3.4545, 3.4848, 3.5152, 3.5455, 3.5758, 3.6061, 3.6364, 3.6667, 3.6970,
        3.7273, 3.7576, 3.7879, 3.8182, 3.8485, 3.8788, 3.9091, 3.9394, 3.9697,
        4.0000])
```

torch.randperm 函数生成 $0 \sim n-1$ 的整数的随机排列，常用于数据集样本的随机置乱，也就是打乱样本的顺序。

代码 2.9 创建取值为指定范围的随机置乱的张量

```
# 创建 0~n-1 之间随机置乱的张量
print(f"torch.randperm(5):\n{torch.randperm(5)}")
```

运行结果如下：

```
torch.randperm(5):
tensor([4, 2, 3, 1, 0])
```

7) Tensor 与 Numpy 数组相互转换

torch.from_numpy 函数将 Numpy 数组转换为 Tensor，tensor.numpy 函数则将 Tensor 转换为 Numpy 数组。

代码 2.10 Tensor 与 Numpy 数组相互转换

```
# Numpy 数组转换为 Tensor
h = np.array([1, 2, 3, 4, 5, 6]).reshape(2, 3)
h2 = torch.from_numpy(h)
print(f"h2 = torch.from_numpy(h):\nh: {h}\nh2: {h2}")

# Tensor 转换为 Numpy 数组
h3 = h2.numpy()
print(f"h3 = h2.numpy():\nh2: {h2}\nh3: {h3}")
```

运行结果如下：

```
h2 = torch.from_numpy(h):
h: [[1 2 3]
 [4 5 6]]
h2: tensor([[1, 2, 3],
        [4, 5, 6]], dtype=torch.int32)
h3 = h2.numpy():
h2: tensor([[1, 2, 3],
        [4, 5, 6]], dtype=torch.int32)
h3: [[1 2 3]
 [4 5 6]]
```

需要注意的是，numpy 函数只能将 CPU 中的张量转换为 Numpy 数组，无法将 GPU 中的张量直接转换为 Numpy 数组。正确做法是，先将 GPU 中的张量存放到 CPU 中再进行转换。

2. 张量数据类型

使用特定函数(如 tensor、zeros 和 ones 等)来构建张量时，可以用 dtype 参数来设定数据类型。PyTorch 定义的 dtype 参数与对应的 CPU 和 GPU 张量如表 2.1 所示。

表 2.1 张量数据类型[1]

数据类型	dtype	CPU 张量	GPU 张量
32 位浮点数	torch.float32 或 torch.float	torch.FloatTensor	torch.cuda.FloatTensor
64 位浮点数	torch.float64 或 torch.double	torch.DoubleTensor	torch.cuda.DoubleTensor
16 位浮点数 1(1 个符号位，5 个指数位，10 个有效位)	torch.float16 或 torch.half	torch.HalfTensor	torch.cuda.HalfTensor
16 位浮点数 2(1 个符号位，8 个指数位，7 个有效位)	torch.bfloat16	torch.BFloat16Tensor	torch.cuda.BFloat16Tensor
32 位复数	torch.complex32		
64 位复数	torch.complex64		
128 位复数	torch.complex128 或 torch.cdouble		
8 位无符号整数	torch.uint8	torch.ByteTensor	torch.cuda.ByteTensor
8 位有符号整数	torch.int8	torch.CharTensor	torch.cuda.CharTensor
16 位有符号整数	torch.int16 或 torch.short	torch.ShortTensor	torch.cuda.ShortTensor
32 位有符号整数	torch.int32 或 torch.int	torch.IntTensor	torch.cuda.IntTensor
64 位有符号整数	torch.int64 或 torch.long	torch.LongTensor	torch.cuda.LongTensor
布尔型	torch.bool	torch.BoolTensor	torch.cuda.BoolTensor

下面的代码定义了两个张量，使用 dtype 参数分别指定数据类型为 32 位浮点数和布尔型。

代码 2.11 使用 dtype 参数指定数据类型

```
# Tensor 数据类型
print(f"torch.tensor([1, 2], dtype=torch.float): {torch.tensor([1, 2], dtype=torch.float)}")
print(f"torch.tensor([0, 1], dtype=torch.bool): {torch.tensor([0, 1], dtype=torch.bool)}")
```

---

[1] 来源：https://pytorch.org/docs/stable/tensors.html#torch-tensor。

运行结果如下：

```
torch.tensor([1, 2], dtype=torch.float): tensor([1., 2.])
torch.tensor([0, 1], dtype=torch.bool): tensor([False, True])
```

可以使用 type_as 函数转换数据类型。下面的代码将使用 torch.FloatTensor 函数定义的张量转换为整型。

代码 2.12 使用 type_as 函数转换数据类型

```
# Tensor 数据类型转换
i = torch.FloatTensor([1, 2, 3])
i2 = i.type_as(torch.IntTensor())
print(f"i2 = i.type_as(torch.IntTensor()):\ni: {i}\ni2: {i2}")
```

运行结果如下：

```
i2 = i.type_as(torch.IntTensor()):
i: tensor([1., 2., 3.])
i2: tensor([1, 2, 3], dtype=torch.int32)
```

3. 张量索引、切片、拼接及形状变换

索引、切片、拼接及形状变换都是张量的常用操作，完整程序可参见 tensor_indexing_etc.py。

1) 索引

torch.index_select 函数用于在参数 dim 指定的维度上，按参数 index 进行索引。

代码 2.13 在二维张量的第 0 维(行)上，索引第 0 行和第 2 行。

代码 2.13 索引操作

```
# torch.index_select()在维度 dim 上按 index 索引数据
a = torch.tensor([1.0, 2.0, 3.0, 4.0, 5.0, 6.0]).reshape(3, 2)
a2 = torch.index_select(a, 0, torch.LongTensor([0, 2]))
print(f"a2 = torch.index_select(a, 0, torch.LongTensor([0, 2])):\na: \n{a}\na2: \n{a2}")
```

运行结果如下：

```
a2 = torch.index_select(a, 0, torch.LongTensor([0, 2])):
a:
tensor([[1., 2.],
        [3., 4.],
        [5., 6.]])
a2:
tensor([[1., 2.],
        [5., 6.]])
```

PyTorch 还可以使用 Numpy 的索引方式，如代码 2.14 所示。

代码 2.14 使用 Numpy 的索引方式

```
# 使用 Numpy 的索引方式
print(f"a[[0, 2], :]: \n{a[[0, 2], :]}")
print(f"a[0:2, [-1]]: \n{a[0:2, [-1]]}")
```

运行结果如下：

```
a[[0, 2], :]:
tensor([[1., 2.],
        [5., 6.]])
a[0:2, [-1]]:
tensor([[2.],
        [4.]])
```

torch.masked_select 是一种更灵活的索引方式，根据掩码 mask 中的二元索引值，取出张量中的指定项。例如，代码 2.15 中所列为取出二维张量 a 中的第 0 行第 1 列、第 1 行第 0 列和第 2 行第 1 列，得到一个一维张量，然后选择取值范围为[2.0, 4.0]的元素。

代码 2.15 masked_select 索引

```
# torch.masked_select()按mask中取值为True进行筛选
mask = torch.BoolTensor([[0, 1], [1, 0], [0, 1]])
print(f"torch.masked_select(a, mask): \n{torch.masked_select(a, mask)}")
# 值在 2.0~4.0 之间为 1，否则为 0
mask = a.ge(2.0) & a.le(4.0)
print(mask)
print(f"torch.masked_select(a, mask): \n{torch.masked_select(a, mask)}")
```

运行结果如下：

```
torch.masked_select(a, mask):
tensor([2., 3., 6.])
tensor([[False,  True],
        [ True,  True],
        [False, False]])
torch.masked_select(a, mask):
tensor([2., 3., 4.])
```

2) 切片

torch.chunk 函数将张量在指定维度 dim 上分割为特定数量的块(chunks)。在代码 2.16 中，首先按默认维度 dim=0 平均切分为两块，然后按维度 dim=1 平均切分为两块。

代码 2.16 chunk 函数

```
# torch.chunk()将张量按维度dim进行平均切分。若不能均分，则最后一份小于其他份
b = torch.arange(10).reshape(5, 2)
print(f"torch.chunk(b, 2): \n{torch.chunk(b, 2)}")
print(f"torch.chunk(b, 2, dim=1): \n{torch.chunk(b, 2, dim=1)}")
```

运行结果如下：

```
torch.chunk(b, 2):
(tensor([[0, 1],
        [2, 3],
        [4, 5]]), tensor([[6, 7],
        [8, 9]]))
torch.chunk(b, 2, dim=1):
(tensor([[0],
        [2],
        [4],
        [6],
        [8]]), tensor([[1],
        [3],
        [5],
        [7],
        [9]]))
```

torch.split 函数将张量分割为指定形状的块。代码 2.17 首先将张量按块大小为 2 进行切分，然后按照列表[1, 4]进行切分，即第一份的行数为 1，第二份的行数为 4。

代码 2.17 split 函数

```
# torch.split()将张量按维度dim进行切分。当split_size_or_sections为int时，表示块的大小；为list时，按len(split_size_or_sections)切分
b = torch.arange(10).reshape(5, 2)
print(f"torch.split(b, 2): \n{torch.split(b, 2)}")
print(f"torch.split(b, [1, 4]): \n{torch.split(b, [1, 4])}")
```

运行结果如下：

```
torch.split(b, 2):
(tensor([[0, 1],
        [2, 3]]), tensor([[4, 5],
        [6, 7]]), tensor([[8, 9]]))
torch.split(b, [1, 4]):
(tensor([[0, 1]]), tensor([[2, 3],
        [4, 5],
        [6, 7],
        [8, 9]]))
```

3) 拼接

torch.cat 函数将张量按维度 dim 进行拼接，但不扩展张量的维度。代码 2.18 首先将张量按维度 dim=0 拼接两次，然后按维度 dim=1 拼接 3 次。

代码 2.18　cat 函数

```
# torch.cat()将张量按维度 dim 进行拼接，不扩展张量的维度
c = torch.arange(6).reshape(2, 3)
print(f"torch.cat([c, c], dim=0): \n{torch.cat([c, c], dim=0)}")
print(f"torch.cat([c, c, c], dim=1): \n{torch.cat([c, c, c], dim=1)}")
```

运行结果如下：

```
torch.cat([c, c], dim=0):
tensor([[0, 1, 2],
        [3, 4, 5],
        [0, 1, 2],
        [3, 4, 5]])
torch.cat([c, c, c], dim=1):
tensor([[0, 1, 2, 0, 1, 2, 0, 1, 2],
        [3, 4, 5, 3, 4, 5, 3, 4, 5]])
```

torch.stack 函数在指定的新维度 dim 上进行拼接，会扩展张量的维度。代码 2.19 首先在扩展的维度 0 上拼接两次，然后在扩展的维度 2 上进行拼接，第二种方式的输出已经很难看出原张量的模样了。

代码 2.19　stack 函数

```
# torch.stack()在新维度 dim 上进行拼接，会扩展张量的维度
c = torch.arange(6).reshape(2, 3)
c_s0 = torch.stack([c, c], dim=0)    # 在扩展的维度 0 上进行拼接
print(f"torch.stack([c, c], dim=0): \n{c_s0}\n 形状: \n{c_s0.shape}")
c_s2 = torch.stack([c, c], dim=2)    # 在扩展的维度 2 上进行拼接
print(f"torch.stack([c, c], dim=2): \n{c_s2}\n 形状: \n{c_s2.shape}")
```

运行结果如下：

```
torch.stack([c, c], dim=0):
tensor([[[0, 1, 2],
         [3, 4, 5]],
        [[0, 1, 2],
         [3, 4, 5]]])
形状:
torch.Size([2, 2, 3])
torch.stack([c, c], dim=2):
tensor([[[0, 0],
         [1, 1],
```

```
        [2, 2]],
       [[3, 3],
        [4, 4],
        [5, 5]]])
```
形状:
```
torch.Size([2, 3, 2])
```

4) 形状变换

torch.reshape 函数可以变换张量形状。代码 2.20 将原张量变换成形状为(2, 4)的张量。

代码 2.20 reshape 函数

```
# torch.reshape()变换张量形状
d = torch.randperm(8)
print(f"d:\n{d}\ntorch.reshape(d, (2, 4)):\n{torch.reshape(d, (2, 4))}")
```

运行结果如下:

```
d:
tensor([4, 3, 0, 2, 6, 1, 5, 7])
torch.reshape(d, (2, 4)):
tensor([[4, 3, 0, 2],
        [6, 1, 5, 7]])
```

torch.transpose 函数可以交换张量的两个维度。代码 2.21 交换张量的维度 0 和维度 1，对于本例的二维张量，实际上就是进行了矩阵转置运算。

代码 2.21 transpose 函数

```
# torch.transpose()交换张量的两个维度
d = torch.randn((2, 3))
print(f"d:\n{d}\ntorch.transpose(d, 0, 1):\n{torch.transpose(d, 0, 1)}")
```

运行结果如下:

```
d:
tensor([[ 0.7058, -0.8687,  2.1313],
        [-1.2686, -0.2223, -0.4850]])
torch.transpose(d, 0, 1):
tensor([[ 0.7058, -1.2686],
        [-0.8687, -0.2223],
        [ 2.1313, -0.4850]])
```

torch.squeeze 函数可以压缩指定 dim 且长度为 1 的维度。如果 dim 取默认值 None，则压缩全部长度为 1 的维度。代码 2.22 首先压缩张量中长度为 1 的全部维度，然后压缩指定 dim 为 0 的维度，由于指定维度长度不为 1，因此没有效果，最后压缩指定 dim 为 1 的维度。

代码 2.22 squeeze 函数

```
# torch.squeeze()压缩指定 dim 且长度为 1 的维度。如果 dim=None，则压缩全部长度为 1 的维度
d = torch.zeros((2, 1, 2, 1, 2))
d_s = torch.squeeze(d)
print(f"d.size():\n{d.size()}\nd_s.size():\n{d_s.size()}")
d_s0 = torch.squeeze(d, 0)
print(f"d.size():\n{d.size()}\nd_s0.size():\n{d_s0.size()}")
d_s1 = torch.squeeze(d, 1)
print(f"d.size():\n{d.size()}\nd_s1.size():\n{d_s1.size()}")
```

运行结果如下：

```
d.size():
torch.Size([2, 1, 2, 1, 2])
d_s.size():
torch.Size([2, 2, 2])
d.size():
torch.Size([2, 1, 2, 1, 2])
d_s0.size():
torch.Size([2, 1, 2, 1, 2])
d.size():
torch.Size([2, 1, 2, 1, 2])
d_s1.size():
torch.Size([2, 2, 1, 2])
```

torch.unsqueeze 函数扩展指定 dim 的维度，其长度是 1。代码 2.23 首先扩展指定 dim 为 0 的维度，然后扩展指定 dim 为 1 的维度。

代码 2.23 unsqueeze 函数

```
# torch.unsqueeze()扩展指定 dim 的维度，其长度是 1
d = torch.arange(4)
print(f"d:\n{d}\ntorch.unsqueeze(d, 0): \n{torch.unsqueeze(d, 0)}")
print(f"d:\n{d}\ntorch.unsqueeze(d, 1): \n{torch.unsqueeze(d, 1)}")
```

运行结果如下：

```
d:
tensor([0, 1, 2, 3])
torch.unsqueeze(d, 0):
tensor([[0, 1, 2, 3]])
d:
tensor([0, 1, 2, 3])
torch.unsqueeze(d, 1):
tensor([[0],
        [1],
        [2],
        [3]])
```

4. 张量存储

展示张量存储概念的完整程序可参见 tensor_storage.py。

PyTorch 张量通常是连续内存块上的视图,张量的多维元素在连续的内存块中分配,由 torch.Storage 实例管理,不管张量有几维,都按一维数组进行存储。例如,代码 2.24 中的张量 points 是一个描述二维坐标系中 3 个点的二维张量,调用 tensor.storage 函数可返回其分配在连续内存中的一维数组。

代码 2.24 张量的存储

```
# 二维张量的存储是一维的连续内存
points = torch.tensor([[1.0, 2.0], [3.0, 4.0], [5.0, 6.0]])
print(f"points: \n{points}")
print(f"points.storage(): \n{points.storage()}")
```

运行结果如下:

```
points:
tensor([[1., 2.],
        [3., 4.],
        [5., 6.]])
points.storage():
 1.0
 2.0
 3.0
 4.0
 5.0
 6.0
[torch.FloatStorage of size 6]
```

存储实例是一维的,可以使用索引来访问对应元素,如代码 2.25 所示。

代码 2.25 使用索引访问张量存储

```
# 使用索引访问张量存储
points_storage = points.storage()
print(f"points_storage[0]: \n{points_storage[0]}")
print(f"points.storage()[0]: \n{points.storage()[0]}")
```

运行结果如下:

```
points_storage[0]:
1.0
points.storage()[0]:
1.0
```

由于张量就是存储实例的视图,更改存储实例同样影响到对应张量,如代码 2.26 所示。

代码 2.26　更改存储实例同时更改对应张量

```
# 更改存储实例同时更改对应张量
points = torch.tensor([[1.0, 2.0], [3.0, 4.0], [5.0, 6.0]])
points_storage = points.storage()
points_storage[0] = 111.0
print("更改存储实例后，张量也被更改\n", points)
```

运行结果如下：

```
更改存储实例后，张量也被更改
 tensor([[111.,   2.],
        [  3.,   4.],
        [  5.,   6.]])
```

同一个存储可以为多个张量所索引，各张量表现为存储的不同视图。索引具有 3 个属性，即大小(size)、存储偏移(storage offset)和步长(stride)。其中，大小是一个表示张量在每个维度上有多少个元素的元组，存储偏移是存储与张量中的第一个元素对应的索引，步长是为了沿存储的每个维度获取下一个元素而需要跳过的元素数量。

代码 2.27 演示张量索引的 3 个属性。对于描述 3 个点的二维张量 points，second_point 索引张量 points 的第二个点。

代码 2.27　张量索引的 3 个属性

```
# 张量索引的3个属性
points = torch.tensor([[1.0, 4.0], [2.0, 5.0], [3.0, 6.0]])
second_point = points[1]
print(f"second_point.storage_offset():\n{second_point.storage_offset()}")
print(f"second_point.size():\n{second_point.size()}")
print(f"second_point.shape:\n{second_point.shape}")
print(f"points.stride():\n{points.stride()}")
print(f"second_point.stride():\n{second_point.stride()}")
```

可以看到，second_point 的存储偏移为 2，这是因为第二个点在存储中跳过了第一个点，该点有两个元素。第二个点的大小(size)和形状(shape)都是 2，因为每个点都有两个元素。张量 points 的步长为(2, 1)，表明步长 stride[0]和 stride[1]分别为 2 和 1，如果要用下标 i 和 j 来访问该二维张量，实际就是访问存储中下标为 storage_offset + stride[0] * i + stride[1] * j 的元素。子张量 second_point 的步长为(1,)，表明子张量减少了一个维度。运行结果如下：

```
second_point.storage_offset():
2
second_point.size():
torch.Size([2])
second_point.shape:
```

```
torch.Size([2])
points.stride():
(2, 1)
second_point.stride():
(1,)
```

代码 2.28 演示更改子张量会影响原张量。如果想避免这一影响，可以采用克隆子张量的方法，即使用 second_point = points[1].clone()。

代码 2.28 更改子张量会影响原张量

```
# 更改子张量影响原张量
points = torch.tensor([[1.0, 4.0], [2.0, 5.0], [3.0, 6.0]])
second_point = points[1]
second_point[0] = 222.0
print(f"points:\n{points}")
```

运行结果如下：

```
points:
tensor([[  1.,   4.],
        [222.,   5.],
        [  3.,   6.]])
```

代码 2.29 验证了转置操作并不影响其存储，转置后的张量与原张量共享同一存储，因此，转置操作仅影响张量的形状和步长。

代码 2.29 验证转置操作并不影响其存储

```
# 验证转置操作并不影响其存储
points_t = points.t()
print(f"points_t:\n{points_t}")
print("转置前后的张量存储是否一致：", id(points.storage())== id(points_t.storage()))
print(f"points.stride():\n{points.stride()}")
print(f"points_t.stride():\n{points_t.stride()}")
```

运行结果如下：

```
points_t:
tensor([[1., 2., 3.],
        [4., 5., 6.]])
转置前后的张量存储是否一致： True
points.stride():
(2, 1)
points_t.stride():
(1, 2)
```

连续(contiguous)张量指的是沿着最右边的维开始存放在存储中的张量，由于不需要在存储中进行跳跃访问，因此可以高效且有序地访问连续张量的元素。可以调用 tensor.is_contiguous 函数来检测张量是否连续，调用 tensor.contiguous 函数以返回在内存中连续的张量，如代码 2.30 所示。

代码 2.30　连续张量

```
# 张量是否连续
print(f"points.is_contiguous():\n{points.is_contiguous()}")
print(f"points_t.is_contiguous():\n{points_t.is_contiguous()}")
# 转化为连续
points_t_cont = points_t.contiguous()
print(f"points_t_cont.is_contiguous():\n{points_t_cont.is_contiguous()}")
print(f"points_t_cont.storage():\n{points_t_cont.storage()}")
print(f"points_t_cont.stride():\n{points_t_cont.stride()}")
```

运行结果如下：

```
points.is_contiguous():
True
points_t.is_contiguous():
False
points_t_cont.is_contiguous():
True
points_t_cont.storage():
 1.0
 2.0
 3.0
 4.0
 5.0
 6.0
[torch.FloatStorage of size 6]
points_t_cont.stride():
(3, 1)
```

5. 张量持久化

张量可以存储到文件中，称为张量的持久化，以便将来从文件中进行读取。完整程序可参见 tensor_serialize.py。

代码 2.31 首先定义一个要持久化的张量，然后调用 torch.save 函数将张量保存为文件，最后调用 torch.load 函数加载张量。

代码 2.31　张量持久化方法一

```
my_tensor = torch.randn((2, 3))
print("要保存的张量：\n", my_tensor)
```

```python
# 将张量保存为文件方法一
torch.save(my_tensor, '../saved/my_tensor.pt')
# 加载张量方法一
my_tensor = torch.load('../saved/my_tensor.pt')
print("加载方法一的张量：\n", my_tensor)
```

代码 2.32 与代码 2.31 稍有不同，没有使用字符串的文件路径，而是使用通过 open 函数创建的 file 对象。

代码 2.32 张量持久化方法二

```python
# 将张量保存为文件方法二
with open('../saved/my_tensor.pt', 'wb') as f:
    torch.save(my_tensor, f)
# 加载张量方法二
with open('../saved/my_tensor.pt', 'rb') as f:
    my_tensor = torch.load(f)
    print("加载方法二的张量：\n", my_tensor)
```

h5py 是 Python 语言用来操纵 HDF5 的模块，可以将 HDF5 文件视为能存储对象的容器，详情可参见网址 https://docs.h5py.org/en/latest/index.html。代码 2.33 展示如何将张量保存至 HDF5 文件以及从 HDF5 文件中加载张量。h5py 使用 File 对象的 create_dataset 函数来创建一个要保存的数据集，然后使用类似 Python 字典的方式读取所存储的张量。

代码 2.33 张量持久化方法三

```python
# 保存到 HDF5 文件中
with h5py.File('../saved/my_tensor.hdf5', 'w') as f:
    data_set = f.create_dataset('my_train', data=my_tensor.numpy())

# 从 HDF5 文件中加载
with h5py.File('../saved/my_tensor.hdf5', 'r') as f:
    data_set = f['my_train']
    print(f"data_set.shape:\n{data_set.shape}\ndata_set.dtype:\n{data_set.dtype}")
    print(f"data_set[1:]:\n{data_set[1:]}")
    print(f"torch.from_numpy(data_set[1:]):\n{torch.from_numpy(data_set[1:])}")
```

2.1.3 广播机制

PyTorch 的很多操作都支持广播，也就是不用显式地复制数据，就可以将参与运算的张量自动扩展为同样的形状，以此来达到简化编程和实现高效算法的目的。

本小节以两个张量的相加运算为例，说明 PyTorch 的广播机制，其余数学运算同理。完整程序可参见 tensor_broadcast.py。

如果参与运算的两个张量的形状相同,显然不需要广播,如代码 2.34 所示。

代码 2.34   相同形状的张量运算

```
# 1 相同形状的张量运算
a1 = torch.arange(3)
a2 = torch.arange(4, 7)
print(f"{a1} + {a2} = \n{a1 + a2}")
```

运行结果如下:

```
tensor([0, 1, 2]) + tensor([4, 5, 6]) =
tensor([4, 6, 8])
```

由于标量与张量运算时形状不同,会触发广播机制,将标量自动扩展为与张量同样的形状,然后再进行运算,如代码 2.35 所示。

代码 2.35   标量与张量运算

```
# 2 标量与张量运算
a1 = torch.arange(3)
print(f"{a1} + 5 = \n{a1 + 5}")
print(f"{a1} + torch.tensor(5) = \n{a1 + torch.tensor(5)}")
```

运行结果如下:

```
tensor([0, 1, 2]) + 5 =
tensor([5, 6, 7])
tensor([0, 1, 2]) + torch.tensor(5) =
tensor([5, 6, 7])
```

代码 2.36 演示了相同维度但不同形状的张量运算。如果两个张量具有相同的维度,只要其中一个张量的分量为 1,就可以触发广播机制。

代码 2.36   相同维度但不同形状的张量运算

```
# 3 相同维度但不同形状的张量运算
a1 = torch.arange(12).reshape((3, 4))
a2 = torch.ones((1, 4))
print(f"{a1} + {a2} = \n{a1 + a2}")

a1 = torch.arange(12).reshape((3, 4))
a2 = torch.ones((3, 1))
print(f"{a1} + {a2} \n = {a1 + a2}")

a1 = torch.arange(3).reshape(3, 1)
a2 = torch.arange(4, 7).reshape(1, 3)
print(f"{a1} + {a2} = \n{a1 + a2}")
```

运行结果如下：

```
tensor([[ 0,  1,  2,  3],
        [ 4,  5,  6,  7],
        [ 8,  9, 10, 11]]) + tensor([[1., 1., 1., 1.]]) =
tensor([[ 1.,  2.,  3.,  4.],
        [ 5.,  6.,  7.,  8.],
        [ 9., 10., 11., 12.]])
tensor([[ 0,  1,  2,  3],
        [ 4,  5,  6,  7],
        [ 8,  9, 10, 11]]) + tensor([[1.],
        [1.],
        [1.]])
 = tensor([[ 1.,  2.,  3.,  4.],
         [ 5.,  6.,  7.,  8.],
         [ 9., 10., 11., 12.]])
tensor([[0],
        [1],
        [2]]) + tensor([[4, 5, 6]]) =
tensor([[4, 5, 6],
        [5, 6, 7],
        [6, 7, 8]])
```

两个不同维度的张量运算，其中一个张量不存在需要对齐的维度，同样会触发广播机制。代码 2.37 演示了这种情形。

代码 2.37 不同维度的张量运算

```
# 4 不同维度的张量运算
a1 = torch.arange(6).reshape(3, 2)
a2 = torch.arange(4, 6)
print(f"{a1} + {a2} = \n{a1 + a2}")
```

运行结果如下：

```
tensor([[0, 1],
        [2, 3],
        [4, 5]]) + tensor([4, 5]) =
tensor([[ 4,  6],
        [ 6,  8],
        [ 8, 10]])
```

总结一下，按照 PyTorch 广播机制文档 (https://pytorch.org/docs/stable/notes/broadcasting.html)，当两个张量满足下面的条件时，就会触发广播机制。

① 每个张量至少有一个维度。

② 迭代维度尺寸时，从尾部维度开始，每个对应维度的分量必须满足以下条件之一：

要么相等，要么其中一个张量的分量为 1，或者其中一个张量不存在该维度。

2.1.4 在 GPU 上使用 Tensor

深度学习对计算机的计算力要求很高，GPU 能够加速深度模型训练，拥有 GPU 肯定会在深度学习上体验更好。PyTorch 支持 GPU 加速，而且支持多 GPU 并行训练。

本小节介绍 PyTorch 使用 GPU 的方法，完整程序可参见 tensor_gpu.py。

代码 2.38 展示如何获取本机 GPU 配置的代码。

代码 2.38 获取本机 GPU 配置

```
# GPU 是否可用
print("torch.cuda.is_available(): ", torch.cuda.is_available())
# GPU 数量
print("torch.cuda.device_count(): ", torch.cuda.device_count())
# 当前 GPU 设备
print("torch.cuda.current_device(): ", torch.cuda.current_device())
# GPU 设备名
print("torch.cuda.get_device_name('cuda:0'): ", torch.cuda.get_device_name('cuda:0'))
```

新建张量时，可以使用 device 属性来指定期望的设备，device 的默认属性值为 None，如代码 2.39 所示。

代码 2.39 指定张量的设备

```
# 新建张量
ts = torch.tensor([[1.0, 2.0], [3.0, 4.0], [5.0, 6.0]])
# 新建 GPU 张量
ts_gpu = torch.tensor([[1.0, 2.0], [3.0, 4.0], [5.0, 6.0]], device='cuda')
print("torch.tensor([[1.0, 2.0], [3.0, 4.0], [5.0, 6.0]]): \n", ts)
print("torch.tensor([[1.0, 2.0], [3.0, 4.0], [5.0, 6.0]], device='cuda'): \n", ts_gpu)
```

创建张量以后，可以调用 tensor.cuda 函数返回其 GPU 张量的副本，也就是在 CUDA 内存中的张量对象；也可以调用 tensor.cpu 函数返回其 CPU 张量的副本。调用 tensor.to 函数可以将张量转换到由 device 属性指定的设备中。注意，不同设备的张量是不可以直接计算的，必须先将要计算的张量放到同一个设备中。另外，代码中要使用 cuda 表示 gpu，cuda:0 中冒号后面的 0 表示 GPU 的编号，实际指的是第 1 张 GPU 卡，以此类推。类似地，使用 cpu:0、cpu:1 指定多 CPU 环境下不同的 CPU。

代码 2.40 CPU 与 GPU 张量转换

```
# 转换为 GPU 张量
ts_gpu = ts.to(device='cuda')
```

```
print("演示 to(device='cuda'): \n", ts_gpu)
# 另一种转换方式
ts_gpu = ts.to(device='cuda:0')
print("演示 to(device='cuda:0'): \n", ts_gpu)

# 张量运算
ts = 2 * ts
print("ts = 2 * ts: \n", ts)
# 可以这样转换
ts_gpu = 2 * ts.to(device='cuda')
print("2 * ts.to(device='cuda'): \n", ts_gpu)

# GPU 张量运算
ts_gpu = ts_gpu + 10
print("ts_gpu + 10: \n", ts_gpu)

# 转换为 CPU 张量
ts_cpu = ts_gpu.to(device='cpu')
print("演示 to(device='cpu'): \n", ts_cpu)

# 另一种转换方法
ts_gpu = ts.cuda()
print(ts_gpu)
ts_gpu = ts.cuda(0)
print(ts_gpu)
ts_cpu = ts_gpu.cpu()
print(ts_cpu)
```

为了避免因为程序的假设和计算机的实际配置不符而引发运行时错误,最好能够根据配置来选择是否使用 GPU 加速,代码 2.41 演示了这种方法。

代码 2.41　根据配置选择 GPU 加速

```
# 根据配置选择 GPU 加速
device = torch.device('cuda:0' if torch.cuda.is_available() else 'cpu')

# 新建 GPU 或 CPU 张量
ts_unknown = torch.tensor([[1.0, 2.0], [3.0, 4.0], [5.0, 6.0]], device=device)
print("根据配置选择 GPU 加速: \n", ts_unknown)
```

由于本书的配套程序在单 GPU 的环境下已经能很好地运行,因此不考虑多 GPU 环境的编程,感兴趣的读者可参考 PyTorch 官网中的数据并行处理教程。网址为 https://pytorch.org/tutorials/beginner/blitz/data_parallel_tutorial.html。

2.2 自动求导

autograd 模块是 PyTorch 的核心功能，它为张量上的所有操作提供了自动求导机制。使用这个工具，就不再需要手工完成求导计算，简化了神经网络中复杂的优化计算。

2.2.1 自动求导概念

自动求导的对象是张量，将某张量的 requires_grad 属性设置为 True，就会追踪对该张量的全部操作。然后通过调用 backward 函数来自动计算梯度，并将梯度累加到张量的 grad 属性中。

一般而言，都会将模型的可训练参数的 requires_grad 属性设置为 True，在训练模型时需要梯度跟踪，但评估模型时不需要梯度跟踪。如果想暂时停止梯度跟踪，可以调用张量的 detach 函数隔离计算历史，阻止跟踪该张量的计算记录。停止梯度跟踪的另一种方法是将计算代码放到 with torch.no_grad() 块中，这在评估模型性能时经常用到。

自动求导还有一个求导函数，它对完整的计算历史进行编码，存放在张量的 grad_fn 属性中，引用创建张量的 Function 对象。如果张量由用户手动创建，则其 grad_fn 属性为 None。

如果要计算张量的导数，可调用该张量的 backward 函数。如果张量自身是一个标量，则不需要为 backward 函数指定参数。但如果张量是一个向量、矩阵或更多维的张量，则需要指定一个 gradient 参数，以匹配张量的形状。

2.2.2 自动求导示例

本小节展示 PyTorch 的自动求导方法，详见 tensor_autograd.py。

1. 标量自动求导

此处以单变量线性回归为例，说明 PyTorch 如何进行自动求导。线性回归模型可表示为

$$y = wx + b \tag{2.1}$$

式中：x 为输入；y 为输出；w 和 b 都为模型参数。根据导数知识，有 $\frac{\partial y}{\partial w} = x$，$\frac{\partial y}{\partial b} = 1$。

代码 2.42 验证了单变量线性回归的自动求导。PyTorch 使用动态计算图，使用完毕后默认会将计算图删除，如果有多次使用该计算图的需求，可在 backward 函数中将 retain_graph

属性设置为 True。

代码 2.42　单变量线性回归的自动求导

```
# 先以常见的 y=wx+b 为例来进行说明
x = torch.tensor([2.0])
w = torch.tensor([1.0], requires_grad=True)
b = torch.tensor([0.0], requires_grad=True)

y = w * x + b
print(f"y.grad_fn: {y.grad_fn}")
# 反向传播
y.backward(retain_graph=True)
# 打印导数
print(f"x.grad: {x.grad}")
print(f"w.grad: {w.grad}")
print(f"b.grad: {b.grad}")
```

可以看到，grad_fn 属性存放张量的计算历史，AddBackward0 命名表示最后的计算是加运算。由于未指定 x 的 requires_grad 属性为 True，因此 x.grad 值为 None。w.grad 和 b.grad 分别表示 $\frac{\partial y}{\partial w}$ 和 $\frac{\partial y}{\partial b}$，值分别是 tensor([2.])和 tensor([1.])，符合其值应该等于 x 和 1 的预期。

运行结果如下：

```
y.grad_fn: <AddBackward0 object at 0x000001A951D55148>
x.grad: None
w.grad: tensor([2.])
b.grad: tensor([1.])
```

注意到自动求导会累加梯度，所以要在反向传播之前将梯度清零，否则会得到错误的结果。代码 2.43 调用 grad.zero_ 函数分别将 w 和 b 的梯度清零。

代码 2.43　梯度清零

```
if w.grad is not None:
    w.grad.zero_()
if b.grad is not None:
    b.grad.zero_()
```

2. 矩阵自动求导

再来看一个矩阵的自动求导示例(代码 2.44)。首先创建一个 2×2 的矩阵，并调用 requires_grad_ 函数来设置 requires_grad 属性为 True 以启用梯度跟踪。

代码 2.44　矩阵的自动求导

```
# 再看自动求导的矩阵形式
x = torch.arange(4).view(2, 2).float()
x.requires_grad_(True)
print(f"x: {x}")
print(f"x.grad_fn: {x.grad_fn}")
```

由于张量 x 由手动创建，因此 grad_fn 为 None。运行结果如下：

```
x: tensor([[0., 1.],
        [2., 3.]], requires_grad=True)
x.grad_fn: None
```

代码 2.45 对张量 x 做一次加法运算。

代码 2.45　简单的加法运算

```
y = x + 1
print(f"y: {y}")
print(f"y.grad_fn: {y.grad_fn}")
```

由于张量 y 是由张量 x 计算而得，因此 grad_fn 为 <AddBackward0>。运行结果如下：

```
y: tensor([[1., 2.],
        [3., 4.]], grad_fn=<AddBackward0>)
y.grad_fn: <AddBackward0 object at 0x0000015939305188>
```

is_leaf 属性测试张量是否为叶子节点，其值为 True 的 Tensor 就是手动创建的叶子节点，否则就不是。代码 2.46 测试了张量 x 和张量 y 是否为叶子节点。

代码 2.46　测试张量是否为叶子节点

```
print(f"x.is_leaf: {x.is_leaf}\ny.is_leaf: {y.is_leaf}")
```

由于张量 x 是手工创建，而张量 y 是计算而得的，因此两者的 is_leaf 属性分别为 True 和 False。运行结果如下：

```
x.is_leaf: True
y.is_leaf: False
```

再对张量 y 进行立方运算和平均运算操作，如代码 2.47 所示。

代码 2.47　立方运算和平均运算

```
z = y ** 3
out = z.mean()
print(f"z: {z}")
print(f"out: {out}")
```

运行结果如下：

```
z: tensor([[ 1., 8.],
        [27., 64.]], grad_fn=<PowBackward0>)
out: 25.0
```

最后对 out 张量进行反向传播，由于 out 是一个标量，因此 out.backward() 与 out.backward(torch.tensor(1.)) 等价。

代码 2.48 反向传播

```
# 反向传播
out.backward()  # 等价于 out.backward(torch.tensor(1.))
print(f"x.grad: {x.grad}")
```

运行结果如下：

```
x.grad: tensor([[ 0.7500, 3.0000],
        [ 6.7500, 12.0000]])
```

下面解释 x.grad 的运行结果。为了方便，将 out 张量用 o 来表示。由于 $o = \frac{1}{4}\sum_i z_i$，且 $z_i = (x_i + 1)^3$，所以 $\frac{\partial o}{\partial x_i} = \frac{3}{4}(x_i + 1)^2$，将 x_i 分别取 0、1、2、3 并代入，即可得到 x.grad 的计算结果。

2.3 数据集 API

很多机器学习问题都需要读取数据集和进行简单的预处理，PyTorch 提供了 torch.utils.data 模块，能方便读取数据和预处理，其中 Dataset 类、IterableDataset 类和 DataLoader 类的应用最为广泛，本节详细介绍这 3 个类的使用方法。

2.3.1 自定义数据集类

PyTorch 的自定义数据集可使用 Dataset 类、IterableDataset 类来定义，前者用于实现 Map-style(映射风格)的数据集，后者用于实现 Iterable-style(迭代风格)的数据集。

1. Dataset 类

Dataset 类是一个映射风格的数据集，继承该类的子类实例需要实现__getitem__()函数和

__len__()函数，代表从索引(键值)到数据样本的映射。例如，如果使用 dataset[idx]来访问 Dataset 定义的图片数据集，就能从文件目录读到第 idx 张图片和对应的标签。

Dataset 是自定义数据集的抽象类，用户可以自己定义数据集类继承该抽象类，所有子类必须重写__getitem__()函数，以支持获取给定键值的数据样本。子类可以选择性地重写__len__()函数，它将通过 DataLoader 的一些 Sampler(样本抽样器)实现以及默认选项返回数据集的大小，详见后文。

代码 2.49 是鸢尾花数据集类的简单实现，IrisDataset 继承 Dataset，重写__getitem__()和__len__()函数。完整程序可参见 iris_dataset.py。

代码 2.49　鸢尾花数据集类

```python
class IrisDataset(Dataset):
    """ 鸢尾花数据集 """
    def __init__(self):
        super(IrisDataset).__init__()
        data = np.loadtxt("../datasets/fisheriris.csv", delimiter=',', dtype=np.float32)
        self.x = torch.from_numpy(data[:, 0:-1])
        self.y = torch.from_numpy(data[:, [-1]])
        self.len = data.shape[0]

    def __getitem__(self, index):
        return self.x[index], self.y[index]

    def __len__(self):
        return self.len
```

2. IterableDataset 类

IterableDataset 类是一个迭代风格的数据集，继承该类的子类实例需要实现__iter__()函数，该函数返回该数据集样本的迭代器。这种类型的数据集特别适合用于随机读取的代价很高甚至无法实现，且批大小取决于所获取数据的情形。例如，如果使用 iter(dataset)来访问这类数据集，就能返回从数据库、远程服务器读取的数据流，甚至返回实时生成的日志。

代码 2.50 是鸢尾花数据集类的迭代风格实现，IrisIterDataset 继承 IterableDataset 类，重写__iter__()函数。本例实现一个自定义的迭代器，因此还实现__next__()函数。注意，迭代风格的数据集不允许随机置乱，即不能设置 shuffle=True。完整程序可参见 iris_iter_dataset.py。

代码 2.50　迭代风格鸢尾花数据集类

```python
class IrisIterDataset(IterableDataset):
    """ 鸢尾花数据集 """
    def __init__(self):
```

```
        super(IrisIterDataset).__init__()
        data = np.loadtxt("../datasets/fisheriris.csv", delimiter=',', dtype=np.float32)
        self.x = torch.from_numpy(data[:, 0:-1])
        self.y = torch.from_numpy(data[:, [-1]])
        self.len = data.shape[0]
        self.idx = 0

    def __iter__(self):
        self.idx = 0
        return self

    def __next__(self):
        if self.idx < self.len:
            # 此处应该从数据库或远程实时得到数据，这里只是示例，因此简单处理一下
            idx = self.idx
            self.idx += 1
            return self.x[idx], self.y[idx]
        else:
            raise StopIteration
```

2.3.2 DataLoader 类

实现自定义数据集之后，就可以返回数据集样本了。但这种直接通过索引来返回样本的方式比较原始，无法让数据集一次提供一个批次(batch)的数据，也无法对数据进行随机置乱和并行加速。为此，PyTorch 专门提供 DataLoader 类来实现这些功能。

DataLoader 类是一个数据加载器，它将数据集和样本抽样器组合在一起，并提供给定数据集上的可迭代对象，其构造函数如下：

```
DataLoader(dataset, batch_size=1, shuffle=False, sampler=None,
        batch_sampler=None, num_workers=0, collate_fn=None,
        pin_memory=False, drop_last=False, timeout=0,
        worker_init_fn=None, *, prefetch_factor=2,
        persistent_workers=False)
```

各参数含义如下。
- dataset：要加载数据的数据集对象。
- batch_size：批大小，每一批需要加载多少个样本，默认值为 1。
- shuffle：设置为 True 时将在每个 epoch 重新置乱样本顺序，默认值为 False。
- sampler：样本抽样器，定义从数据集中抽取样本的策略。
- batch_sampler：类似于 sampler，但一次返回一批的索引。使用该属性就不能同时

使用 batch_size、shuffle、sampler 和 drop_last 属性。
- num_workers：加载数据的子进程数。值为 0 表示数据由主进程加载，默认值为 0。
- collate_fn：将一系列样本合并，形成一个小批量的张量。在映射风格数据集的批加载时才可以使用。
- pin_memory：如果为 True，数据加载器先把张量复制到 CUDA 固定内存(pinned memory)中，然后再返回它们。
- drop_last：如果数据集大小不能被批大小整除，则在该属性值设置为 True 时，会丢弃最后一个不完整的批；否则，最后一批的样本数将少于其他批。默认值为 False。
- timeout：如果为正数，则表示从 workers 处收集批的超时值。该属性应该总是为非负值，默认值为 0。
- worker_init_fn：如果不为 None，则在每个 worker 的子进程中将 worker id 作为输入，默认值为 None。
- prefetch_factor：每个 worker 提前装载的样本数。2 表示在所有 workers 中预取总共 2 * num_workers 样本，默认值为 2。
- persistent_workers：如果为 True，则在使用数据集一次之后数据加载器不会关闭 worker 进程，这允许保持 workers 数据集实例为活动的，默认值为 False。

虽然 DataLoader 类的构造函数有许多参数，但一般应用只需要设置 dataset、batch_size 和 shuffle，不用过于纠结其他参数的用法。

DataLoader 是一个可迭代对象，自然可以如同迭代器那样使用。代码 2.51 是 DataLoader 的简单示例。先实例化数据集，然后调用 DataLoader 构造函数创建一个数据加载器对象，最后使用一个双重循环从加载器中读取数据。

代码 2.51 DataLoader 简单示例

```
# 实例化
iris = IrisDataset()
irir_loader = DataLoader(dataset=iris, batch_size=10, shuffle=True)
for epoch in range(2):
    for i, data in enumerate(irir_loader):
        # 从 irir_loader 中读取数据
        inputs, labels = data

        # 打印数据集
        print(f"轮次：{epoch}\t 输入数据形状：{inputs.data.size()}\t 标签形状：
                {labels.data.size()}")
```

代码 2.52 是 DataLoader 的另一个示例，如果数据集继承 IterDataset，那么对应的 DataLoader 不允许随机置乱，即不能设置 shuffle=True。

代码 2.52　DataLoader 另一个示例

```
iris = IrisIterDataset()

# 继承 IterDataset 的 DataLoader 不允许 shuffle=True
irir_loader = DataLoader(dataset=iris, batch_size=10)
for epoch in range(2):
    for i, data in enumerate(irir_loader):
        # 从 irir_loader 中读取数据，一批 10 个样本
        inputs, labels = data

        # 打印数据集
        print(f"轮次：{epoch}\t 输入数据形状：{inputs.data.size()}\t 标签形状：
              {labels.data.size()}")
```

2.4　torchvision 工具示例

计算机视觉(Computer Vision，CV)是深度学习的一个重要应用领域。PyTorch 提供现成的 torchvision 工具，帮助处理图像和视频。torchvision 包含一些常用的数据集、模型、转换函数等，学习和使用这些 API 有助于更快更好地在 CV 领域应用 PyTorch。

torchvision 的数据集都是 torch.utils.data.Dataset 的子类，都实现了 __getitem__ 和 __len__ 函数，可传递给支持并行处理的多进程 torch.utils.data.DataLoader 加载器进行数据加载。数据集包括 MNIST、Fashion-MNIST、CIFAR、CelebA 和 ImageNet 等工具，可直接下载相应的数据集到本地使用，免去查找数据集和编写对应数据集类的麻烦。

本节首先介绍如何手工编写简单的图像数据集，然后介绍部分常用 torchvision 工具的使用。

2.4.1　编写简单的图像数据集

本小节以 Kaggle 赛题猫狗大战(Dogs vs. Cats)为例，说明如何编写图像数据集。猫狗大战的 25000 张图片都存放在同一个目录下，文件命名为 cat.xxx.jpg 或 dog.xxx.jpg，其中的 xxx 为取值范围为 0~12499 的图片编号。需要根据文件名来判断是猫还是狗。

代码 2.53 定义了一个映射风格的猫狗数据集类。由于图片文件占内存较多，因此只保

存图片的完整路径，而不预先加载图片内容，只是在__getitem__()函数中才读取图片数据。注意，Image.open()函数打开的是一个图像对象，需要调用 np.array()函数转换成形状为 (高 H, 宽 W, 通道 C)的 numpy.ndarray 对象，然后再调用 torch.from_numpy()函数转换为 PyTorch 张量。

代码 2.53　猫狗数据集类

```python
class DogsCatsDataset(Dataset):
    """ 猫狗数据集定义 """

    def __init__(self, root):
        # root 为图片的路径
        imgs = os.listdir(root)
        # 仅保存图片完整路径
        self.imgs = [os.path.join(root, img) for img in imgs]

    def __getitem__(self, idx):
        img_path = self.imgs[idx]
        # 根据文件名确定标签。dog 标签1, cat 标签0
        label = 1 if 'dog' in img_path.split('/')[-1] else 0
        pil_img = Image.open(img_path)
        img_array = np.array(pil_img)
        # 形状: (H, W, C), 取值范围: [0, 255], 通道: RGB
        img = torch.from_numpy(img_array)
        return img, label

    def __len__(self):
        return len(self.imgs)
```

代码 2.54 为猫狗数据集测试代码。首先实例化猫狗数据集对象，然后读取第一张图片并显示。注意，Python 索引是从零开始的，因此这里所说的第一张实际上在前面还有一张。

代码 2.54　猫狗数据集测试代码

```python
dataset = DogsCatsDataset("../datasets/kaggledogvscat/original_train")
img, label = dataset[1]
print("第一个样本")
print("图像形状: ", img.shape)
plt.imshow(img)
plt.show()
```

第一张图片如图 2.1 所示。

图 2.1　猫狗数据集第一张图片

2.4.2　Transforms 模块

2.4.1 小节定义的猫狗数据集类存在以下 3 个主要问题。

① 每张图片的宽、高不一样，需要进行处理。

② 图片每个像素的取值范围是 0~255，深度网络需要归一化到 0~1 范围。

③ 诸如 PIL 工具读取到的图片张量的形状是(H, W, C)，但是深度网络接收的图片张量的形状为(B, C, H, W)，需要进行转换。其中，B 为一批样本中的图片数，H 和 W 分别为图片的高和宽，C 为图片的通道数。

对此，PyTorch torchvision 工具的 Transforms 模块提供对 PIL Image 对象的图像转换功能，该模块提供了常用预处理功能的开箱即用实现，如填充、裁剪、灰度模式、线性变换、将图像转换成 PyTorch 张量，以及一些实现数据增强的功能，如翻转、随机裁剪、颜色抖动。常用的转换操作如下。

① CenterCrop、RandomCrop、RandomSizedCrop、FiveCrop、TenCrop：裁剪图片尺寸。

② Grayscale：转换为灰度图像。

③ Pad：用给定的值填充给定图像。

④ RandomAffine、RandomApply、RandomGrayscale、RandomPerspective、GaussianBlur、RandomChoice、RandomOrder、RandomErasing：对图像施加随机变换。

⑤ RandomHorizontalFlip、RandomVerticalFlip：以给定概率水平或垂直翻转给定图像。

⑥ Resize：调整输入图像为给定的尺寸。

⑦ LinearTransformation：用一个方阵和一个离线计算的均值向量对张量图像进行

变换。

⑧ Normalize：用给定的均值和标准差来规范化张量图像。

⑨ Compose：将几个 Transforms 组合在一起。

⑩ ConvertImageDtype：将张量图像转换为给定的 dtype 类型，并相应缩放。不支持 PIL 图像。

⑪ ToPILImage：把 tensor 或 ndarray 数组转换为 PIL Image 对象。

⑫ ToTensor：将 PIL 图像对象或 ndarray 数组转换为 Tensor。注意会将像素取值[0, 255]归一化为[0, 1]范围，并且将原来的形状(H, W, C)转置为(C, H, W)。

⑬ Lambda：应用用户自定义的 lambda 函数进行转换。

此外，Transforms 还提供上述转换功能对应的转换函数，实现对转换管道的细粒度控制。这些函数位于 torchvision.transforms.functional 模块下，一般使用以下语句导入转换函数：

```
import torchvision.transforms.functional as TF
```

代码 2.55 是一个简单的 Transforms 示例。首先定义一个 my_transform 实例；然后对输入图片进行尺寸调整、中心裁剪和转换为 tensor 这 3 项操作；最后在数据集中应用该自定义转换对输入图像进行变换。完整代码可参见 dogs_cats_transforms.py。

代码 2.55 Transforms 示例

```python
my_transform = transforms.Compose([
    transforms.Resize(256),
    transforms.CenterCrop(224),
    transforms.ToTensor()
])


class DogsCatsDataset(Dataset):
    """ 猫狗数据集定义 """

    def __init__(self, root):
        # root 为图片的路径
        imgs = os.listdir(root)
        # 仅保存图片完整路径
        self.imgs = [os.path.join(root, img) for img in imgs]
        self.transforms = my_transform

    def __getitem__(self, idx):
        img_path = self.imgs[idx]
        # 根据文件名确定标签。dog 标签1，cat 标签0
        label = 1 if 'dog' in img_path.split('/')[-1] else 0
        pil_img = Image.open(img_path)
```

```python
        if self.transforms:
            img = self.transforms(pil_img)
        return img, label

    def __len__(self):
        return len(self.imgs)
```

2.4.3 Normalize 用法

在 Transforms 中通常使用 Normalize 来规范化张量图像，这时就需要计算数据集的均值和标准差。例如，以下代码的变换器对 CIFAR-10 数据集进行规范化，需要用到计算出来的均值(0.4914, 0.4822, 0.4465)和标准差(0.2023, 0.1994, 0.2010)：

```
# 数据变换
transform_train = transforms.Compose([
    transforms.ToTensor(),
    transforms.Normalize((0.4914, 0.4822, 0.4465), (0.2023, 0.1994, 0.2010))
    # RGB 归一化的均值和标准差
])
```

网上有一些代码直接给出类似的均值和标准差数值，可以直接使用。但是，了解如何计算出这些数值也很重要。cifar10_normalize.py 实现了计算 CIFAR-10 数据集的均值和标准差，代码 2.56 是核心函数。它首先定义一个数据加载器，并初始化存放均值和标准差的张量 mean 和 std；然后用两个 for 循环计算并累加每张图片的均值和标准差；最后求均值和标准差的平均值并返回。

代码 2.56 计算指定图像数据集的均值和标准差函数

```python
def get_mu_sigma(train_dataset, dim=3):
    """ 计算指定图像数据集的均值和标准差 """
    print("计算指定图像数据集的均值和标准差")
    data_length = len(train_dataset)
    print("数据集大小: ", data_length)
    train_loader = DataLoader(train_dataset, batch_size=1, shuffle=False)
    mean = torch.zeros(dim)
    std = torch.zeros(dim)
    for img, _ in train_loader:
        # 计算并累加每张图片的均值和标准差
        for d in range(dim):
            mean[d] += img[:, d, :, :].mean()
            std[d] += img[:, d, :, :].std()
    # 求平均
    mean.div_(data_length)
```

```
        std.div_(data_length)
    return mean, std
```

程序的输出结果如下：

```
计算指定图像数据集的均值和标准差
数据集大小： 50000
计算出来的均值和标准差： (tensor([0.4914, 0.4822, 0.4465]), tensor([0.2023, 0.1994, 0.2010]))
```

2.4.4 ImageFolder 用法

ImageFolder 是一种通用的数据加载器，它假定所有的图片文件都按类别分别存放，子目录名为类别名，每个子目录下存放对应类别的图片。本书 1.3.4 小节已经按照上述要求对猫狗数据集进行了预处理，处理后的目录结构如图 2.2 所示。

图 2.2　猫狗数据集预处理后的目录结构

ImageFolder 类的构造函数如下：

```
torchvision.datasets.ImageFolder(root, transform=None, target_transform=None, loader=default_loader, is_valid_file=None)
```

各参数含义如下。

- root：根目录路径。
- transform：接收 PIL 图像并返回转换后版本的转换函数，如 transforms.RandomCrop。
- target_transform：接收目标标签并转换。
- loader：加载给定路径的图像。
- is_valid_file：检查给定路径的图片文件是否有效，用于检查文件是否已损坏。

dogs_cats_imagefolder.py 演示如何使用 ImageFolder 类来读取预处理后的猫狗数据集图片。

代码 2.57 首先定义一个简单的图像转换器 data_transform，对输入图像做 Resize 和 ToTensor 转换操作；然后使用 ImageFolder 类读取指定目录下的图像文件，这里使用 Python 字典来存放训练集、验证集和测试集数据；最后使用 DataLoader 加载 3 种数据集。一般而言，训练集需要随机置乱，但验证集和测试集不需要，因此使用 shuffle=(ds_type == "train") 来指定只对训练集置乱。

代码 2.57　读取数据集

```python
batch_size = 16   # 批大小

# 猫狗数据集图片目录
imgs_dir = '../datasets/kaggledogvscat/small'

# 图像转换
data_transform = transforms.Compose([transforms.Resize([64, 64]),
                    transforms.ToTensor()])
# 数据集
dog_vs_cat_datasets = {ds_type: datasets.ImageFolder(root=os.path.join
                        (imgs_dir, ds_type), transform=data_transform[ds_type])
                        for ds_type in ["train", "validation", "test"]}
# 数据加载器
data_loader = {ds_type: DataLoader(dataset=dog_vs_cat_datasets[ds_type],
                    batch_size=batch_size, shuffle=(ds_type == "train"))
                    for ds_type in ["train", "validation", "test"]}
```

代码 2.58 加载训练集并打印结果。可以调用数据集对象的 class_to_idx、classes 和 imgs 属性，分别获取数据集类别索引、数据集类别和图片路径。

代码 2.58　加载训练集并打印结果

```python
x_train, y_train = next(iter(data_loader["train"]))
print(f'训练集样本个数：{len(x_train)}')
print(f'训练集标签个数：{len(y_train)}')
print('训练集样本形状：', x_train.shape)
print('训练集标签形状：', y_train.shape)

index_classes = dog_vs_cat_datasets["train"].class_to_idx
print("数据集类别索引：")
# 输出为：{'cats': 0, 'dogs': 1}
print(index_classes)

class_names = dog_vs_cat_datasets["train"].classes
print("数据集类别：")
```

```
# 输出为: ['cats', 'dogs']
print(class_names)

img_path = dog_vs_cat_datasets["train"].imgs
print("图片路径: ")
# 输出为: [('../datasets/kaggledogvscat/small\\train\\cats\\cat.0.jpg', 0), ...]
print(img_path)
```

图 2.3 显示读取的一批训练数据集样本。由于已经进行随机置乱，因此图片中既有猫也有狗。

图 2.3　训练数据集部分样本

2.5　torchtext 工具示例

自然语言处理(NLP)是深度学习的一个重要应用领域。PyTorch 提供有现成的 torchtext 工具，帮助处理 NLP 任务。torchtext 包含一些数据处理实用程序和常用的数据集，避免了重新编程的麻烦。

torchtext 包含的数据集十分丰富，有 TextClassificationDataset、AG_NEWS 和 SogouNews 等文本分类数据集，有 WikiText-2、WikiText103 和 PennTreebank 等语言模型数据集，有 IWSLT2016 和 IWSLT2017 等机器翻译数据集，有 UDPOS 和 CoNLL2000Chunking 等序列标签数据集，还有 SQuAD 1.0 和 SQuAD 2.0 等问答数据集。

本节首先介绍如何手工编写简单的文本数据集，然后介绍如何使用 torchtext 工具来编写文本数据集。

2.5.1　编写文本预处理程序

文本预处理程序一般需要完成以下工作，即读入文本数据、拆分句子并分词、创建词典。其中，词典应包含两个部分：能够将单词映射为索引以便输入到模型中，即编码；以及将索引映射回单词,即解码。

本小节以读取莎士比亚作品、分词并创建词典为例,说明如何编写一个实用的文本预处理程序,完整程序可参见 text_preprocess.py。

代码 2.59 是 3 个辅助函数:read_text 函数打开指定 zip 文件并返回所读出的各行;tokenize 函数将句子划分为单词;count_corpus 函数返回一个统计单词出现次数的字典。

代码 2.59　3 个辅助函数

```python
def read_text(filename):
    """ 打开文件返回读出的各行 """
    with gzip.open(filename, 'rt') as f:
        lines = [line.strip().lower() for line in f]
    return lines


def tokenize(sentences):
    """ 将句子划分为单词 """
    return [sentence.split(' ') for sentence in sentences]


def count_corpus(sentences):
    """ 返回统计单词出现次数的字典 """
    tokens = [tk for st in sentences for tk in st]
    return collections.Counter(tokens)
```

代码 2.60 实现一个词典类。代码中的 min_freq 设定一个最小词频的阈值,只保留不小于该阈值的单词,use_special 为 True 则使用填充<pad>符号、序列开始<bos>符号、序列结束<eos>符号和未登录词<unk>符号,idx_to_token 是序号映射为单词的列表,token_to_idx 则是单词映射为索引的词典。

代码 2.60　词典类

```python
class Vocab(object):
    """ 词典类 """

    def __init__(self, tokens, min_freq=0, use_special=False):
        counter = count_corpus(tokens)
        # 词频
        self.token_freqs = list(counter.items())
        # 索引映射为单词。这里的列表只记录单词,索引就是单词在列表中的下标
        self.idx_to_token = []
        # 如果 use_special 为 True,则 4 个特殊符号都保留;否则只使用<unk>符号
        if use_special:
            self.pad, self.bos, self.eos, self.unk = (0, 1, 2, 3)
            self.idx_to_token += ['<pad>', '<bos>', '<eos>', '<unk>']
```

```
        else:
            self.unk = 0
            self.idx_to_token += ['<unk>']

    # 将新词加入到 idx_to_token 列表中
    self.idx_to_token += [token for token, freq in self.token_freqs
                          if freq >= min_freq and token not in self.idx_to_token]
    # 单词映射为索引的词典
    self.token_to_idx = dict()
    for idx, token in enumerate(self.idx_to_token):
        self.token_to_idx[token] = idx

def __len__(self):
    return len(self.idx_to_token)

def __getitem__(self, tokens):
    if not isinstance(tokens, (list, tuple)):
        return self.token_to_idx.get(tokens, self.unk)
    return [self.__getitem__(token) for token in tokens]
```

在如代码 2.61 所示的主函数中，首先读取数据文本；然后进行分词和构建字典工作；最后输出单词和索引的几个示例。

代码 2.61　主函数

```
# 读取数据文本
lines = read_text("../datasets/shakespeare.txt.gz")
print("句子总数： %d" % len(lines))

# 分词
tokens = tokenize(lines)
print("打印前 2 句: \n", tokens[0: 2])

# 构建词典
# vocab = Vocab(tokens, 0, True)
vocab = Vocab(tokens)
print("将字典中前 10 个词的单词映射为索引：")
print(list(vocab.token_to_idx.items())[0: 10])

for i in range(2):
    print("单词: ", tokens[i])
    print("索引: ", vocab[tokens[i]])
```

程序运行结果如下：

句子总数： 40000
打印前 2 句:

```
[['first', 'citizen:'], ['before', 'we', 'proceed', 'any', 'further,', 'hear', 'me',
'speak.']]
将字典中前 10 个词的单词映射为索引：
[('<unk>', 0), ('first', 1), ('citizen:', 2), ('before', 3), ('we', 4), ('proceed',
5), ('any', 6), ('further,', 7), ('hear', 8), ('me', 9)]
单词：  ['first', 'citizen:']
索引：  [1, 2]
单词：  ['before', 'we', 'proceed', 'any', 'further,', 'hear', 'me', 'speak.']
索引：  [3, 4, 5, 6, 7, 8, 9, 10]
```

上述分词方法只是简单利用 split 函数进行分词，可能只适合类似英语这样用空格分隔的句子，不适合中文。即便是英文，也有一些诸如 "doesn't" "Dr." 和 "New York" 这样的词不容易处理好，更好的方法是利用现成的分词工具，下面介绍使用 spaCy 工具进行分词。

2.5.2 使用 torchtext

本小节演示如何使用 spaCy 工具对 Multi30k 数据集进行分词。由于该数据集有德语和英语两种语言，因此需要对应两种语言的分词器，为了简化编程，使用一个名称为 tokenizer 的 Python 字典来存放这两种语言的分词器。完整代码可参见 multi30k_torchtext.py。

代码 2.62 首先定义源语言和目标语言；然后定义 yield_tokens 函数，其功能就是使用指定语言的分词器进行分词。

代码 2.62　输出符号列表的辅助函数

```
# 源语言和目标语言
src_lang = 'de'
tgt_lang = 'en'


def yield_tokens(data_iter, language, tokenizer):
    """ 输出符号列表的辅助函数 """
    language_index = {src_lang: 0, tgt_lang: 1}
    # 迭代输出符号列表
    for sentence in data_iter:
        yield tokenizer[language](sentence[language_index[language]])
```

代码 2.63 首先加载 Multi30k 训练集并构建源语言和目标语言的词典；然后设置未登录词为<unk>符号；最后打印训练集的前 5 个源语言和目标语言的句子。可以看到，本例主要使用 torchtext 工具进行分词和构建词典，比手工编写预处理代码更简洁和标准。

代码2.63　主函数

```python
# 分词器和词典
tokenizer = {}
vocab = {}

# 创建源语言和目标语言的分词器，需要预装 spaCy 模块
tokenizer[src_lang] = get_tokenizer('spacy', language='de_core_news_sm')
tokenizer[tgt_lang] = get_tokenizer('spacy', language='en_core_web_sm')

# 定义4种特殊标记及对应索引。Unk 为未知，pad 为填充，bos 为序列开始，eos 为序列结束
special_symbols = ['<unk>', '<pad>', '<bos>', '<eos>']
unk_idx, pad_idx, bos_idx, eos_idx = 0, 1, 2, 3

# 迭代源语言和目标语言以构建词典
for lang in [src_lang, tgt_lang]:
    # 训练数据迭代器
    train_iter = Multi30k(root='../datasets', split='train',
language_pair=(src_lang, tgt_lang))
    # 从迭代器中构建 torchtext 的 Vocab 对象
    vocab[lang] = build_vocab_from_iterator(yield_tokens(train_iter, lang, tokenizer),
                                            min_freq=1,
                                            specials=special_symbols,
                                            special_first=True)

# 设置未登录词为'<unk>'
for lang in [src_lang, tgt_lang]:
    vocab[lang].set_default_index(unk_idx)
    print(f"{lang}语言的词典长度：{len(vocab[lang])}")

    print()
    print("打印前 5 个源语言和目标语言的句子：")
    train_iter = Multi30k(root='../datasets', split='train',
               language_pair=(src_lang, tgt_lang))
for i in range(5):
    pair = next(train_iter)
    print(pair)
    for lang in [src_lang, tgt_lang]:
        lang_idx = {src_lang: 0, tgt_lang: 1}
        tokens = tokenizer[lang](pair[lang_idx[lang]])
        # 打印分词后的单词
        print(tokens)
        # 打印单词的词典序号
        print([vocab[lang].get_stoi()[w] for w in tokens])
    print()
```

程序运行结果如下：

de 语言的词典长度：19215
en 语言的词典长度：10838

打印前 5 个源语言和目标语言的句子：
('Zwei junge weiße Männer sind im Freien in der Nähe vieler Büsche.\n', 'Two young, White males are outside near many bushes.\n')
['Zwei', 'junge', 'weiße', 'Männer', 'sind', 'im', 'Freien', 'in', 'der', 'Nähe', 'vieler', 'Büsche', '.', '\n']
[22, 86, 258, 32, 88, 23, 95, 8, 17, 113, 7911, 3210, 5, 4]
['Two', 'young', ',', 'White', 'males', 'are', 'outside', 'near', 'many', 'bushes', '.', '\n']
[20, 26, 16, 1170, 809, 18, 58, 85, 337, 1340, 6, 5]

('Mehrere Männer mit Schutzhelmen bedienen ein Antriebsradsystem.\n', 'Several men in hard hats are operating a giant pulley system.\n')
['Mehrere', 'Männer', 'mit', 'Schutzhelmen', 'bedienen', 'ein', 'Antriebsradsystem', '.', '\n']
[85, 32, 11, 848, 2209, 16, 8269, 5, 4]
['Several', 'men', 'in', 'hard', 'hats', 'are', 'operating', 'a', 'giant', 'pulley', 'system', '.', '\n']
[166, 37, 8, 336, 288, 18, 1225, 4, 759, 4497, 2958, 6, 5]

('Ein kleines Mädchen klettert in ein Spielhaus aus Holz.\n', 'A little girl climbing into a wooden playhouse.\n')
['Ein', 'kleines', 'Mädchen', 'klettert', 'in', 'ein', 'Spielhaus', 'aus', 'Holz', '.', '\n']
[6, 70, 28, 220, 8, 16, 6770, 56, 509, 5, 4]
['A', 'little', 'girl', 'climbing', 'into', 'a', 'wooden', 'playhouse', '.', '\n']
[7, 62, 34, 233, 72, 4, 254, 4461, 6, 5]

('Ein Mann in einem blauen Hemd steht auf einer Leiter und putzt ein Fenster.\n', 'A man in a blue shirt is standing on a ladder cleaning a window.\n')
['Ein', 'Mann', 'in', 'einem', 'blauen', 'Hemd', 'steht', 'auf', 'einer', 'Leiter', 'und', 'putzt', 'ein', 'Fenster', '.', '\n']
[6, 13, 8, 7, 48, 42, 31, 12, 14, 544, 10, 699, 16, 249, 5, 4]
['A', 'man', 'in', 'a', 'blue', 'shirt', 'is', 'standing', 'on', 'a', 'ladder', 'cleaning', 'a', 'window', '.', '\n']
[7, 13, 8, 4, 31, 24, 11, 38, 10, 4, 590, 587, 4, 243, 6, 5]

('Zwei Männer stehen am Herd und bereiten Essen zu.\n', 'Two men are at the stove preparing food.\n')
['Zwei', 'Männer', 'stehen', 'am', 'Herd', 'und', 'bereiten', 'Essen', 'zu', '.', '\n']
[22, 32, 54, 57, 1351, 10, 410, 175, 30, 5, 4]
['Two', 'men', 'are', 'at', 'the', 'stove', 'preparing', 'food', '.', '\n']
[20, 37, 18, 21, 9, 1204, 376, 135, 6, 5]

习 题

2.1 试运行张量数据操作的程序，熟悉各种张量操作。

2.2 试总结 PyTorch 的广播机制。

2.3 简述 PyTorch 中自动求导的概念。

2.4 查阅 torchvision 文档，了解 Transforms 模块的功能。

2.5 尝试修改 cifar10_normalize.py 程序，使之能够计算 MNIST 或 Fashion-MNIST 数据集的均值和标准差。

2.6 查阅 torchtext 文档，了解相应 API。

2.7 尝试修改 multi30k_torchtext.py 程序，使之能够对其他一些翻译数据集进行处理。

第 3 章
深度学习快速入门

本章引领读者快速了解深度学习的基本概念,包括线性回归、逻辑回归和 Softmax 回归,并以这些概念为基础,讲述人工智能的研究热点之一——神经网络。

在内容安排上,不但介绍这些技术的理论基础,而且着重介绍如何使用 PyTorch 进行实现。实践内容分为两部分:首先从头开始实现一个模型;然后使用 PyTorch 提供的模块简洁地实现一个相同的模型。这样能更好地帮助读者了解深度学习的基本原理,并在此基础上快速领略 PyTorch 的特色和编程知识。

3.1 线性回归

线性回归模型是一种简单而直观的机器学习模型，它通过学习属性与目标属性的线性关系来揭示数据的规律。

正是因为线性回归模型的简单性，使用线性回归模型作为入门开篇可以把目光更多地集中在如何使用 PyTorch 编程实现的技巧上，而不是更多地关注在业务逻辑上。

3.1.1 线性回归介绍

本小节介绍线性回归的基础知识。首先介绍奥运会男子 100 米自由泳数据集；然后介绍线性回归的模型定义、模型假设和模型评估；最后介绍深度学习中经常使用的梯度下降算法。

1. 简单实例

图 3.1 所示为历届奥运会男子 100 米自由泳冠军纪录，横坐标为奥运会举办年，纵坐标为取胜时间，该图由 display_olympics_freestyle100m.py 绘制。该数据集文件为 Freestyle100m.csv，存放在 datasets 目录下。

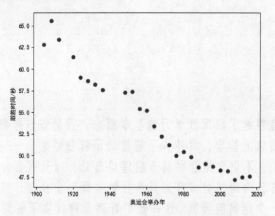

图 3.1　历届奥运会男子 100 米自由泳冠军纪录[①]

---

① 数据来源：http://www.olympic.org/.

我们希望能够从给定历届奥运会的冠军纪录数据中发现一定规律，构建能够预测下一届奥运会冠军取胜时间的模型。

2. 模型定义

线性回归的目标是找到一个函数，能将输入属性(这里是奥运会举办年)映射到输出属性或目标属性(这里是取胜时间)。该函数将 x(奥运会举办年)作为输入，返回 y(单位为秒的取胜时间)，即 y 是 x 的函数。在数学上一般记为 $y = f(x)$，但在机器学习领域，一般将假设函数记为 h，h 表示英文 hypothesis(假设)。为了与真实的奥运会成绩 y 有所区别，通常将模型预测的结果记为 $\hat{y}$，读作"y hat"，代码中往往写为 y_hat。因此，可将模型记为

$$\hat{y} = h(x;\theta) \tag{3.1}$$

这里的 x 只含有一个输入变量(或特征)，因此这样的问题称为单变量线性回归问题。如果输入由多个变量组成，一般用向量 $\boldsymbol{x}$(粗体)表示多输入变量，称为多变量线性回归问题。另外，分号前的 x 为自变量，$\hat{y}$ 为因变量，自变量是引起因变量发生变化的因素或条件。分号后的 $\boldsymbol{\theta}$ 是模型的参数集合，不是自变量，需要根据已知数据(训练集)来确定 $\boldsymbol{\theta}$ 的值，因此一般用分号加以区分。

3. 模型假设

为了选择合适的模型，需要对模型做一个假设。最直观的假设是：输入属性 x 与输出属性 $\hat{y}$ 的关系是线性的。用公式可表示为

$$\hat{y} = h(x;w,b) = wx + b \tag{3.2}$$

显然，这里的 $\boldsymbol{\theta}$ 就是 (w,b)。

线性回归的学习任务就是用一条直线来拟合图 3.1 所示的数据。也就是，通过学习找到 w 和 b 的最佳参数值。一般将参数 w 视为直线的斜率，并将参数 b 视为直线的纵截距，或简称截距，也称为偏置(bias[①])。

4. 模型评估

为了能够找到最好的 w 和 b 参数值，需要先定义一个评估准则。一般采用损失函数(loss function，通常记为 $\mathcal{L}(y, h(x;w,b))$)来评价一个数据点的真实值 y 与预测值 $h(x;w,b)$ 的接近程度，回归问题常采用平方损失函数，即 $\mathcal{L}(y, h(x;w,b)) = (h(x;w,b) - y)^2$，分类问题常使用对

[①] 这里偏置的英文与后文偏差的英文相同，但含义不同，读者容易从上下文分辨具体含义。

数损失函数或指数损失函数。机器学习常使用代价函数(cost function，通常记为$J(\theta)$)来衡量一个模型与一批数据点的接近程度。如果用$x^{(i)}$和$y^{(i)}$分别表示第i届的奥运会举办年和取胜时间[①]，用$J(\theta)$或$J(w,b)$表示整个数据集的平均代价，代价函数公式可表示为

$$J(w,b) = \frac{1}{N}\sum_{i=1}^{N}\mathcal{L}(y^{(i)}, h(x^{(i)};w,b))$$
$$= \frac{1}{N}\sum_{i=1}^{N}(h(x^{(i)};w,b) - y^{(i)})^2 \tag{3.3}$$

显然，这里的代价J总是正数，代价越小，假设的模型h就越好地描述了数据。这里的代价函数就是要优化的目标函数(objective function)。损失函数、代价函数和目标函数有一些细微区别，一般可以忽略这些区别，认为它们都计算出一个标量数值来表示学习过程尝试优化的目标。注意，函数J的自变量只有w和b(不包括x、y和h)，改变这两个参数会直接影响代价J的取值。

因此，我们的目标就是通过调节w和b的取值，以产生最小的代价函数值。找到w和b的最佳取值可以用以下公式表述，即

$$\mathop{\arg\min}_{w,b} \frac{1}{N}\sum_{i=1}^{N}(h(x^{(i)};w,b) - y^{(i)})^2 \tag{3.4}$$

式中，argmin是一个机器学习中常用的函数，其含义是使后面的表达式取最小值时对应的参数取值，一般将待优化的参数写在argmin的下面。argmax与argmin类似，区别是前者取最大值而后者取最小值。

5. 梯度下降算法

梯度下降是一个用于求函数最小值的常用算法，线性回归可用梯度下降算法来求解代价函数J的最小值。

梯度下降算法的基本思想是：随机选取一组参数初值，计算代价，然后寻找能让代价在数值上下降最多的另一组参数，反复迭代直至达到一个局部最优。

梯度下降法通常也称为最速下降法，用下山的过程来类比最为恰当。想象一个人站在群山的某一点上，要最快达到最低点，会经历怎样的过程？首先要做的是环顾四周，看看哪个方向下降的坡度最大，然后按照自己的判断迈出一步。重复上述步骤，再迈出下一步，反复迭代，直到接近最低点为止。

[①] 本书已经使用x_i表示第i维数据，为了不造成歧义，才使用$x^{(i)}$和$y^{(i)}$表示法。注意$x^{(i)}$的上标有括号，不要与x^i(x的i次幂)相混淆，后者没有括号。

梯度下降算法如算法 3.1 所示。

算法 3.1　　梯度下降算法

```
函数：gradient_descent（θ , η）
输入：初始参数 θ，学习率 η
输出：最小化 J(θ) 的参数 θ

do
    for 每一个参数 θᵢ do
        // 同时更新每一个 θᵢ
```
$$\theta_i = \theta_i - \eta \frac{\partial}{\partial \theta_i} J(\theta)$$
```
    end for
until 收敛
return θ
```

梯度下降需要手工设置学习率 η，如果 η 设置过小，收敛会非常慢；如果 η 设置过大，可能会跳过最低点，导致算法无法收敛甚至发散。因此，学习率的设置是一个实践问题，需要根据编程经验来调整。

像学习率 η 这样需要人为设定的而不是通过模型训练学习得到的参数称为超参数（hyperparameter），通常所说的"调参"就是通过反复试错来找到最合适的超参数。

对于奥运会男子 100 米自由泳线性回归问题，需要计算 $\frac{\partial}{\partial \theta_i} J(\theta)$，具体就是求 $\frac{\partial}{\partial w} J(w,b)$ 和 $\frac{\partial}{\partial b} J(w,b)$。由链式求导法则，可得

$$\frac{\partial}{\partial w} J(w,b) = \frac{\partial}{\partial h} J(w,b) \frac{\partial h}{\partial w} \tag{3.5}$$

$$\frac{\partial}{\partial b} J(w,b) = \frac{\partial}{\partial h} J(w,b) \frac{\partial h}{\partial b} \tag{3.6}$$

$$\frac{\partial}{\partial h} J(w,b) = \frac{2}{N} \sum_{i=1}^{N} (h(x^{(i)}; w,b) - y^{(i)}) \tag{3.7}$$

由于 $h(x^{(i)}; w,b) = wx^{(i)} + b$，故可得

$$\frac{\partial h}{\partial w} = x^{(i)} \tag{3.8}$$

$$\frac{\partial h}{\partial b} = 1 \tag{3.9}$$

因此，容易按照以下公式计算 $\frac{\partial}{\partial w} J(w,b)$ 和 $\frac{\partial}{\partial b} J(w,b)$，即

$$\frac{\partial}{\partial w}J(w,b) = \frac{2}{N}\sum_{i=1}^{N}(h(x^{(i)};w,b)-y^{(i)})x^{(i)} \qquad (3.10)$$

$$\frac{\partial}{\partial b}J(w,b) = \frac{2}{N}\sum_{i=1}^{N}(h(x^{(i)};w,b)-y^{(i)}) \qquad (3.11)$$

将上述公式代入到梯度下降算法中，就可以优化参数 w 和 b。

3.1.2 线性回归实现

具备线性回归的基本知识以后，就可以转向如何使用 PyTorch 编程来实现线性回归模型和损失函数了。先暂时不利用 PyTorch 的编程特性，只使用基本的编程方法从头开始实现一个线性回归，这样可以加深对模型的理解。然后逐步利用 PyTorch 的编程特性，简化模型实现，有助于深入理解 PyTorch 编程技术。

1. 从头开始实现线性回归

首先定义一个线性回归模型，实现 $h(x;w,b) = wx + b$，如代码 3.1 所示。注意，这里的 w 和 b 都是标量，而 x 可以是向量，算式里的乘法和加法利用了 PyTorch 的广播(broadcasting)机制，这是从 NumPy 借鉴过来的技术。

代码 3.1　线性回归模型

```
def model(x, w, b):
    """ 回归模型 """
    return w * x + b
```

接着定义如代码 3.2 所示的损失函数和损失函数求导，分别实现 $J(w,b) = \frac{1}{N}\sum_{i=1}^{N}(h(x^{(i)};w,b)-y^{(i)})^2$ 和 $\frac{\partial J}{\partial h} = \frac{2}{N}\sum_{i=1}^{N}(h(x^{(i)};w,b)-y^{(i)})$。注意，程序中的 y_pred 和 y 都是向量，直接调用 mean 函数就可以实现累加后乘以 $\frac{1}{N}$ 的操作。

代码 3.2　损失函数及损失函数求导

```
def loss_fn(y_pred, y):
    """ 损失函数 """
    loss = (y_pred - y) ** 2
    return loss.mean()

def grad_loss_fn(y_pred, y):
    """ 损失函数求导 """
    return 2 * (y_pred - y)
```

然后定义如代码 3.3 所示的梯度函数，实现 $\frac{\partial J}{\partial w} = \frac{\partial J}{\partial h} \frac{\partial h}{\partial w}$ 及 $\frac{\partial J}{\partial b} = \frac{\partial J}{\partial h} \frac{\partial h}{\partial b}$，程序调用 torch.stack 函数将 $\frac{\partial J}{\partial w}$ 和 $\frac{\partial J}{\partial b}$ 拼接后返回。

代码 3.3　梯度函数

```python
def grad_fn(x, y, y_pred):
    """ 梯度函数 """
    grad_w = grad_loss_fn(y_pred, y) * x
    grad_b = grad_loss_fn(y_pred, y)
    return torch.stack([grad_w.mean(), grad_b.mean()])
```

随后定义一个如代码 3.4 所示的模型训练函数。梯度下降是一个迭代过程，一般可以设置一个最大迭代次数，或者通过判断参数 θ 不再改变来确定学习过程已经收敛。这里设置最大迭代次数为 n_epochs，使用全部的训练样本来完成一次更新参数的迭代称为一个 epoch(一轮)。由于本数据集非常小，因此每更新一次参数都要使用全部样本，所以称为批量梯度下降法(Batch Gradient Descent)，这种方法的优点是每次迭代都迈向最优化方向，且易于并行实现；缺点是当训练样本很大时训练速度很慢。如果每次更新参数都只使用一个样本，就称为随机梯度下降法(Stochastic Gradient Descent)，这种方法的优点是训练速度快；缺点是不是每次迭代都迈向最优化方向。如果每次更新参数时都只使用一部分样本，就称为小批量梯度下降法(Mini-batch Gradient Descent)，这种方法兼顾前面两种方法的优、缺点。一般需要根据数据集的大小来确定使用哪一种更新参数的方法，但不管采用哪一种方法，每次循环都遵循以下步骤：使用模型假设由输入和参数计算 y_pred(称为前向传播)，然后计算损失和梯度，最后使用梯度下降算法来更新参数 w 和 b。

代码 3.4　模型训练函数

```python
def model_training(x, y, n_epochs, learning_rate, params, print_params=True):
    """ 训练 """
    for epoch in range(1, n_epochs + 1):
        w, b = params

        # 前向传播
        y_pred = model(x, w, b)
        # 计算损失
        loss = loss_fn(y_pred, y)
        # 梯度
        grad = grad_fn(x, y, y_pred)
        # 更新参数
        params = params - learning_rate * grad
```

```
        if epoch == 1 or epoch % 500 == 1:
            print('轮次: %d, \t 损失: %f' % (epoch, float(loss)))
            if print_params:
                print(f'参数: {params.detach().numpy()}')
                print(f'梯度: {grad.detach().numpy()}')

    return params
```

最后定义 main 函数,调用模型训练函数的关键代码如代码 3.5 所示。首先初始化模型参数 w 和 b,然后调用 model_training 函数来训练模型。

代码 3.5　main 函数关键代码

```
# 模型参数初始化
w = torch.zeros(1)
b = torch.zeros(1)

params = model_training(
    x=x,
    y=y,
    n_epochs=50000,
    learning_rate=0.00017,
    params=torch.tensor([0.0, 0.0]))

print('梯度下降找到的w和b: %f %f \n' % (params[0], params[1]))
```

运行结果如下:

```
梯度下降找到的w和b: -0.147597 62.484964
```

程序运行结果如图 3.2 所示,可以看到,线性回归模型(一条直线)已经较好地拟合了数据。

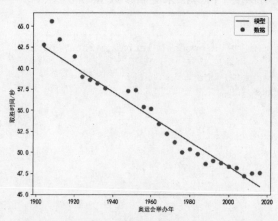

图 3.2　从头开始实现一个线性回归的运行结果

完整代码可参见 linear_regression_from_scratch.py。

2. 使用自动求导训练线性回归模型

前文的从头开始实现一个线性回归示例使用数学知识来对模型进行优化，若简单模型，也许这样做并没有什么大问题，但它显然无法应付拥有数百万个参数的复杂模型。PyTorch 提供一个能够自动计算梯度的功能，称为自动求导(autograd)。

PyTorch 张量可以记住它们是通过什么计算而得的，记住生成它们的父张量及运算操作，就可以自动提供该运算操作的导数。这意味着不需要手工对模型进行参数求导，给定任意一个前向表达式，无论嵌套多少层和多么复杂，PyTorch 都能自动提供该表达式计算图中任意节点的梯度。

有了自动求导，就可以不必从头开始实现一个线性回归示例。保留 model 和 loss_fn 的函数定义，但不再使用 grad_loss_fn 和 grad_fn 这两个梯度函数了，因为可以利用 PyTorch 的自动求导功能。

修改主要包括两个部分。第一部分是修改初始化模型参数张量的定义，在张量的构造函数中增加 requires_grad=True 参数，告诉 PyTorch 跟踪对 params 张量的所有操作，当完成计算后可以调用 backward 函数来自动计算梯度，这些梯度将会自动累加到所涉及张量的 grad 属性中。这里要做的就是将张量的 requires_grad 属性设置为 True，以便启用自动求导功能，如代码 3.6 所示。

代码 3.6 初始化模型参数

```
# 初始化模型参数
params = torch.tensor([0.0, 0.0], requires_grad=True)
```

第二部分是修改模型训练函数，新的函数如代码 3.7 所示。迭代训练固定轮次，这里是 n_epochs 次。在每次迭代中，都要经历以下 5 个步骤，即梯度清零、前向传播、计算损失、反向传播和更新参数。PyTorch 张量都有一个名称为 grad 的属性，通常设置为 None。PyTorch 会计算整个函数链(即计算图)中 loss 的导数，并将导数值累加到张量的 grad 属性中。由于调用 backward 函数会累加导数值，因此需要对 grad 属性进行显式清零操作。为此，使用语句 params.grad.zero_()对 params 张量进行梯度清零，该操作必须在调用 backward 函数之前完成。然后，前向传播调用 model 函数计算预测值，再调用损失函数计算损失，然后在 loss 张量上调用 backward 函数进行反向传播以便得到梯度。最后使用梯度下降算法更新参数。

代码 3.7 自动求导的模型训练函数

```
def model_training(x, y, params, n_epochs, learning_rate):
    """ 训练 """
```

```
for epoch in range(1, n_epochs + 1):
    # 梯度清零
    if params.grad is not None:
        params.grad.zero_()

    # 前向传播
    y_pred = model(x, *params)
    # 计算损失
    loss = loss_fn(y_pred, y)
    # 反向传播
    loss.backward()
    # 更新参数
    params = (params - learning_rate * params.grad).detach().requires_grad_()

    if epoch == 1 or epoch % 500 == 0:
        print('轮次：%d, \t损失：%f' % (epoch, float(loss)))

return params
```

注意更新参数时调用 detach().requires_grad_()的写法，由于这里想只更新 params 张量但不被跟踪梯度，因此调用 detach 函数将张量从当前计算图中分离，然后再调用 requires_grad_ 函数就地修改张量的 requires_grad 属性为 True。读者可与实现同样功能的以下语句相比较，将更新参数的代码放到 with torch.no_grad()块中，一样能暂时不跟踪梯度：

```
# 更新参数
with torch.no_grad():
    params -= learning_rate * params.grad
```

完整代码可参见 linear_regression_autograd.py，运行结果与从头开始实现一个线性回归示例一致。

3. 使用优化器训练线性回归模型

前文的自动求导示例使用最基本的梯度下降法来优化模型，这对于比较简单的示例来说已经足够完美，但难以应对复杂得多的优化问题。PyTorch 提供 SGD、Adam、RMSprop 等多种优化方法，直接使用这些方法省时省力。

代码 3.8 使用 PyTorch 提供的 SGD 优化器，SGD(Stochastic Gradient Descent)是随机梯度下降的字首缩写。如果将 SGD 的 momentum 参数设置为默认值 0.0，SGD 就是前面介绍的普通梯度下降法。包括 SGD 在内的所有 PyTorch 优化器都需要提供两个输入参数：第一个参数是待优化的模型参数，这里使用[params]传入参数，这样优化器才可以对模型参数进行清零和更新操作；第二个参数是学习率。读者可尝试通过阅读在线文档了解和使用更多的优化器。

代码 3.8　　使用现成的 SGD 优化器

```
# 参数
params = torch.tensor([0.0, 0.0], requires_grad=True)
learning_rate = 0.00017
# 使用 optim 模块中的现成优化器
optimizer = optim.SGD([params], lr=learning_rate)
```

代码 3.9 实现了使用 PyTorch 优化器的模型训练函数。前向传播、计算损失和反向传播与以前的过程一样，不同点是梯度清零和更新参数。梯度清零同样是要在调用 loss.backward() 函数之前，先调用 optimizer.zero_grad() 函数对模型参数清零。更新参数则发生在调用 loss.backward() 函数进行反向传播之后，调用 optimizer.step() 函数就可以更新模型参数。

代码 3.9　　PyTorch 优化器的模型训练函数

```
def model_training(x, y, params, n_epochs, optimizer):
    """ 训练 """
    for epoch in range(1, n_epochs + 1):
        # 前向传播
        p_pred = model(x, *params)
        # 计算损失
        loss = loss_fn(p_pred, y)
        # 梯度清零
        optimizer.zero_grad()
        # 反向传播
        loss.backward()
        # 更新参数
        optimizer.step()

        if epoch == 1 or epoch % 500 == 0:
            print('轮次：%d, \t损失：%f' % (epoch, float(loss)))

    return params
```

代码 3.10 分别使用 SGD 和 Adam 优化器来调用 model_training 函数以训练模型。相对于 SGD，Adam 学习率可以取较大值，训练轮次可以少很多，说明 Adam 比 SGD 优化速度快。

代码 3.10　　调用模型训练函数

```
print('\n使用 SGD 训练模型')
params = torch.tensor([0.0, 0.0], requires_grad=True)
optimizer = optim.SGD([params], lr=learning_rate)
params = model_training(
    x=x,
    y=y,
```

```
    params=params,
    n_epochs=50000,
    optimizer=optimizer)
print('SGD 优化器找到的 w 和 b: %f %f \n' % (params[0], params[1]))

print('\n 使用 Adam 再训练一次模型')
# 注意学习率和训练轮次都不同于 SGD，说明 Adam 是高级优化函数
params = torch.tensor([0.0, 0.0], requires_grad=True)
learning_rate = 1e-1
optimizer = optim.Adam([params], lr=learning_rate)
params = model_training(
    x=x,
    y=y,
    params=params,
    n_epochs=2000,
    optimizer=optimizer)
print('Adam 优化器找到的 w 和 b: %f %f \n' % (params[0], params[1]))
```

完整代码可参见 linear_regression_optimizers.py。

3.2 使用 nn 模块构建线性回归模型

3.1 节直接使用 Python 类来构建线性回归模型，这种方法自由度太大，没有充分利用 PyTorch 的优势。PyTorch 提供了 nn 模块，此模块下有 Linear、Sequential、Module 和各种损失函数，使得构建包括线性回归在内的各种模型变得非常容易。

为了说明使用 PyTorch 所提供的 nn 模块来编程的简洁性，本节还是使用前述的奥运会男子 100 米自由泳数据集，这样容易与自定义函数实现线性回归模型的方法进行对比，从而看出 nn 模块编程带来的好处。

3.2.1 使用 nn.Linear 训练线性回归模型

Torch.nn 模块提供 Linear 类，实现了输入数据的线性变换，即多变量的线性回归，用公式可以表示为 $y = xW^T + b$ [1]，这里的 W 是权重矩阵，不同于小写 w 表示的标量或向量，x、y 和 b 都是向量。

Linear 类的构造函数如下：

```
torch.nn.Linear(in_features, out_features, bias=True)
```

---

[1] 这里使用的 xW^T 在不同上下文中也写作 Wx，区别在于 x 是行向量还是列向量以及 W 的形状。

其中，in_features 为输入样本的维度；out_features 为输出样本的维度；bias 指定是否使用偏置 b，默认为 True。

代码 3.11 使用 nn.Linear 定义一个线性模型。样本的输入和输出维度都是 1，默认使用偏置。

代码 3.11　定义模型

```
# 定义模型
linear_model = nn.Linear(1, 1)
```

虽然可以直接按照原来的方式使用全部训练集来训练模型，但考虑到在实践中往往还需要评估模型的性能，因此把原训练集按照一定比例划分为训练集和验证集两个部分，前者用于训练模型，后者用于评估模型的性能。

划分训练集和验证集的代码如代码 3.12 所示。其中，0.7 为划分比例，即把 70%的样本划分为训练集，其余 30%的样本划分为验证集。一般需要调用 torch.randperm 函数对样本随机置乱，即随机打乱样本顺序，然后再进行划分。

代码 3.12　划分训练集验证集

```
# 划分训练集验证集
n_samples = x.shape[0]
n_train = int(0.7 * n_samples)

# 随机置乱
shuffled_idx = torch.randperm(n_samples)

train_idx = shuffled_idx[:n_train]
val_idx = shuffled_idx[n_train:]

x_train = x[train_idx]
y_train = y[train_idx]

x_val = x[val_idx]
y_val = y[val_idx]
```

划分好训练集和验证集以后，要相应修改模型训练函数，如代码 3.13 所示。前向传播需要分别计算训练集和验证集的预测和损失，反向传播则只需要对训练损失调用 backward 函数，因为不能使用验证集来训练模型，但是一般可以打印出训练损失和验证损失以便判断模型是否为欠拟合或过拟合。注意，计算验证损失时使用了 with torch.no_grad()块以确保不影响模型参数的梯度跟踪，其实本例不加这个保险也不会影响优化过程，因为计算训练损失和验证损失实际是两个不同的计算图。

代码 3.13　模型训练函数

```
def model_training(x_train, y_train, x_val, y_val, n_epochs, optimizer, model, loss_fn):
    """ 训练 """
    for epoch in range(1, n_epochs + 1):
        # 前向传播
        y_pred_train = model(x_train)
        loss_train = loss_fn(y_pred_train, y_train)

        with torch.no_grad():
            y_pred_val = model(x_val)
            loss_val = loss_fn(y_pred_val, y_val)

        # 梯度清零
        optimizer.zero_grad()
        # 反向传播
        loss_train.backward()
        # 更新参数
        optimizer.step()

        if epoch == 1 or epoch % 100 == 0:
            print(f'轮次：{epoch}, \t 训练损失：{float(loss_train)}, '
                  f'\t 验证损失：{float(loss_val)}')
```

后面的步骤是调用模型训练函数来训练回归模型，可以像以前那样使用自定义的损失函数 loss_fn，如代码 3.14 所示。

代码 3.14　使用自定义的损失函数进行训练

```
# 使用自定义的损失函数
model_training(
    x_train=x_train,
    y_train=y_train,
    x_val=x_val,
    y_val=y_val,
    n_epochs=epochs,
    optimizer=optimizer,
    model=linear_model,
    loss_fn=loss_fn)
```

也可以选择使用开箱即用的损失函数进行训练，下面使用 nn 模块下的 MSELoss，MSE 是 Mean Square Error(均方误差)的缩写，和前面自定义的 loss_fn 一致，如代码 3.15 所示。

代码 3.15　使用开箱即用的损失函数进行训练

```
# 使用开箱即用的损失函数
model_training(
```

```
        x_train=x_train,
        y_train=y_train,
        x_val=x_val,
        y_val=y_val,
        n_epochs=epochs,
        optimizer=optimizer,
        model=linear_model,
        loss_fn=nn.MSELoss())
```

完整代码可参见 linear_regression_nn_linear.py。

3.2.2 使用 nn.Sequential 训练线性回归模型

nn.Sequential 是一种 Sequential 容器,它按照构造函数中的顺序依次将模块添加到容器中,提供一种简单连接各个模块的方式,其最终结果是一个网络模型。它将模型中的第一个模块所期望的输入作为 nn.Sequential 对象的输入参数,将中间输出传递给后续模块,以此类推,直到最后一个模块,生成最终的输出。

nn.Sequential 提供 3 种定义模型的方式,常用的是前两种。定义模型的第一种方式如代码 3.16 所示。第一个模块 nn.Linear 的输入特征数为 1,输出 10 个隐藏特征,传递给 nn.LogSigmoid 激活函数,最后一个模块 nn.Linear 将中间结果的 10 个数字组合成 1 个输出特性。named_parameters 方法常用于迭代模型中的参数,在检查由多个模块组成模型的参数时,方便通过名称来识别参数。注意,本例使用了两个 nn.Linear 模块组成的两层神经网络,关于神经网络的详细说明可参考 3.5 节。

代码 3.16 定义模型的第一种方式

```
# 定义模型
# 第一种定义
seq_model = nn.Sequential(
            nn.Linear(1, 10),
            nn.LogSigmoid(),
            nn.Linear(10, 1)
)

# 打印模型信息
print(seq_model)
for name, param in seq_model.named_parameters():
    print("{:21} {:19} {}".format(name, str(param.shape), param.numel()))
```

打印模型信息如下。可以看到,第一种定义方式只是简单地给出诸如(0)和(1)之类的序号名称,没有提供对模块命名的方式。其中并没有输出序号 1 对应的 LogSigmoid,这是因为 LogSigmoid 没有可训练参数。

```
Sequential(
  (0): Linear(in_features=1, out_features=10, bias=True)
  (1): LogSigmoid()
  (2): Linear(in_features=10, out_features=1, bias=True)
)
0.weight            torch.Size([10, 1]) 10
0.bias              torch.Size([10])    10
2.weight            torch.Size([1, 10]) 10
2.bias              torch.Size([1])     1
```

第二种定义方式是充分利用 nn.Sequential 能够接收 OrderedDict 的特性，这样就可以为每一个模块进行命名，如代码 3.17 所示。

代码 3.17　定义模型的第二种方式

```
# 第二种定义
from collections import OrderedDict
seq_model = nn.Sequential(OrderedDict([
        ('hidden_linear', nn.Linear(1, 10)),
        ('hidden_activation', nn.LogSigmoid()),
        ('output_linear', nn.Linear(10, 1))
]))

# 打印模型信息
print(seq_model)
for name, param in seq_model.named_parameters():
    print("{:21} {:19} {}".format(name, str(param.shape), param.numel()))
```

可以看到，使用 OrderedDict 的好处是可以对模块命名，从而提高模型的可读性。打印模型信息如下：

```
Sequential(
  (hidden_linear): Linear(in_features=1, out_features=10, bias=True)
  (hidden_activation): LogSigmoid()
  (output_linear): Linear(in_features=10, out_features=1, bias=True)
)
hidden_linear.weight    torch.Size([10, 1]) 10
hidden_linear.bias      torch.Size([10])    10
output_linear.weight    torch.Size([1, 10]) 10
output_linear.bias      torch.Size([1])     1
```

此外，还有第三种不太常用的方法：先实例化 nn.Sequential 对象，然后再调用该对象的 add_module 方法添加各个网络模块。

完整代码可参见 linear_regression_nn_sequential.py。程序运行结果如图 3.3 所示，可见，

两层神经网络比单层线性回归更好地拟合了数据。

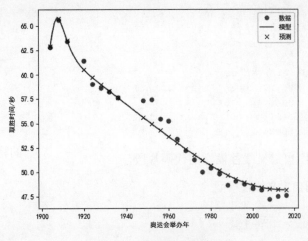

图 3.3　程序运行结果

3.2.3　使用 nn.Module 训练线性回归模型

尽管使用 nn.Sequential 可以方便地定义自己的网络结构，有时会发现存在这样一种情况：想要完成一些计算，但 PyTorch 没有对应的预设模块，如一个非常简单的功能——改变张量形状。下面介绍使用 nn.Module 类来自定义网络，这样可以增加一些灵活性，解决网络中的类似问题。

使用 nn.Module 需要在自定义类中继承 nn.Module 类，并定义 __init__ 方法和 forward 方法。通常，自定义网络需要使用诸如卷积或自定义的其他模块，为了包含这些子模块，通常需要在构造函数 __init__ 中定义它们并将它们赋值给 self，以便随后在 forward 函数中使用这些子模块。注意，之前需要先调用 super().__init__()。然后需要定义一个 forward 函数，让自定义网络接收输入并返回输出，也就是定义网络如何进行前向计算。使用 PyTorch 时如果使用标准 torch 模块，自动求导将自动处理后向传播，因此 nn.Module 没有类似 backward 这样的函数。

代码 3.18 使用 nn.Module 实现一个自定义的线性模型。在 __init__ 函数中实例化了 nn.Linear 和 nn.LogSigmoid，并随后在 forward 函数中使用这些对象。

代码 3.18　自定义线性模型

```
class LinearModel(nn.Module):
    """ 自定义模型 """
```

```python
    def __init__(self):
        super().__init__()
        self.hidden_linear = nn.Linear(1, 10)
        self.activation = nn.LogSigmoid()
        self.output_linear = nn.Linear(10, 1)

    def forward(self, input):
        output = self.hidden_linear(input)
        output = self.activation(output)
        output = self.output_linear(output)
        return output
```

代码 3.19 是使用自定义线性模型的代码片段。

代码 3.19　使用自定义线性模型

```python
# 定义模型
linear_model = LinearModel()

# 打印模型信息
print(linear_model)
for name, param in linear_model.named_parameters():
    print("{:21} {:19} {}".format(name, str(param.shape), param.numel()))
```

打印模型信息如下：

```
LinearModel(
  (hidden_linear): Linear(in_features=1, out_features=10, bias=True)
  (activation): LogSigmoid()
  (output_linear): Linear(in_features=10, out_features=1, bias=True)
)
hidden_linear.weight   torch.Size([10, 1]) 10
hidden_linear.bias     torch.Size([10])    10
output_linear.weight   torch.Size([1, 10]) 10
output_linear.bias     torch.Size([1])     1
```

完整代码请参见 linear_regression_nn_module.py。

3.3　逻辑回归

线性回归解决的是回归问题，而逻辑回归解决的是分类问题。这两种问题的区别为，前者的目标属性是连续的数值类型，而后者的目标属性是离散的标称类型。

可以将逻辑回归视为神经网络中的一个神经元，因此学习逻辑回归能帮助理解神经网络的工作原理。

3.3.1 逻辑回归介绍

逻辑回归(Logistic Regression)是一种广泛使用的学习算法。其中的"逻辑"是音译,指其中应用的 Logistic 函数,这是一种分类算法,解决目标属性是离散的标称型的分类问题。

1. 假设函数

逻辑回归常用于解决二元分类问题,也就是样本的类别标签只有两种,称为正例和负例,可以分别使用 1 和 0 来表示。逻辑回归试图找到一个假设函数 $h(x;\theta)$,如果 $h(x;\theta) \geqslant 0.5$,则预测 $\hat{y}=1$;如果 $h(x;\theta)<0.5$,则预测 $\hat{y}=0$。

Sigmoid 函数是常用的 S 型激活函数,也称为 Logistic 函数,它很好地满足了分类问题中假设函数的预测值要在 0~1 之间的性质。Sigmoid 函数具有单调递增的性质,将较大范围内变化的连续值输入变量映射到[0,+1]之间,很好地满足了二元分类假设函数的预测值范围。Sigmoid 函数 g 采用以下表达式,即

$$g(z) = \text{sigmoid}(z) = \frac{1}{1+e^{-z}} \tag{3.12}$$

图 3.4 是 Sigmoid 函数图像,它由 plot_sigmoid.py 绘制。Sigmoid 函数是对阶跃函数一个很好的近似,当输入大于零时,输出趋近于 1;当输入小于零时,输出趋近于 0;当输入为 0 时,输出刚好为 0.5。Sigmoid 函数的斜率在 0 附近的值最大,而在远离 0 的两端的值很小,趋近于 0。

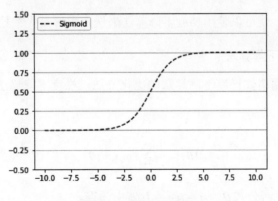

图 3.4 Sigmoid 函数

Sigmoid 函数很好地模拟了阶跃函数,不同点在于它连续且光滑,严格单调递增,还以 $(0,0.5)$ 为中心点对称,容易求导,其导数为 $g'=g(z)(1-g(z))$。

逻辑回归使用 S 型函数，通过函数 $g(z)$ 对表达式 $\boldsymbol{\theta}^T\boldsymbol{x}$ 进行变换，即 $h(\boldsymbol{x};\boldsymbol{\theta})=g(\boldsymbol{\theta}^T\boldsymbol{x})$，这样将 $\boldsymbol{\theta}^T\boldsymbol{x}$ 的取值"挤压"到 $[0,1]$ 范围，因而可以将 $h(\boldsymbol{x};\boldsymbol{\theta})$ 视为概率。对于给定输入变量 $\boldsymbol{x}$，使用训练好的参数 $\boldsymbol{\theta}$ 来计算输出变量为 1 的可能性，即 $h(\boldsymbol{x};\boldsymbol{\theta})=p(y=1|\boldsymbol{x};\boldsymbol{\theta})$。

由于 $h(\boldsymbol{x};\boldsymbol{\theta})$ 为概率，应该满足概率的两个性质，即 $0\leqslant h(\boldsymbol{x};\boldsymbol{\theta})\leqslant 1$，$p(y=1|\boldsymbol{x};\boldsymbol{\theta})+p(y=0|\boldsymbol{x};\boldsymbol{\theta})=1$。因此，如果计算得到正例的概率，容易根据正例的概率计算得到负例的概率。如果计算得到正例的概率不小于 0.5，则预测为正例；否则为负例。

2. 代价函数

在逻辑回归中，模型错分样本 $\boldsymbol{x}$ 的代价使用负对数似然代价函数表示，定义为

$$\cos t(h(\boldsymbol{x};\boldsymbol{\theta}),y)=\begin{cases}-\log(h(\boldsymbol{x};\boldsymbol{\theta})), & y=1\\ -\log(1-h(\boldsymbol{x};\boldsymbol{\theta})), & y=0\end{cases} \tag{3.13}$$

式中，log 表示自然对数。尽管数学中常用 ln 表示自然对数，但由于包括 PyTorch 在内的很多软件都把 log 作为求自然对数的函数名，且很多机器学习领域的书籍也这样用，因此本书沿用这个习惯，以下不再赘述。

由于 y 只有 0 或 1 两种取值，因此可将式(3.13)合写为

$$\cos t(h(\boldsymbol{x};\boldsymbol{\theta}),y)=-y\log(h(\boldsymbol{x};\boldsymbol{\theta}))-(1-y)\log(1-h(\boldsymbol{x};\boldsymbol{\theta})) \tag{3.14}$$

代价函数 $J(\boldsymbol{\theta})$ 就是 N 个样本的代价的均值，用公式表示为

$$J(\boldsymbol{\theta})=-\frac{1}{N}\left[\sum_{j=1}^{N}y^{(j)}\log(h(\boldsymbol{x}^{(j)};\boldsymbol{\theta}))+(1-y^{(j)})\log(1-h(\boldsymbol{x}^{(j)};\boldsymbol{\theta}))\right] \tag{3.15}$$

有了代价函数后，就可以使用梯度下降算法来迭代求解最优参数。

3. 逻辑回归梯度下降算法

逻辑回归可以使用诸如梯度下降算法的优化方法，梯度下降算法除代价函数 $J(\boldsymbol{\theta})$ 外，还需要求出 $\frac{\partial}{\partial \theta_i}J(\boldsymbol{\theta})$，下面直接写出求导结果，即

$$\frac{\partial}{\partial \theta_i}J(\boldsymbol{\theta})=\frac{1}{N}\sum_{j=1}^{N}(h(\boldsymbol{x}^{(j)};\boldsymbol{\theta})-y^{(j)})x_i^{(j)} \tag{3.16}$$

将 $\frac{\partial}{\partial \theta_i}J(\boldsymbol{\theta})$ 代入更新公式 $\theta_i=\theta_i-\eta\frac{\partial}{\partial \theta_i}J(\boldsymbol{\theta})$ 中，得

$$\theta_i=\theta_i-\eta\frac{1}{N}\sum_{j=1}^{N}(h(\boldsymbol{x}^{(j)};\boldsymbol{\theta})-y^{(j)})x_i^{(j)} \tag{3.17}$$

最终可以得到梯度下降算法更新 θ_i 的伪代码：

```
do
    for 每一个参数 θᵢ do
        // 同时更新每一个 θᵢ
```
$$\theta_i = \theta_i - \eta \frac{1}{N} \sum_{j=1}^{N} \left(h(\boldsymbol{x}^{(j)}; \boldsymbol{\theta}) - y^{(j)} \right) x_i^{(j)}$$
```
    end for
until 收敛
```

注意，逻辑回归的 $h(\boldsymbol{x}^{(j)}; \boldsymbol{\theta})$ 定义为 $g(\boldsymbol{\theta}^{\mathrm{T}} \boldsymbol{x}^{(j)})$，与线性回归 $h(\boldsymbol{x}^{(j)}; \boldsymbol{\theta})$ 定义不同，因此表面上看逻辑回归梯度下降算法与线性回归的梯度下降算法一样，但是实质上存在不同之处。

最初设计逻辑回归是为了解决二元分类问题，不能直接用于解决多元分类问题，但可以对逻辑回归算法进行扩展来解决多元分类问题。限于篇幅，这里就不再介绍扩展方法，感兴趣的读者可以自行查阅资料。

3.3.2 逻辑回归实现

本小节首先使用基本的 PyTorch 语句从头实现一个逻辑回归模型，然后利用 PyTorch 提供的 API 简洁地实现逻辑回归模型。

1. 从头开始实现一个逻辑回归

首先定义一个逻辑回归模型，实现 $\hat{y} = g(\boldsymbol{\theta}^{\mathrm{T}} \boldsymbol{x})$，如代码 3.20 所示。注意，这里的 w 是向量，b 是标量，而 x 是矩阵，因此使用 x.mv(w) 实现矩阵 x 与向量 w 相乘。

代码 3.20　逻辑回归模型

```
def sigmoid(z):
    """ S型激活函数 """
    g = 1 / (1 + torch.exp(-z))
    return g

def model(x, w, b):
    """ 逻辑回归模型 """
    return sigmoid(x.mv(w) + b)
```

然后定义如代码 3.21 所示的损失函数和损失函数求导，分别实现

$$J(\boldsymbol{\theta}) = -\frac{1}{N}\left[\sum_{j=1}^{N} y^{(j)}\log(h(\boldsymbol{x}^{(j)};\boldsymbol{\theta})) + (1-y^{(j)})\log(1-h(\boldsymbol{x}^{(j)};\boldsymbol{\theta}))\right] \text{和} \quad \frac{\partial J}{\partial h} = \frac{1}{N}\sum_{j=1}^{N}(h(\boldsymbol{x}^{(j)};\boldsymbol{\theta}) - y^{(j)})\ _{\circ}$$

注意，程序中调用 mul 函数实现两个矩阵的按位相乘得到每个样本的损失，再调用 mean 函数实现损失均值。

代码 3.21 损失函数及损失函数求导

```
def loss_fn(y_pred, y):
    """ 损失函数 """
    loss = - y.mul(y_pred.view_as(y)) - (1 - y).mul(1 - y_pred.view_as(y))
    return loss.mean()


def grad_loss_fn(y_pred, y):
    """ 损失函数求导 """
    return y_pred.view_as(y) - y
```

然后定义如代码 3.22 所示的梯度函数，实现 $\frac{\partial J}{\partial w} = \frac{\partial J}{\partial h}\frac{\partial h}{\partial w}$ 及 $\frac{\partial J}{\partial b} = \frac{\partial J}{\partial h}\frac{\partial h}{\partial b}$，程序调用 torch.cat 函数将 $\frac{\partial J}{\partial w}$ 和 $\frac{\partial J}{\partial b}$ 的均值拼接后返回。

代码 3.22 梯度函数

```
def grad_fn(x, y, y_pred):
    """ 梯度函数 """
    grad_w = grad_loss_fn(y_pred, y) * x
    grad_b = grad_loss_fn(y_pred, y)
    return torch.cat((grad_w.mean(dim=0), grad_b.mean().unsqueeze(0)), 0)
```

随后定义一个如代码 3.23 所示的模型训练函数。梯度下降的最大迭代次数为 n_epochs，这里使用批量更新参数的方法，每次循环都使用前向传播计算 y_pred，然后计算损失和梯度，最后使用梯度下降算法来更新参数 w 和 b。

代码 3.23 模型训练函数

```
def model_training(x, y, n_epochs, learning_rate, params, print_params=True):
    """ 训练 """
    for epoch in range(1, n_epochs + 1):
        w, b = params[: -1], params[-1]
        
        # 前向传播
        y_pred = model(x, w, b)
        # 计算损失
```

```python
        loss = loss_fn(y_pred, y)
        # 梯度
        grad = grad_fn(x, y, y_pred)
        # 更新参数
        params -= learning_rate * grad

        if epoch == 1 or epoch % 10 == 1:
            print('轮次: %d, \t损失: %f' % (epoch, float(loss)))
            if print_params:
                print(f'参数: {params.detach().numpy()}')
                print(f'梯度: {grad.detach().numpy()}')

    return params
```

最后定义 main 函数，调用模型训练函数的关键代码如代码 3.24 所示。首先调用自定义的 generate_data 函数来随机生成数据，然后初始化模型参数 w 和 b，最后调用 model_training 函数来训练模型。

代码 3.24 main 函数关键代码

```python
# 随机生成数据
x, y = generate_data()

# 模型参数初始化
w = torch.zeros(2)
b = torch.zeros(1)

params = model_training(
    x=x,
    y=y,
    n_epochs=500,
    learning_rate=0.1,
    params=torch.tensor([0.0, 0.0, 0.0]))

print(f'梯度下降找到的 w 和 b: {params.numpy()} \n')
```

运行结果如下：

梯度下降找到的 w 和 b: [0.22656892 2.1673412 -0.19621737]

程序运行结果如图 3.5 所示。可以看到，逻辑回归模型的决策边界是一条直线，已经较好地把随机生成数据中的正例和负例分开。

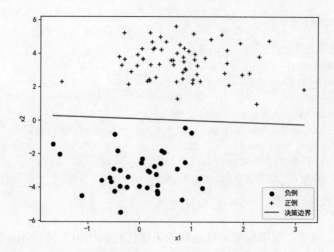

图 3.5　从头开始实现一个逻辑回归的运行结果

完整代码可参见 logistic_regression_from_scratch.py。

2. 使用 PyTorch 简洁地实现逻辑回归

代码 3.25 使用 nn.Sequential 容器来定义一个逻辑回归模型，里面可以按顺序加入网络模块，这里使用 nn.Linear(2, 1) 定义一个 2 输入 1 输出的线性单元，然后用 nn.Sigmoid() 来定义 Sigmoid 函数。

代码 3.25　定义逻辑回归模型

```
# 定义模型
seq_model = nn.Sequential(
    nn.Linear(2, 1),
    nn.Sigmoid()
)

# 打印模型信息
print(seq_model)
```

打印的模型信息如下：

```
Sequential(
    (0): Linear(in_features=2, out_features=1, bias=True)
    (1): Sigmoid()
)
```

代码 3.26 使用 SGD 优化器，提供的第一个参数是待优化的模型参数，这里使用

seq_model.parameters()传入参数，第二个参数是学习率。

代码 3.26 使用 SGD 优化器

```
# 模型参数初始化
print('\n 使用 SGD 训练模型')
learning_rate = 0.1
# 使用 optim 模块中的现成优化器
optimizer = optim.SGD(seq_model.parameters(), lr=learning_rate)
```

代码 3.27 实现模型训练函数，依次执行前向传播、计算损失、梯度清零、反向传播和更新参数。要求梯度清零在调用 loss.backward() 函数之前，更新参数则发生在调用 loss.backward() 函数进行反向传播以后。

代码 3.27 模型训练函数

```
def model_training(x, y, n_epochs, optimizer, model, loss_fn):
    """ 训练 """
    for epoch in range(1, n_epochs + 1):
        # 前向传播
        y_pred = model(x)
        # 计算损失
        loss = loss_fn(y_pred, y)
        # 梯度清零
        optimizer.zero_grad()
        # 反向传播
        loss.backward()
        # 更新参数
        optimizer.step()

        if epoch == 1 or epoch % 10 == 1:
            print('轮次: %d, \t 损失: %f' % (epoch, float(loss)))
```

代码 3.28 调用 model_training 函数以训练模型。注意，损失函数使用 PyTorch 提供的 nn.BCELoss 类，该类用于计算目标和输出之间的二元交叉熵(Binary Cross Entropy，BCE)。

代码 3.28 调用模型训练函数

```
model_training(
    x=x,
    y=y,
    n_epochs=500,
    optimizer=optimizer,
    model=seq_model,
    loss_fn=nn.BCELoss()
)
```

```
print('优化后的模型参数')
for name, param in seq_model.named_parameters():
    print(name, param)
```

运行结果如下：

```
优化后的模型参数
0.weight Parameter containing:
tensor([[-0.0472, 2.2496]], requires_grad=True)
0.bias Parameter containing:
tensor([0.0138], requires_grad=True)
```

完整代码可参见 logistic_regression_concise.py。

3.4 Softmax 回归

虽然诸如一对一和多对多的扩展逻辑回归方法可以解决多元分类问题，但显然很麻烦，因此解决多元分类问题的更好方法是 Softmax 回归。

Softmax 回归的输出单元数为 k ($k>2$)，对应 k 个类别的预测概率分布。例如，在鸢尾花数据集中，有 $k=3$ 个不同类别。训练好模型之后，可选择概率最大的类别作为预测类别。

3.4.1 Softmax 回归介绍

Softmax 函数将多个预测组成的标量映射为一个概率分布，主要用于 Softmax 回归或神经网络多元分类的输出层。

多元分类问题的目标属性 y 有 k ($k>2$) 个不同取值。对于 N 个样本的训练集 $\{(\boldsymbol{x}^{(1)}, y^{(1)}), (\boldsymbol{x}^{(2)}, y^{(2)}), \cdots, (\boldsymbol{x}^{(N)}, y^{(N)})\}$，有 $\boldsymbol{x}^{(i)} \in \mathcal{R}^D$，$y^{(i)} \in \{1, 2, \cdots, k\}$。

对于任意输入样本 $\boldsymbol{x} \in \mathcal{R}^D$，模型用假设函数 h 计算出样本 $\boldsymbol{x}$ 属于每一个类别 j 的概率值 $p(\hat{y}=j|\boldsymbol{x})$。为此，将假设函数设为能输出表示这 k 个概率值的 k 维向量，显然，k 维向量的元素之和为 1。假设函数 $h(\boldsymbol{x}; \boldsymbol{\theta})$ 可用下式表示，即

$$h(\boldsymbol{x}; \boldsymbol{\theta}) = \begin{bmatrix} p(\hat{y}=1|\boldsymbol{x}; \boldsymbol{\theta}) \\ p(\hat{y}=2|\boldsymbol{x}; \boldsymbol{\theta}) \\ \vdots \\ p(\hat{y}=k|\boldsymbol{x}; \boldsymbol{\theta}) \end{bmatrix} = \frac{1}{\sum_{j=1}^{k} e^{\boldsymbol{\theta}_j^T \boldsymbol{x}}} \begin{bmatrix} e^{\boldsymbol{\theta}_1^T \boldsymbol{x}} \\ e^{\boldsymbol{\theta}_2^T \boldsymbol{x}} \\ \cdots \\ e^{\boldsymbol{\theta}_k^T \boldsymbol{x}} \end{bmatrix} \quad (3.18)$$

式中：$\theta_1, \theta_2, \cdots, \theta_k \in \mathcal{R}^{D+1}$ 为模型的参数[1]，θ_1 为输入 x 连接到 Softmax 层的第一个输出单元的权重与偏置的集合，以此类推。$\dfrac{1}{\sum_{j=1}^{k} e^{\theta_j^T x}}$ 项对概率分布归一化，使 k 维向量的元素之和为 1。

容易得到 $p(\hat{y} = j \mid x; \theta)$ 的概率为

$$p(\hat{y} = j \mid x; \theta) = \dfrac{e^{\theta_j^T x}}{\sum_{l=1}^{k} e^{\theta_l^T x}} \tag{3.19}$$

为了方便计算，将 k 个 θ 组合为一个 $k \times (D+1)$ 矩阵，用矩阵符号 θ 表示为

$$\theta = \begin{bmatrix} \theta_1^T \\ \theta_2^T \\ \vdots \\ \theta_k^T \end{bmatrix} \tag{3.20}$$

Softmax 回归的代价函数使用交叉熵，可以写为

$$J(\theta) = -\sum_{j=1}^{k} y_j \log h_j \tag{3.21}$$

式中：y_j 为目标属性 y 的第 j 个元素；h_j 为假设函数 $h(x; \theta)$ 的第 j 个元素。

如果将 $\theta_j^T x$ 记为 z_j，可以推出以下导数，即

$$\dfrac{\partial J(\theta)}{\partial z_j} = h_j - y_j \tag{3.22}$$

Softmax 回归存在一个参数集"冗余"的问题，也就是说，如果参数 $(\theta_1, \theta_2, \cdots, \theta_k)$ 是代价函数 $J(\theta)$ 的极小值点，那么对于任意向量 ψ，$(\theta_1 - \psi, \theta_2 - \psi, \cdots, \theta_k - \psi)$ 同样也是 $J(\theta)$ 的极小值点，因此 $J(\theta)$ 的最优解不唯一。这是因为，假设从 θ_j 中减去向量 ψ，式(3.19)变为

$$p(\hat{y} = j \mid x; \theta) = \dfrac{e^{(\theta_j - \psi)^T x}}{\sum_{l=1}^{k} e^{(\theta_l - \psi)^T x}}$$

$$= \dfrac{e^{\theta_j^T x} e^{-\psi^T x}}{\sum_{l=1}^{k} e^{\theta_l^T x} e^{-\psi^T x}}$$

---

[1] $\mathcal{R}^{D+1}$ 是因为还要包括偏置 b。

$$= \frac{e^{\theta_j^T x}}{\sum_{l=1}^{k} e^{\theta_l^T x}}$$

因此，从 θ_j 中减去任意向量 ψ 不影响假设函数的预测结果。

3.4.2 Softmax 回归实现

本小节首先使用基本的 PyTorch 语句从头实现一个 Softmax 回归模型；然后利用 PyTorch 提供的 API 简洁地实现 Softmax 回归模型。两个示例都使用 Fashion-MNIST 数据集，Fashion-MNIST 数据集比 MNIST 数据集难度大些，因此训练准确率和测试准确率都不是很高。

1. 从头开始实现一个 Softmax 回归

首先定义一个如代码 3.29 所示的 softmax 函数。为了避免 Softmax 在计算时产生数值溢出，可利用 Softmax 参数集的冗余原理，让每一个 z 都减去一个最大值以避免数值溢出。

代码 3.29 softmax 函数

```
def softmax(z):
    """
    实现Softmax激活函数。每一个z减去一个max值是为了避免数值溢出
    输入参数:
        z: 二维Tensor数组
    返回:
        a: softmax(z)输出，与z的shape一致
    """
    z_rescale = z - torch.max(z, dim=1, keepdim=True)[0]
    a = torch.exp(z_rescale) / torch.sum(torch.exp(z_rescale), dim=1, keepdim=True)
    assert (a.shape == z.shape)
    return a
```

代码 3.30 定义了一个 Softmax 模型，其中，torch.mm 是二维矩阵的乘法，softmax 为代码 3.29 定义的 softmax 函数。注意，代码中的 w 就是前面讲述的 θ 矩阵，只不过一般描述理论时 x 是样本列向量组成的矩阵，实现时的 x 则是样本行向量组成的矩阵，另外，b 可以视为 θ_0，因此 x*w+b 的表述与 $\theta_j^T x$ 稍有区别。另外，由于本例中输入 x 的形状为(样本数，通道数，高，宽)的张量，最后两维为图片的高和宽，因此首先调用 view 函数转换为形状为(样本数，num_inputs)的张量，即将数据 (n, 1, 28, 28)展平为(n, 784)。

代码 3.30　Softmax 模型定义

```
def model(x, w, b):
    """ 定义 Softmax 模型 """
    return softmax(torch.mm(x.view((-1, num_inputs)), w) + b)
```

代码 3.31 定义模型的损失函数，这里使用交叉熵为损失函数。

代码 3.31　计算损失函数

```
def cross_entropy(y_hat, y):
    """ 计算交叉熵 """
    return - torch.log(y_hat.gather(1, y.view(-1, 1)))
```

然后定义如代码 3.32 所示的损失函数求导，分别实现 $\dfrac{\partial J}{\partial z}$ 以及 $\dfrac{\partial J}{\partial w}$ 和 $\dfrac{\partial J}{\partial b}$。

代码 3.32　损失函数求导

```
def grad_loss_fn(y_pred, y):
    """ 损失函数求导 """
    return y_pred - torch.nn.functional.one_hot(y, num_classes=10)

def grad_fn(x, y, y_pred):
    """ 梯度函数 """
    grad_w = torch.mm(x.view((-1, num_inputs)).T, grad_loss_fn(y_pred, y))
    grad_b = grad_loss_fn(y_pred, y)
    return [grad_w, grad_b.mean(dim=0)]
```

代码 3.33 计算分类准确率。torch.max 函数返回预测的最大值及其索引，最大值的索引就是预测的标签 pred_y，然后再比较预测标签与真实标签，得到分类准确率。

代码 3.33　计算分类准确率

```
def accuracy(y_hat, y):
    """ 计算分类准确率 """
    _, pred_y = torch.max(y_hat, 1)
    return (pred_y == y).mean().item()
```

代码 3.34 实现对验证集数据的准确率计算。由于每次迭代只加载小批量数据，因此需要统计预测正确的样本数 correct_acc 和总的样本数 n，最终返回一轮的准确率。

代码 3.34　评估准确率

```
def evaluate_accuracy(data_iter, net, w, b):
    """ 计算准确率 """
    correct_acc, n = 0.0, 0
    for x, y in data_iter:
        _, pred_y = torch.max(net(x, w, b).data, 1)
```

```
        correct_acc += (pred_y == y).sum().item()
        n += y.shape[0]
    return correct_acc / n
```

代码 3.35 使用小批量梯度下降进行模型训练。这里直接使用 PyTorch 自动求导的功能，避免了手工计算导数的麻烦。

代码 3.35 模型训练

```
def train(net, train_iter, test_iter, loss, num_epochs, params, lr):
    """ 模型训练 """
    w, b = params
    for epoch in range(num_epochs):
        train_loss_sum, train_acc_sum, n = 0.0, 0.0, 0
        for x, y in train_iter:
            # 前向传播
            y_pred = net(x, w, b)
            # 计算损失
            loss_mini_batch = loss(y_pred, y).sum()
            # 梯度
            grad = grad_fn(x, y, y_pred)
            # 更新参数
            for i in range(len(params)):
                params[i] -= lr * grad[i]

            # 统计
            train_loss_sum += loss_mini_batch.item()
            train_acc_sum += (y_pred.argmax(dim=1) == y).sum().item()
            n += y.shape[0]
        # 测试准确率
        test_acc = evaluate_accuracy(test_iter, net, w, b)
        print('轮次：%d, 损失%.4f, 训练准确率：%.3f, 测试准确率：%.3f'
              % (epoch + 1, train_loss_sum / n, train_acc_sum / n, test_acc))
```

代码 3.36 为调用模型训练的部分代码。为了加快优化收敛速度，把参数 w 初始化为 0 均值、很小方差的正态分布随机数矩阵，把参数 b 初始化为 0 的向量，然后调用代码 3.35 定义的 train 函数进行训练。

代码 3.36 调用模型训练部分代码

```
# 参数
w = torch.tensor(np.random.normal(0, 0.01, (num_inputs, num_outputs)),
                 dtype=torch.float, requires_grad=True)
b = torch.zeros(num_outputs, dtype=torch.float, requires_grad=True)

# 训练模型
train(model, train_iter, test_iter, cross_entropy, num_epochs, [w, b], learning_rate)
```

完整代码可参见 softmax_regression_from_scratch.py。

2. 简洁 Softmax 回归实现

简洁 Softmax 回归使用 PyTorch 提供的 API 进行实现，由于不需要手工实现求导，直接使用 PyTorch 的自动求导功能，节省了很多代码。

首先使用 nn.Module 定义 Softmax 模型，如代码 3.37 所示。

代码 3.37 定义 Softmax 模型

```python
class Net(nn.Module):
    """ 定义Softmax模型 """
    def __init__(self):
        super(Net, self).__init__()
        self.fc1 = nn.Linear(784, 10)

    def forward(self, x):
        # 展平数据 (n, 1, 28, 28) --> (n, 784)
        x = x.view(-1, 784)
        return F.softmax(self.fc1(x), dim=1)
```

简洁 Softmax 回归实现不再需要损失函数和损失函数求导，而是直接使用 nn 模块中现成的交叉熵损失函数和自动求导即可，因此代码量较少。下一步定义迭代训练模型的 train 函数，如代码 3.38 所示。

代码 3.38 迭代训练模型

```python
def train(epochs, train_loader, model, optimizer, loss_fn, print_every):
    """ 迭代训练模型 """
    for epoch in range(epochs):
        # 每次输入batch_idx个数据
        loss_acc = 0.0  # 累计损失
        for batch_idx, (data, target) in enumerate(train_loader):
            # 梯度清零
            optimizer.zero_grad()
            # 前向传播
            output = model(data)
            # 损失
            loss = loss_fn(output, target)
            # 反向传播
            loss.backward()
            # 更新参数
            optimizer.step()
            loss_acc += loss.item()
            if batch_idx % print_every == print_every - 1:
```

```
                print('[%d, %5d] 损失: %.3f' % (epoch + 1, batch_idx + 1,
                                                loss_acc / print_every))
                loss_acc = 0.0

    print('完成训练!')
```

为了评估模型性能，定义如代码 3.39 所示的模型测试函数。

代码 3.39 模型测试

```
def test(model, test_loader):
    """ 测试 """
    correct = 0
    total = 0
    # 预测不需要梯度来修改参数
    with torch.no_grad():
        for data in test_loader:
            images, labels = data
            outputs = model(images)
            _, predicted = torch.max(outputs.data, 1)
            total += labels.size(0)
            correct += (predicted == labels).sum().item()

    print('在测试集中的预测准确率: {:.2%}'.format(correct / total))
```

到目前为止，已经完成了模型的各个函数定义，只需要在主程序中调用模型训练和测试即可。代码 3.40 实例化模型、损失函数和优化算法，然后依次调用模型训练和测试函数。

代码 3.40 调用模型训练和测试的部分代码

```
model = Net()

# 交叉熵损失函数
loss_fn = nn.CrossEntropyLoss()

# 优化算法
optimizer = torch.optim.Adam(model.parameters(), lr=learning_rate)

train(num_epochs, train_loader, model, optimizer, loss_fn, print_every)
test(model, test_loader)
```

完整代码可参见 softmax_regression.py。

3.5 神经网络

神经网络(Neural Networks，NN)是由大量神经元互相连接而成的网络，对生物的神经系统进行了抽象、简化和模拟。本节首先介绍线性神经元和增加激活函数的神经元；然后介绍几种常用的激活函数；最后介绍神经网络原理和如何使用 PyTorch 实现神经网络。

3.5.1 神经元

1. 线性神经元

3.1 节介绍的线性回归实际上就是一个线性神经元。如果只有 x 一个变量，就称为单变量线性回归，如图 3.6(a)所示。输入特征与神经元之间的连接就是神经元的参数，称为权重 (weight)，可用小写英文字符 w 表示，如图 3.6(a)所示的神经元实现 $z=wx+b$。如果输入是多个变量，如 x_1、x_2 和 x_3，则称为多变量线性回归，如图 3.6(b)所示。

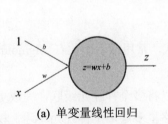

(a) 单变量线性回归   (b) 多变量线性回归

图 3.6 线性回归

图 3.6(b)所示的线性神经元实现了加权求和计算，加权求和计算用公式表示为

$$z = w_1x_1 + w_2x_2 + w_3x_3 + b \tag{3.23}$$

将式(3.23)用向量可简洁表示为

$$z = \boldsymbol{w}^\mathrm{T}\boldsymbol{x} + b \tag{3.24}$$

其中，x_0 等于 1，$\boldsymbol{w}$ 为 $[w_1 \ w_2 \ w_3]^\mathrm{T}$，$\boldsymbol{x}$ 为 $[x_1 \ x_2 \ x_3]^\mathrm{T}$。

线性神经元实现了线性变换或称仿射变换(affine transformation)。

线性神经元应用范围较窄，一般只用于回归问题的输出层。更广泛应用的是增加激活函数的神经元，一般直接称为神经元(neuron)。

2. 增加激活函数的神经元

图 3.7 是一个在图 3.6(b)的基础上增加激活函数的神经元，x_0 恒为 1，$\boldsymbol{x}=[x_1 \ \ x_2 \ \ x_3]^T$ 且 $\boldsymbol{w}=[w_1 \ \ w_2 \ \ w_3]^T$。一般可以不画出截距项，也就是不需要画出 x_0 和连线 b。这样的神经元是神经网络的基础构件，每一个神经元都可以是一个独立的学习模型。

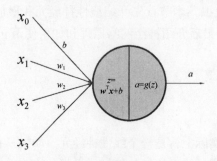

图 3.7　神经元

图 3.7 将神经元划分为线性变换和激活函数两个计算部分。线性变换实现 $z=\boldsymbol{w}^T\boldsymbol{x}+b$。激活函数在线性神经元中加入非线性因素，这使得神经网络适合解决复杂问题。激活函数的公式为

$$a = g(z) \tag{3.25}$$

激活函数引入非线性特性，激活函数 g 有多种形式，常用激活函数有 Sigmoid 函数、Tanh 函数、ReLU 函数和 Leaky ReLU 函数。

由于输入特征可以是其他神经元的输出，所以可以将多个神经元级联，完成更复杂的功能，这就是神经网络。需要注意的是，由于神经网络里多层多个神经元相连，权重变成一个矩阵，而偏置变成一个向量，因此使用大写的粗体 $\boldsymbol{W}$ 来替换单一神经元的 $\boldsymbol{w}$，用粗体 $\boldsymbol{b}$ 来替换单一神经元的 b，$\boldsymbol{W}$ 和 $\boldsymbol{b}$ 都需要指定所在的层。

线性神经元可以视为不使用非线性激活函数，即 $a=g(z)=z$，这样每一层的输出都是上一层的线性函数。容易验证，如果只使用线性神经元，无论神经网络有多少层，最终的输出都是输入的线性组合，多层与单层的效果相当，无法实现更为复杂的功能。

3.5.2　激活函数

本节介绍常用激活函数的原理和使用效果，有助于帮助选择合适的激活函数。

1. Sigmoid 函数

3.3.1 小节已经介绍了 Sigmoid 函数，该函数可用于神经网络的中间层，也常用作二元分类神经网络的输出层激活函数，在 PyTorch 中的实现为 torch.nn.Sigmoid 类和 torch.nn.functional.sigmoid 函数，另外还有一些 Sigmoid 函数的变体，如 Hardsigmoid 和 LogSigmoid。

2. Tanh 函数

Tanh 激活函数也称为双曲正切函数(hyperbolic tangent function)，也是一种 S 型激活函数。Tanh 函数与 Sigmoid 函数相似，它能将较大范围内变化的连续值输入变量映射到区间 $[-1,+1]$ 的输出值，Tanh 函数 f 采用以下表达式，即

$$f(z) = \tanh(z) = \frac{e^z - e^{-z}}{e^z + e^{-z}} \qquad (3.26)$$

Tanh 函数图像如图 3.8 所示，它由 plot_tanh.py 绘制。可以将 Tanh 函数视为 Sigmoid 函数的变体，它是放大并平移的 Sigmoid 函数，且有 $f(z) = 2g(2z) - 1$。

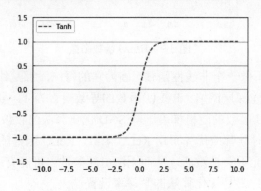

图 3.8 Tanh 函数图像

Tanh 函数的导数为 $f'(z) = 1 - (f(z))^2$。

Tanh 函数关于原点对称，且为 0 均值。神经网络中间层的神经元可采用 Tanh 函数替代 Sigmoid 函数，在循环神经网络中也常常使用 Tanh 函数。由于 Sigmoid 函数和 Tanh 函数的两端都存在饱和区，激活函数值在饱和区变化过于缓慢，导数趋于 0，引发梯度消失问题导致深层网络训练非常缓慢甚至无法训练。

Tanh 函数在 PyTorch 中的实现为 torch.nn.Tanh 类和 torch.nn.functional.tanh 函数，另外还有一些 Tanh 函数的变体，如 Hardtanh 和 Tanhshrink。

3. ReLU 函数

ReLU(Rectified Linear Unit,修正线性单元)激活函数在输入小于 0 时,输出值为 0;在输出值大于 0 时,输出值为输入值。ReLU 激活函数采用以下表达式,即

$$\text{relu}(z) = \max(0, z) \tag{3.27}$$

ReLU 函数图像如图 3.9 所示,它由 plot_relu.py 绘制。图中还有 ReLU 函数的一种变体,即 ReLU6 函数,它在 ReLU 函数的基础上对上界设限即设置一个上限 6。ReLU6 函数的表达式为 $\text{relu6}(z) = \min(\max(0, z), 6)$。

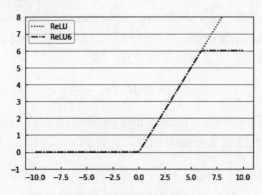

图 3.9　ReLU 函数图像

ReLU 函数看起来不像一个非线性函数,因为它的每一段都是线性的,但实际上它的确是非线性函数,可以构建深层网络。ReLU 函数的导数要么为 1,要么为 0,计算简单速度快,已经证明使用 ReLU 函数的随机梯度下降 SGD 优化算法的收敛速度比 Sigmoid 和 Tanh 函数快,因此在大多数时候都应优先采用 ReLU 函数。ReLU 函数的最大缺点就是训练时容易"死亡",一些神经元不会被激活,从而无法更新参数。可能有两种原因导致这种情况:一是不好的参数初始化;二是优化算法的学习率设置过大。

ReLU 函数在 PyTorch 中的实现为 torch.nn.ReLU 类和 torch.nn.functional.relu 函数,除 ReLU6 以外还有一些变体,如 PReLU 和 RReLU。

4. Leaky ReLU 函数

ReLU 函数将所有负值输入的输出都设为 0 值,这样就会导致神经元不能更新参数,也就是不再学习。为了克服这一缺点,在 ReLU 函数的负半区间引入一个 Leaky 值,可以给负值输入赋一个较小的非零斜率值,这就是 Leaky ReLU 函数。Leaky ReLU 激活函数的表达式为

$$\text{leakyrelu}(z) = \max(\alpha z, z) \tag{3.28}$$

式中：α 为很小值的常数。当 $z < 0$ 时，有 leakyrelu$(z) = \alpha z$。这样就避免了在输入为负时神经元无法学习的弊端。由于种种原因，尽管 Leaky ReLU 函数比 ReLU 函数效果要好，但实际上 Leaky ReLU 函数并没有 ReLU 函数用得普遍。

ReLU 函数的另一种变体为 ELU(Exponential Linear Unit，指数线性单元)函数。ELU 函数的负半区间引入指数，能让激活函数对输入变化具有鲁棒性，但函数含有指数项增加了计算复杂度。ELU 激活函数的表达式为

$$\mathrm{elu}(z) = \begin{cases} \alpha(\mathrm{e}^z - 1), & z \leqslant 0 \\ z, & z > 0 \end{cases}$$

Leaky ReLU 和 ELU 函数图像如图 3.10 所示，是用 plot_leaky_relu.py 绘制的。

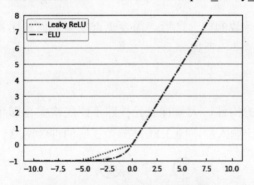

图 3.10　Leaky ReLU 函数图像

Leaky ReLU 函数在 PyTorch 中的实现为 torch.nn.LeakyReLU 类和 torch.nn.functional.leaky_relu 函数，ELU 函数在 PyTorch 中的实现为 torch.nn.ELU 类和 torch.nn.functional.elu 函数，其他变体还有 SELU、CELU 和 GELU。

5. Softmax 函数

前文 3.4.1 小节已经介绍了 Softmax 函数，它主要用于神经网络的最后一层，解决多元分类问题。

Softmax 函数在 PyTorch 中的实现为 torch.nn.Softmax 类和 torch.nn.functional.softmax 函数，其他变体有 Softmax2d、LogSoftmax 和 AdaptiveLogSoftmaxWithLoss。

6. 选择正确的激活函数

在了解激活函数的基础上，一般可以凭经验来判断，哪种情况下使用哪一种激活函数。选择合适的激活函数，可以使神经网络更快地收敛。

回归问题的输出层使用不加激活函数的线性神经元。分类问题的输出层一般可采用 Sigmoid 和 Softmax 函数。其中，Sigmoid 函数常用于二元分类，Softmax 函数常用于多元分类。

中间层一般可选用 ReLU 函数，它是一个通用的激活函数，如果 ReLU 函数结果不佳，再尝试其他激活函数。深层网络一般要避免使用 Sigmoid 和 Tanh 函数，因为这两个函数容易产生梯度消失问题。如果 ReLU 函数的神经网络中出现较多"死亡"神经元，可以尝试使用 Leaky ReLU 或 ELU 函数。

3.5.3 神经网络原理

了解神经元和激活函数的概念之后，需要重点掌握如何使用神经元来构建神经网络，以及前向传播和反向传播工作原理。

1. 神经网络表示

神经元是神经网络的构件，大量神经元按照不同层次关系即可构成神经网络，网络结构可以很复杂。如果不计输入层，图 3.11 是一个 3 层的神经网络。

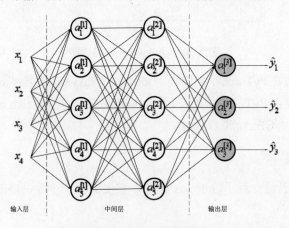

图 3.11 神经网络结构

其中，输入层直接接收原始数据输入，输入层单元称为输入单元，其数量由数据集的特征个数和数据类型决定。输入 x_j 的下标 j 表示样本的第 j 个特征，全部输入特征使用向量 x 来表示。$a_j^{[l]}$ 的上标 $[l]$ 表示第 l 层，下标 j 表示该层的第 j 个神经元，第 l 层神经元的全部输出使用向量 $a^{[l]}$ 来表示。最后一层称为输出层，它负责模型的输出，输出层单元称为输出单元，其数量由数据集的目标属性的取值个数决定。输出使用向量 $\hat{y}$ 来表示，$\hat{y}_j$ 表示其中的第 j 个输出。如果目标属性只有两个取值，即二元分类，则可以只有一个输出单元，也可以有两个输出单元；如果目标属性的取值个数不小于 3，假设为 k，则网络应有 k 个输出单元。位于输入层和输出层之间的层次为中间层，也称为隐藏层，本例有两个隐藏层，它们负责对数据进行处理，并传递给下一层。$W^{[l]}$ 表示第 l 层的权重矩阵，矩阵的行数为第 l 层激活单元的数量，列数为第 $(l-1)$ 层激活单元的数量，$W_{ij}^{[l]}$ 为 $W^{[l]}$ 矩阵中第 i 行 j 列的元素。$b^{[l]}$ 表示第 l 层的偏置向量，$b_i^{[l]}$ 为 $b^{[l]}$ 向量的第 i 个元素。

2. 前向传播

前向传播就是已知输入 x、网络结构和参数，计算预测输出 $\hat{y}$ 的过程。下面以图 3.11 所示的神经网络为例，讨论如何计算输出。

首先计算第 1 层的输出 $a^{[1]}$，即

$$z^{[1]} = W^{[1]}x + b^{[1]}, \quad a^{[1]} = g^{[1]}(z^{[1]}) \tag{3.29}$$

然后依次计算第 2 层和第 3 层的输出，即

$$z^{[2]} = W^{[2]}a^{[1]} + b^{[2]}, \quad a^{[2]} = g^{[2]}(z^{[2]}) \tag{3.30}$$

$$z^{[3]} = W^{[3]}a^{[2]} + b^{[3]}, \quad \hat{y} = a^{[3]} = g^{[3]}(z^{[3]}) \tag{3.31}$$

计算出预测输出 $\hat{y}$ 后，就完成了前向传播。

如果将输入 x 视为 $a^{[0]}$、$\hat{y}$ 视为 $a^{[3]}$，则可以得到以下的通用激活函数计算公式，即

$$z^{[l]} = W^{[l]}a^{[l-1]} + b^{[l]}, \quad a^{[l]} = g^{[l]}(z^{[l]}) \tag{3.32}$$

式(3.32)也可以合写为

$$a^{[l]} = g^{[l]}(W^{[l]}a^{[l-1]} + b^{[l]}) \tag{3.33}$$

式中：$g^{[l]}$ 为第 l 层的激活函数。

3. 代价函数

为了训练神经网络每层的权重矩阵参数 W 和偏置向量参数 b，需要设置一个代价函数，通过调整权重矩阵和偏置向量参数的值来使代价函数值达到最优。

分类问题的神经网络一般采用交叉熵代价函数(cross-entropy cost function)，单个样本的代价为 $-y\log\hat{y}$，N 个样本 k 个类别的代价就是其平均值，公式为

$$J_{\text{CE}}(\hat{y}, y) = -\frac{1}{N}\sum_{i=1}^{N}\sum_{j=1}^{k} y_j^{(i)} \log \hat{y}_j^{(i)} \tag{3.34}$$

式中：log 为自然对数。尽管数学中常用 ln 表示自然对数，但由于很多软件都把 log 作为求

自然对数的函数名,且很多本领域的书籍也这样用,因此本书沿用这个习惯,不再赘述。

当真实标签 $y=0$ 时,$-y\log\hat{y}=0$,因此只有当真实标签 $y=1$ 时,才有必要讨论 $-y\log\hat{y}$,其函数图像如图 3.12 所示,如果预测标签 $\hat{y}$ 也为 1,则代价为 0;否则代价随着 $\hat{y}$ 的减小而增大。可见,交叉熵代价函数只是尽量最大化真实标签 y 对应的预测 $\hat{y}$。

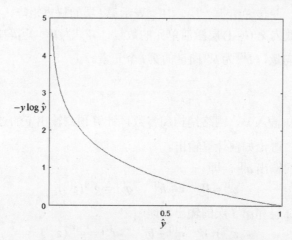

图 3.12　真实标签 y 为 1 时 $-y\log\hat{y}$ 的图像

实践证明,交叉熵代价函数的训练效果比较好,因此得到广泛应用。

4. BP 算法

BP(Back Propagation,反向传播)算法是误差反向传播算法的简称,它是优化多层神经网络参数的一种重要方法。因为算法复杂并且编程容易出一些难以发现的漏洞,并且 PyTorch 已经给出自动求导的解决方案,因此除非是为了学习,否则不建议自己编程实现 BP 算法。但是,了解 BP 算法还是很有必要,有助于深入理解神经网络的工作原理。BP 算法首先计算输出层的误差[①],然后依次一层一层地反向计算各层的误差,直到输入层为止。

下面以 3 层神经网络(图 3.11)为例来说明反向传播算法。假设训练集中只有一个样本 (x,y),首先使用前向传播算法计算出各层的输入输出值,将计算过程重新列示为

$$z^{[1]} = W^{[1]}x + b^{[1]}, \quad a^{[1]} = g^{[1]}(z^{[1]})$$
$$z^{[2]} = W^{[2]}x^{[1]} + b^{[2]}, \quad a^{[2]} = g^{[2]}(z^{[2]})$$
$$z^{[3]} = W^{[3]}a^{[2]} + b^{[3]}, \quad \hat{y} = a^{[3]} = g^{[3]}(z^{[3]})$$

---

① 这里的误差不是通常所说的含义,而是运算公式中 $\mathrm{d}z^{[l]}$ 的简称,不要过分纠结"误差"这一名称。

接下来是求代价函数 $J(\boldsymbol{\Theta})$ 对各层参数 $\boldsymbol{W}^{[l]}$ 和 $\boldsymbol{b}^{[l]}$ 的偏导数 $\frac{\partial J(\boldsymbol{\Theta})}{\partial \boldsymbol{W}^{[l]}}$ 和 $\frac{\partial J(\boldsymbol{\Theta})}{\partial \boldsymbol{b}^{[l]}}$，以便使用梯度下降法等优化算法来求解最优参数。为了简单，使用 $\mathrm{d}\boldsymbol{W}^{[l]}$、$\mathrm{d}\boldsymbol{b}^{[l]}$ 和 $\mathrm{d}\boldsymbol{z}^{[l]}$ 来分别表示 $\frac{\partial J(\boldsymbol{\Theta})}{\partial \boldsymbol{W}^{[l]}}$、$\frac{\partial J(\boldsymbol{\Theta})}{\partial \boldsymbol{b}^{[l]}}$ 和 $\frac{\partial J(\boldsymbol{\Theta})}{\partial \boldsymbol{z}^{[l]}}$。

首先，求输出层各参数的偏导数。按照微积分的链式求导法则，可得

$$\begin{aligned}\mathrm{d}\boldsymbol{z}^{[3]} &= \boldsymbol{a}^{[3]} - \boldsymbol{y} \\ \mathrm{d}\boldsymbol{W}^{[3]} &= \mathrm{d}\boldsymbol{z}^{[3]} \boldsymbol{a}^{[2]\mathrm{T}} \\ \mathrm{d}\boldsymbol{b}^{[3]} &= \mathrm{d}\boldsymbol{z}^{[3]}\end{aligned} \tag{3.35}$$

按照上述方法，继续求第二层参数的偏导数，得到

$$\begin{aligned}\mathrm{d}\boldsymbol{z}^{[2]} &= \boldsymbol{W}^{[3]\mathrm{T}} \mathrm{d}\boldsymbol{z}^{[3]} \odot g'(\boldsymbol{z}^{[2]}) \\ \mathrm{d}\boldsymbol{W}^{[2]} &= \mathrm{d}\boldsymbol{z}^{[2]} \boldsymbol{a}^{[1]\mathrm{T}} \\ \mathrm{d}\boldsymbol{b}^{[2]} &= \mathrm{d}\boldsymbol{z}^{[2]}\end{aligned} \tag{3.36}$$

式中：$g'(\boldsymbol{z}^{[2]})$ 为激活函数的导数；$\odot$ 表示哈达玛积(Hadamard product)。

继续下去，直到计算到输入层。由于输入 $\boldsymbol{x}$ 是固定值，也不想优化 $\boldsymbol{x}$，因此不能对 $\boldsymbol{x}$ 求导。

$$\begin{aligned}\mathrm{d}\boldsymbol{z}^{[1]} &= \boldsymbol{W}^{[2]\mathrm{T}} \mathrm{d}\boldsymbol{z}^{[2]} \odot g'(\boldsymbol{z}^{[1]}) \\ \mathrm{d}\boldsymbol{W}^{[1]} &= \mathrm{d}\boldsymbol{z}^{[1]} \boldsymbol{x}^{\mathrm{T}} \\ \mathrm{d}\boldsymbol{b}^{[1]} &= \mathrm{d}\boldsymbol{z}^{[1]}\end{aligned} \tag{3.37}$$

前文计算的 $\mathrm{d}\boldsymbol{W}^{[l]}$、$\mathrm{d}\boldsymbol{b}^{[l]}$ 和 $\mathrm{d}\boldsymbol{z}^{[l]}$ 只是通过一个训练样本得到的，如果使用小批量更新，还需要计算 N 个训练样本的误差梯度均值，这里就不详述了，感兴趣的读者可以参考相关文献。

3.5.4 PyTorch 神经网络编程

本小节讲述如何使用 PyTorch 来实现一个神经网络。

1. 神经网络的 PyTorch 表示及参数优化

下面使用 PyTorch 来实现图 3.11 所示的 3 层神经网络结构，假设中间层的激活函数为 ReLU，输出层的激活函数为 Softmax。

代码 3.41 使用 nn.Sequential 定义神经网络，变量 num_inputs、num_hiddens 和 num_outputs 分别为输入单元数、隐藏单元数和输出单元数。

代码 3.41　nn.Sequential 定义神经网络

```python
num_inputs, num_hiddens, num_outputs = 4, 5, 3

# nn.Sequential 定义一个简单的神经网络模型
seq_model = nn.Sequential(
    nn.Linear(num_inputs, num_hiddens),
    nn.ReLU(),
    nn.Linear(num_hiddens, num_hiddens),
    nn.ReLU(),
    nn.Linear(num_hiddens, num_outputs),
    nn.Softmax(dim=1),
)
```

另一种定义神经网络的方式是使用 nn.Module，如代码 3.42 所示。

代码 3.42　nn.Module 定义神经网络

```python
class Net(nn.Module):
    """ 定义一个简单的神经网络模型 """
    def __init__(self):
        super().__init__()
        self.fc1 = nn.Linear(num_inputs, num_hiddens)
        self.act1 = nn.ReLU()
        self.fc2 = nn.Linear(num_hiddens, num_hiddens)
        self.act2 = nn.ReLU()
        self.fc3 = nn.Linear(num_hiddens, num_outputs)
        self.act3 = nn.Softmax(dim=1)

    def forward(self, x):
        x = self.act1(self.fc1(x))
        x = self.act2(self.fc2(x))
        return self.act3(self.fc3(x))
```

定义好神经网络以后，可以直接使用 nn 模块默认的初始化方式，也可以自己定制初始化方式。注意，必须将神经网络的参数进行随机初始化，否则会因为对称性问题导致网络退化。

代码 3.43 展示第一种初始化方式，它遍历 seq_model 模型中的参数，然后调用 nn.init 模块的初始化方法。

代码 3.43　第一种初始化方式

```python
# 初始化
for params in seq_model.parameters():
    init.normal_(params, mean=0, std=0.01)
```

第二种初始化方式首先定义一个如代码 3.44 所示的初始化权重函数。注意，可以使用

Python 内置函数 isinstance 来判断某个对象是否是特定类型，然后有针对性地采用不同的初始化方法。

代码 3.44 初始化权重函数

```
def weights_init(m):
    """ 初始化网络权重 """
    if isinstance(m, nn.Conv2d):
        init.normal_(m.weight.data)
        # init.xavier_normal_(m.weight.data)
        # init.kaiming_normal_(m.weight.data)   # 卷积层参数初始化
        m.bias.data.fill_(0)
    elif isinstance(m, nn.Linear):
        m.weight.data.normal_()    # 全连接层参数初始化
```

最后调用模型的 apply 函数，该函数递归搜索网络中的子模块并应用初始化，如代码 3.45 所示。

代码 3.45 调用初始化权重函数的代码片段

```
model = Net()
# 网络参数初始化
model.apply(weights_init)    # apply 函数会递归搜索网络中的子模块并应用初始化
```

完整程序可参见 neural_networks_initialization.py。该示例仅定义网络结构和初始化网络参数，并没有训练模型和评估模型性能。以下给出两个使用神经网络来解决 Fashion-MNIST 问题的完整示例。

2. 神经网络示例一

示例一使用 nn.Sequential 定义网络模型，如代码 3.46 所示。注意，输入单元数 num_inputs 为 784，隐藏单元数 num_hiddens 为 256，输出单元数 num_outputs 为 10，输入单元数和输出单元数由数据集决定，不可修改，只可以修改隐藏单元数。代码还使用正态分布来随机初始化网络参数。另外，网络模型的最后一层并没有使用 Softmax，这是因为后面准备使用 nn.CrossEntropyLoss 损失函数，该函数将 LogSoftmax 和 NLLLoss 的功能合在一起，因此没有必要使用 Softmax 函数。

代码 3.46 定义网络模型

```
num_inputs, num_hiddens, num_outputs = 784, 256, 10

# nn.Sequential 模型
net = nn.Sequential(
    nn.Linear(num_inputs, num_hiddens),
```

```
    nn.ReLU(),
    nn.Linear(num_hiddens, num_outputs),
)

for params in net.parameters():
    init.normal_(params, mean=0, std=0.01)
```

代码 3.47 定义模型训练函数,使用两重循环完成训练过程,外层循环迭代 epochs 次,内层循环完成一轮中小批量数据的训练。

代码 3.47　模型训练函数

```
def train(epochs, train_loader, model, optimizer, loss_fn, print_every):
    """ 迭代训练模型 """
    for epoch in range(epochs):
        loss_acc = 0.0  # 累计损失
        # 每次输入第 batch_idx 批数据
        for batch_idx, (data, target) in enumerate(train_loader):
            # 梯度清零
            optimizer.zero_grad()
            # 前向传播
            output = model(data.view(data.shape[0], -1))
            # 损失
            loss = loss_fn(output, target)
            # 反向传播
            loss.backward()
            # 更新参数
            optimizer.step()
            loss_acc += loss.item()
            if batch_idx % print_every == print_every - 1:
                print('[%d, %5d] 损失: %.3f' % (epoch + 1, batch_idx + 1,
                                            loss_acc / print_every))
                loss_acc = 0.0

    print('完成训练! ')
```

代码 3.48 定义模型测试函数。由于预测不需要梯度来修改网络参数,所以使用 with torch.no_grad()代码块来关掉梯度追踪的功能。另外,代码 3.46 定义的网络模型要求输入张量形状为(样本数, 784),因此使用 images.view(images.shape[0], -1)将原形状(样本数, 1, 28, 28)转换为符合要求形状的张量。

代码 3.48　模型测试函数

```
def test(model, test_loader):
    """ 模型测试 """
    correct = 0
    total = 0
```

```python
# 预测不需要梯度来修改参数
with torch.no_grad():
    for data in test_loader:
        images, labels = data
        outputs = model(images.view(images.shape[0], -1))
        _, predicted = torch.max(outputs.data, 1)
        total += labels.size(0)
        correct += (predicted == labels).sum().item()

print('在测试集中的预测准确率: {:.2%}'.format(correct / total))
```

代码 3.49 定义主函数。首先定义一些超参数；然后加载 FashionMNIST 数据集，再定义损失函数和优化算法；最后进行模型训练和评估。

代码 3.49　主函数

```python
def main():
    # 超参数
    num_epochs = 5
    batch_size = 16
    print_every = 200
    learning_rate = 0.001

    # 加载数据集
    mnist_train = torchvision.datasets.FashionMNIST(
        root='../datasets/FashionMNIST', train=True, download=False,
        transform=transforms.ToTensor())
    train_loader = data.DataLoader(mnist_train, batch_size=batch_size, shuffle=True)
    mnist_test = torchvision.datasets.FashionMNIST(
        root='../datasets/FashionMNIST', train=False, download=False,
        transform=transforms.ToTensor())
    test_loader = data.DataLoader(mnist_test, batch_size=batch_size, shuffle=False)

    # 交叉熵损失函数
    loss_fn = nn.CrossEntropyLoss()

    # 优化算法
    optimizer = torch.optim.Adam(net.parameters(), lr=learning_rate)

    # 训练与评估
    train(num_epochs, train_loader, net, optimizer, loss_fn, print_every)
    test(net, test_loader)
```

完整代码可参考 neural_networks_demo1.py。

3. 神经网络示例二

示例二使用 nn.Module 定义网络模型，如代码 3.50 所示。注意，本例与代码 3.46 有两点不同，第一是本例在 forward 函数中调用 x.view 展平数据，第二是本例使用 F.log_softmax 函数，这就决定了损失函数只需要采用负对数似然损失函数 nn.NLLLoss。

代码 3.50 定义网络模型

```python
class Net(nn.Module):
    """ nn.Module 定义网络模型 """

    def __init__(self):
        super(Net, self).__init__()
        self.fc1 = nn.Linear(num_inputs, num_hiddens)
        self.fc2 = nn.Linear(num_hiddens, num_outputs)

    def forward(self, x):
        # 展平数据 (n, 1, 28, 28) --> (n, 784)
        x = x.view(x.shape[0], -1)
        x = F.relu(self.fc1(x))
        return F.log_softmax(self.fc2(x), dim=1)
```

本例的模型训练、测试以及主函数与示例一大同小异，此处就不再列示，详情可参见完整代码 neural_networks_demo2.py。

习 题

3.1 在 linear_regression_from_scratch.py 代码中，增大或减小学习率，会发现什么问题？尝试解释你的发现。

3.2 在 linear_regression_from_scratch.py 代码中，有以下一句注释：

```
# 为方便数值运算，将原来的举办年减去第一届奥运会年
```

试说明这样做的好处。请问你还知道其他方法可以完成类似的功能吗？

提示：输入规范化。

3.3 线性回归的损失函数值会降到零吗？为什么？

3.4 如果使用 Adam 来替换 SGD 优化器，需要修改哪些参数？说明这两种优化器的特点。

3.5 如果 3.1.1 小节里的模型(式(3-2))假设变为 $\hat{y} = h(x; w, b) = w_2 x^2 + w_1 x + b$，试修改线

性回归程序并运行，根据运行结果说明：与模型假设 $\hat{y}=h(x;w,b)=wx+b$ 相比，训练损失变大了还是变小了？模型性能提高了还是降低了？

3.6　nn.Sequential 和 nn.Module 各自的适用场景是什么？

3.7　查看相关文献，了解 BP 算法各公式的推导。

3.8　请说明神经网络为什么必须随机初始化参数。

3.9　Fizz Buzz 问题是力扣 (LeetCode) 的一道简单测试题，题目网址为 https://leetcode-cn.com/problems/fizz-buzz/。原题如下：

写一个程序，输出从 1 到 n 数字的字符串表示。

(1) 如果 n 是 3 的倍数，输出"Fizz"。

(2) 如果 n 是 5 的倍数，输出"Buzz"。

(3) 如果 n 同时是 3 和 5 的倍数，输出"FizzBuzz"。

试使用神经网络来求解 FizzBuzz 问题。

说明：本题灵感来源于 Joel Grus 的博文"Fizz Buzz in Tensorflow"(https://joelgrus.com/2016/05/23/fizz-buzz-in-tensorflow/)，可参考随书源码 fizzbuzz_game.py。

第 4 章

神经网络训练与优化

神经网络训练与优化是有效使用神经网络的核心内容，涉及如何划分训练集、验证集和测试集，如何使用各种正则化方法以避免网络过拟合，如何确保优化算法在合理时间内完成学习，以及如何初始化网络参数。

本章首先介绍神经网络迭代寻优的概念；然后介绍几种常用的正则化方法以及小批量梯度下降算法和几种常用的优化算法；最后介绍深度网络的参数初始化方法。

4.1 神经网络迭代概念

在应用神经网络的过程中,需要通过多次迭代,才能设置一个最合适的超参数组合。这些超参数包括神经网络的层数、每层的神经元个数、学习率以及合适的激活函数。由于深度学习的应用领域非常广泛,在自然语言处理、语音识别、计算机视觉等领域都取得了很大的成功,这些领域跨度很大,即便是一个经验丰富的专家也不太可能在一开始就能设置最合适的超参数组合,因此需要多次循环往复地进行"设置超参数→编码→检查实验结果"这一过程,而有效利用手头的数据样本,将它们合理地划分为训练集、验证集和测试集,无疑会提高循环的效率。

4.1.1 训练误差与泛化误差

误差是目标属性的模型预测值 $\hat{y}$ 与真实值 y 之差。目标属性的数据类型可分为离散型和连续型两种,对应的学习算法可分为分类和回归两类。为了简单,只讨论分类问题。

假设一个给定的训练集 $S = \{(\boldsymbol{x}^{(i)}, y^{(i)}); i = 1, 2, \cdots, N\}$,各个训练样本 $(\boldsymbol{x}^{(i)}, y^{(i)})$ 独立同分布,都是由某个未知的特定分布 D 生成。对于假设函数 h,定义训练误差(training error)为

$$\hat{\varepsilon}(h) = \frac{1}{N} \sum_{i=1}^{N} I(h(\boldsymbol{x}^{(i)}) \neq y^{(i)}) \tag{4.1}$$

式中:$I(.)$ 为指示函数。如果强调假设函数 h 为参数 θ 的函数,可将 h 写为 $h(\theta)$。

训练误差也称为经验风险(empirical risk)或经验误差(empirical error),是模型在训练集中错误分类样本数占总体的比例。

定义泛化误差(generalization error)为

$$\varepsilon(h) = P_{(\boldsymbol{x}, y) \sim D}(h(\boldsymbol{x}) \neq y) \tag{4.2}$$

式中:$(\boldsymbol{x}, y) \sim D$ 表示样本 $(\boldsymbol{x}, y)$ 服从分布 D。泛化误差是一个概率,表示特定分布 D 生成的样本 $(\boldsymbol{x}, y)$ 中的真实值 y 与通过假设函数 $h(\boldsymbol{x})$ 生成的预测值 $\hat{y}$ 不等的概率。

注意,这里假设训练集数据通过某种未知分布 D 生成,以此为依据来衡量假设函数,有时将这样的假设称为 PAC(Probably Approximately Correct,大概近似正确)假设。

一种常用的方法是调整参数 θ,使训练误差 $\hat{\varepsilon}(h(\theta))$ 最小,即

$$\hat{\theta} = \arg\min_{\theta} \hat{\varepsilon}(h(\theta)) \tag{4.3}$$

这种最小化训练误差的方法称为经验风险最小化(Empirical Risk Minimization, ERM)。

要清楚地看到，训练误差的降低并不意味着泛化误差的降低。在神经网络的学习中，既需要降低训练误差，更重要的是需要降低泛化误差。因此，需要将数据集划分为多个子集，从而对模型性能进行合理的评估。

4.1.2 训练集、验证集和测试集划分

通常面对一个学习问题，我们手头都会有一个原始的训练数据集，简称训练集。如果将全部的训练集都用于训练深度学习算法模型，那么除了得到训练误差外，无法知道模型的泛化误差，也就不了解模型的泛化能力。另外，研究者一般都会准备多个候选模型，通过实验从中选取一个性能最佳的模型。因此，为了评估模型和估计泛化误差，要将原始的训练数据集划分为 3 个较小的互斥子集，如图 4.1 所示。第一个子集还是称为训练集，用于训练模型；第二个子集称为验证集，用于评估和选择模型；最后一个子集称为测试集，用于估计所选定模型的泛化误差，即无偏估计模型的性能。这种验证方式又称为 Holdout(留出法)验证。验证集往往还可用于调节学习算法的超参数，如神经网络中的隐藏层数目、每层单元数及激活函数等。

图 4.1 训练集、验证集和测试集划分

传统机器学习的最佳实践是将训练集、验证集和测试集按照 60%、20%和 20%的比例进行划分，这种划分方法比较适合原始训练样本数在数万以内的情形，一般来说，验证集和测试集数据占原始训练样本的比例不宜太高，以避免造成训练样本不足。但是，对于深度神经网络来说，其原始训练样本数一般都会非常大，可以适当降低验证集和测试集的比例，可以只占原训练集的 10%以下。例如，对于样本数为百万级别的数据集，1%的数据已经有 1 万个样本，用于验证和评估都绰绰有余。因此，具体怎样划分，还要具体问题具体分析。

训练集、验证集和测试集必须不重复地独立选取，一般先要对原始训练集随机置乱，然后再行划分。验证集必须不同于训练集，才能在模型评估和选择阶段获得好的性能；测试集也不能与验证集和测试集相同，才能获得泛化误差的可靠估计。

需要注意的是，设置测试集只是为了估计泛化误差，任何时候都不应该寻找种种理由

去"偷看"测试集数据，以免最终结果过于乐观。

最后，有些划分不考虑测试集。这是因为设置测试集的目的是为了对最终选定的学习算法作无偏估计，如果不需要无偏估计，就可以不设置测试集。这样，要完成的工作变为：尝试多种不同的网络模型框架，在训练集上训练模型，然后在验证集上评估这些模型，迭代选取最佳的模型。训练集和验证集划分原理如图 4.2 所示。

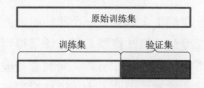

图 4.2　训练集与验证集的划分

需要说明的是，由于历史的原因，人们往往把训练集和验证集划分中的验证集称为测试集，但实际上只是将测试集当成验证集来使用，并没有用到测试集获取无偏估计的功能。混淆验证集和测试集并不是错误，而只是习惯。因此，读者有时需要根据上下文来判断文献中所说的测试集到底是真的测试集还是验证集。

除了 Holdout 方法外，通常还采用交叉验证法(Cross Validation，CV)来划分训练集和验证集。交叉验证一般将原始训练集分为 K 等分，称为 K 折交叉验证(K-fold cross-validation)，K 常取 5 或 10，取 10 时称为十折交叉验证。将原始训练集划分成 K 折子集之后，顺序选取 1 折子集作为验证数据集，其余 K-1 折子集用作训练集。交叉验证会重复迭代 K 次，每折子集都会验证一次，对 K 次结果平均或者直接累加预测错误的样本数后再除以总样本数，得到错误率及其他评估指标。图 4.3 展示 10 折交叉验证的原理，最终错误率 E 取 10 次迭代错误率的平均值。

交叉验证的优势在于，在训练样本不足的情况下，最大限度地有效重复使用各个样本进行训练和验证，避免因训练集或测试集样本不足而得到评估指标偏差大的问题。如果想得到更客观的评价结果，可先对原始数据随机置乱，然后再划分 K 折，还可以做 10 次 10 折交叉验证。

当把折数 K 取值为等于原始训练集的样本数 N 时，称为留一法交叉验证(Leave-One-Out Cross Validation，LOOCV)，即每个样本单独作为测试集，其余 N-1 个样本作为训练集，因此一次 LOOCV 需要建立 N 个模型。LOOCV 中每次验证几乎全部样本都用于训练模型，接近最大限度地利用了训练样本，估计的泛化误差比较可靠。LOOCV 的缺点是计算成本高。

虽然通常将交叉验证视为在训练样本不足的情况下提高训练和验证效率的方式，但 Kaggle 最新的用户排行榜上排名第一位的 Bestfitting(https://www.kaggle.com/bestfitting，真名为 Shubin Dai)在分享他的成功经验[①]时极其推崇交叉验证方法,他最为重要的经验是"有了好的交叉验证方法就成功了一半"。

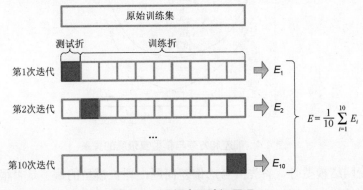

图 4.3 10 折交叉验证原理

4.1.3 偏差与方差

深度神经网络的宽度和深度决定了模型的复杂度,其宽度和深度越大,模型的复杂度越高;反之则模型的复杂度较低。模型的复杂度也称为容量(capacity),容量较低的模型不能很好地捕捉到训练集数据的模式,称之为有较大的偏差(bias),也就是模型欠拟合(underfitting)训练数据。非正式地,将模型的偏差定义为拟合非常大的训练集时所期望的泛化误差。容量较高的模型很好地拟合了训练样本,偏差较小,然而不一定能很好地预测训练集以外的数据,这称为有较大的方差(variance),也叫过拟合(overfitting)。深度学习中,高方差问题更为普遍。

通常偏差和方差有这样一种规律:如果模型过于简单,就具有大的偏差;反之,如果模型过于复杂,就有大的方差。偏差和方差与模型复杂度的关系如图 4.4 所示,偏差和方差共同构成总误差(即泛化误差),我们构建神经网络的目标是使总误差最小化。因此,如何调整模型的复杂度,建立适当的误差模型,就变得非常重要。

机器学习通常需要通过实验确定最优的模型复杂度,使得模型的泛化能力强而且不产生过拟合是非常有挑战性的工作,这也称为偏差-方差折中(bias-variance tradeoff)。

但在深度学习时代,很少需要去考虑对偏差和方差折中,一般都是分别考虑偏差和方差而不考虑对两者进行权衡。

[①] My brief overview of my solution. https://www.kaggle.com/c/planet-understanding-the-amazon-from-space/discussion/36809.

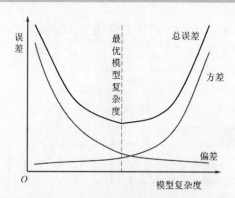

图 4.4 偏差和方差与模型复杂度的关系

在训练深度网络模型时，首先要考虑偏差问题，评价模型的偏差是否很高。如果偏差高，无法拟合训练集，就要考虑以下两种解决方案：一是选择更复杂的网络，增加隐藏层数和隐藏单元数；二是增加训练轮次，或者尝试更为先进的优化算法。一般来说，采用规模更大的网络通常都会有所帮助，增加训练时间不一定有用，但值得尝试。不断尝试这些方法直到偏差降低到可以接受为止，至少能够拟合训练集。

然后再通过查看模型在验证集上的性能，判断模型是否存在高方差问题。判断的根据是，与训练集性能相比，模型在验证集上的性能是否差别很大。如果存在高方差，解决办法主要有以下两种：一是想办法收集更多的数据，这通常开销较大，但会有帮助；二是如果无法收集更多的数据，可以尝试使用 4.2 节的正则化方法来减少过拟合。

虽然难以直接收集更多数据，但可以采用一些替代办法，常用的替代方案是数据增强，它通过一些数据变换技术来增加训练集的样本数量，得到一定的性能提升。数据增强主要用于图像处理。常识告诉我们，对一幅图像进行旋转、翻转、平移、缩放、裁剪等几何变换都不会改变图像的类别，通常使用 Torchvision 工具中 Transforms 模块的图像转换功能，随机对图片进行变换操作，得到更多的训练样本。

4.2 正则化方法

我们已经知道，过拟合或高方差问题是深度学习的常见问题，解决方案有两种，一种方案是收集更多的数据，但这种方法的代价相当高昂，因为获取更多数据并且标注的成本很高。另一种方案就是正则化，它可以帮助避免过拟合以减少测试误差。

4.2.1 提前终止

提前终止(early stopping)是一种简单而有效的正则化方法，其基本思想是在神经网络出现过拟合的苗头时终止训练。具体方法是，使用梯度下降等优化算法进行迭代训练时，使用验证误差来表示期望泛化误差，一旦发现在验证集上的误差有不降反升的趋势时，就停止迭代训练。

在实际操作时，往往需要绘制一条训练准确率和验证准确率随着训练轮次变化的曲线，以便观察网络的拟合程度，决定在何时终止训练。很多时候，验证准确率通常会先呈现上升趋势，然后在某个轮次以后开始下降。我们就选择这个轮次为提前终止的时刻，也就是说，既然神经网络在这个轮次已经表现很好了，那么此时终止，就可以得到比较好的性能。

图 4.5 是 mnist_early_stopping.py 程序绘制的训练和验证准确率及损失曲线。可以看到，随着训练轮次的增加，训练准确率缓慢上升，但验证准确率变化不明显，模型存在过拟合，没有必要训练很多轮次。这时可以参考图 4.5 右图的训练和验证损失曲线，可以看到，随着训练轮次的增加，训练损失呈现逐步下降的趋势，但验证损失先下降后上升，验证损失最小值处(训练 14 轮的位置)就是提前终止检查点，可以在该点终止训练。

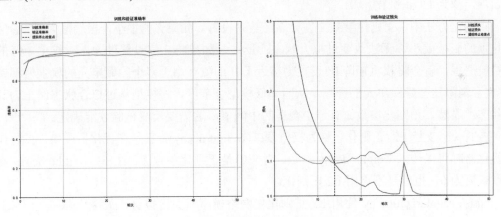

图 4.5 MNIST 训练和验证准确率及损失曲线

提前终止的方法很简单，将 mnist_early_stopping.py 程序中的 n_epochs 超参数从原来的 50 改为 14，仅需训练 14 轮。要修改的语句如下：

```
n_epochs = 50        # 将原来的训练轮次从 50 改为 14
```

另一种提前终止的方法是在每一轮的训练中都记录验证准确率，保存当前最佳验证准确率对应的网络参数,并在训练完成后加载最佳的网络参数,用于评估网络性能。

此法最终得到的测试准确率为 97.830%。

4.2.2 正则化

神经网络中,正则化是通过对权重参数施加惩罚达到的。神经网络常用交叉熵代价函数,通常写为

$$J(\boldsymbol{\theta}) = -\frac{1}{N}\sum_{i=1}^{N}\sum_{j=1}^{k}y_j^{(i)}\log \hat{y}_j^{(i)} \tag{4.4}$$

如果加上正则化项,式(4.4)可改写为

$$J(\boldsymbol{\theta}) = -\frac{1}{N}\sum_{i=1}^{N}\sum_{j=1}^{k}y_j^{(i)}\log \hat{y}_j^{(i)} + \frac{\lambda}{2}\sum_{l=1}^{L}\left\|\boldsymbol{W}^{[l]}\right\|_2^2 \tag{4.5}$$

式中:λ 为正则化参数;$\|\cdot\|_2$ 为 L2 范数;$\left\|\boldsymbol{W}^{[l]}\right\|_2^2 = \sum_{i=1}^{d^{[l]}}\sum_{j=1}^{d^{[l-1]}}(W_{ij}^{[l]})^2$ 为权重矩阵中所有元素的平方和。

采用 L2 范数作为正则化惩罚项的方法称为 L2 正则化,有时也采用 L1 范数作为正则化惩罚项,称为 L1 正则化。

正则化方法中,正则化参数 λ 需要靠经验来设置。如果 λ 值很小,极端值为 0,显然正则化项的影响就小,无法改变过拟合状态;反之,如果将 λ 值设置过大,对权重矩阵的值惩罚较严重,就会将权重矩阵 $\boldsymbol{W}$ 设置为接近于 0 的值,由于多个隐藏单元的权重值都接近 0,就会消除这些隐藏单元的影响,从而降低模型复杂度,将模型从过拟合状态纠正为高偏差状态。显然,正则化参数 λ 有一个合适的中间值,这需要反复试验才能确定。

PyTorch 支持 L2 正则化,称为权值衰减(weight decay),它是在优化器中实现的,在构造优化器时可以传入 weight_decay 参数,对应的是正则化参数 λ。注意,weight_decay 参数的默认值为 0,也就是不启用 L2 正则化。

mnist_regularization.py 使用 L2 正则化使网络模型避免过拟合,关键代码如代码 4.1 所示,在 torch.optim.Adam 优化器的构造函数中指定 weight_decay 参数为非零正值以启用 L2 正则化。

代码 4.1 正则化关键代码

```
# 交叉熵损失函数
criterion = nn.CrossEntropyLoss()
# 优化器
optimizer = torch.optim.Adam(model.parameters(), weight_decay=0.0001)
```

运行结果如图 4.6 所示。可以看到，使用 L2 正则化后，还需要配合使用提前终止方法以得到更好的效果。

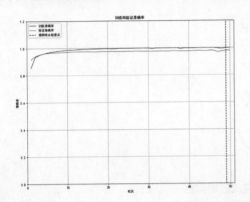 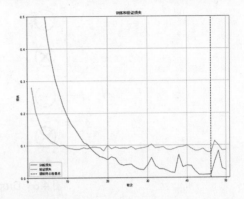

图 4.6　L2 正则化的运行结果

此法最终得到的测试准确率为 97.750%。

4.2.3　Dropout

在训练一个深度神经网络时，可以选择一个概率 p，以随机丢弃部分神经元的方式来避免过拟合，这种方法叫做 Dropout。

下面以图 4.7 所示的神经网络为例进行说明，假设该网络存在过拟合，需要使用 Dropout 来进行处理。

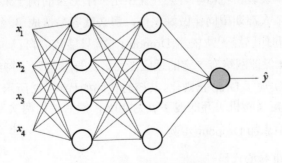

图 4.7　过拟合的神经网络

设置丢弃网络节点的概率 p 以后，Dropout 会遍历神经网络每一层的每一个节点，并以概率 p 来决定节点是丢弃还是保留。事实上，可以单独设置每一层网络丢弃节点概率 p，图 4.8 展示两层都以概率 $p = 0.5$ 来丢弃节点。遍历完成后，会丢弃一些节点，可以删除从丢弃节点进出的连线，从而得到一个节点数量更少、规模更小的网络，再使用反向传播进行训练。

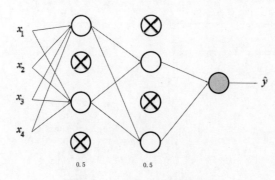

图 4.8　Dropout 完成后的网络

在 Dropout 具体实现上，PyTorch 采用的是按照概率 p 来随机清零网络层输入的张量中的部分元素，以达到与丢弃网络节点一样的效果。

Dropout 还有一些细节需要注意。在训练阶段，每一个小批量在训练前都需要重新随机选择要丢弃或保留的神经元，因此每一次更新参数都会丢弃一定比例的神经元，从而改变网络结构，导致每次都使用改变后的新网络结构来训练权重参数。在测试阶段，则不使用 Dropout，而是启用全部神经元进行预测。由于训练是按照比例 p 丢弃神经元，只保留了比例为 $(1-p)$ 的神经元，因此，在测试阶段，就需要将权重都乘以 $(1-p)$，以保证两个阶段的输出在大小上保持一致。

中国台湾大学的李宏毅在机器学习公开课中用一个形象的例子来说明 Dropout 的作用：团队工作中，假如每个人都期望同伴做好工作，那么就容易造成 3 个和尚没水喝的困境。但如果每个人都知道同伴已经无法依靠(Dropout)，就只能依靠自己，从而激发每个人的潜能。随机性的 Dropout 保证网络有一定的适应能力，这样就消除了神经元之间的相互依赖。

mnist_dropout.py 实现了 Drop 正则化，其核心代码如代码 4.2 所示。首先使用 self.dropout = nn.Dropout(0.4)语句定义随机丢弃的概率 p 为 40%，然后使用两次 x = self.dropout(x)语句在网络的两个隐藏层中添加 Dropout 实例。

代码 4.2　　Dropout 核心代码

```
class MLPModel(nn.Module):
    """ 三层简单全连接网络 """

    def __init__(self):
        super(MLPModel, self).__init__()
        self.fc1 = nn.Linear(28 * 28, 128)
```

```
        self.fc2 = nn.Linear(128, 128)
        self.fc3 = nn.Linear(128, 10)
        self.relu = nn.ReLU()
        self.dropout = nn.Dropout(0.4)   # 随机丢弃的概率

    def forward(self, x):
        x = x.view(-1, 28 * 28)
        x = self.relu(self.fc1(x))
        x = self.dropout(x)
        x = self.relu(self.fc2(x))
        x = self.dropout(x)
        x = self.fc3(x)
        return x
```

运行结果如图 4.9 所示。可以看到，使用 Dropout 正则化后，验证准确率曲线和验证损失曲线都更平缓，如果配合使用提前终止方法，可以得到更好的结果。

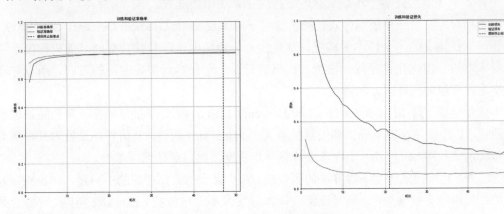

图 4.9 Dropout 的运行结果

此法最终得到的测试准确率为 97.930%(9793/10000)。

4.3 优化算法

优化算法用于训练深度学习模型，也就是寻找模型的最优参数。在训练模型时，需要不断迭代运行优化算法以更新模型参数，从而降低代价函数值。迭代终止时，得到的最终模型参数就是训练优化后的参数。优化算法是深度学习的重要部分，它直接影响模型的训练效率。训练一个比较复杂的深度学习模型会花费很长的时间，如数小时乃至数天。有时深度学习甚至需要训练多个模型，才能找到最合适的那个。目前已有多种开箱即用的优化学习算法可供选择，好的优化算法能够帮助人们快速训练模型，其性能直接影响模型的训练速度，选择合适的优化算法可以提高训练网络模型的效率。更重要的是，理解各种优化算法的工作原理和超参数含义能够帮助我们有针对性地调整参数，提高模型训练效率。

本节首先介绍深度学习中最常用的小批量梯度下降；然后介绍几个常用的优化算法。

4.3.1 小批量梯度下降

早期的梯度下降算法使用批量更新，计算训练集的全部 N 个样本的平均梯度后，才能运行一步梯度下降算法，这称为批量梯度下降(Batch Gradient Descent，BGD)算法。在训练集样本数较少的情况下，批量梯度下降算法工作得很好。但是，当 N 很大时，如百万级或千万级，需要处理完整个训练集中的 N 个样本，才能运行一步梯度下降算法，然后再次处理 N 个样本，才能运行下一步。显然，这种优化算法相当低效。

以此相对应的另一种极端方式是随机梯度下降(Stochastic Gradient Descent，SGD)算法，它只计算训练集中的一个样本的梯度，就能运行一步梯度下降算法。显然，随机梯度下降运行得非常快，但优化过程较为曲折，因为它只看一个样本就决定前进的方向，所以并非每一次迭代都能向正确的方向迈进。

小批量梯度下降(Mini-Batch Gradient Descent，MBGD)结合了批量梯度下降和随机梯度下降的优点。小批量梯度下降需要设置批量大小 batch_size 的值，其值往往设置为几十到数百，每次迭代使用 batch_size 个样本来计算平均梯度，然后更新网络参数。

算法 4.1 是小批量梯度下降算法的伪代码。算法有一个需要考虑的小问题，N/batch_size 的求值结果可能会有余数，也就是训练集样本总数 N 不一定能被 batch_size 整除，可能会剩余不足 batch_size 的少量样本，最简单的处理方式是丢弃这部分样本，也可以选择使用这部分样本。另一个注意事项是，在划分小批量之前，最好先对训练集 S 的样本顺序进行随机置乱，以降低随机性的影响。

算法 4.1　小批量梯度下降

函数：MBGD (S, θ, η, batch_size, num_epochs)
输入：训练集 S，初始参数 θ，学习率 η，批量大小 batch_size，训练批次 num_epochs
输出：最小化 $J(\theta)$ 的参数 θ

for e = 1 to num_epochs do
　　for t = 1 to N/batch_size do
　　　　从 S 中得到一个小批量的 $X^{\{t\}}$ 和 $Y^{\{t\}}$
　　　　前向传播计算 $\hat{Y}^{\{t\}}$

$$\text{计算代价 } J^{(t)}(\boldsymbol{\theta}) = \frac{1}{batch\_size} cost(\hat{Y}^{(t)}, Y^{(t)})$$

for 每一个参数 θ_i **do**

    // 同时更新每一个 θ_i

$$\theta_i = \theta_i - \eta \frac{\partial}{\partial \theta_i} J^{(t)}(\boldsymbol{\theta})$$

    end for

  end for

end for

return θ

批量梯度下降算法在每一次遍历整个训练集时只能完成一次参数更新，而小批量梯度下降算法遍历一次训练集，通常称为一个轮次(epoch)，一轮能完成 N/batch_size 次参数更新。当然，确切地说，训练往往需要遍历训练集多次，每次更新 N/batch_size 次参数，因此需要两重循环，外循环遍历训练轮次，内循环遍历整个训练集。一般设定一个训练的轮次(算法中的 num_epochs)，训练过程就是遍历训练集 num_epochs 轮，直到网络性能达到理想的期望值。

如果训练集非常大，这对深度学习来说十分常见，小批量梯度下降算法比批量梯度下降算法运行得更快，因此几乎每个深度学习的研究人员在训练巨大的数据集时都会用到小批量梯度下降算法，还可以将原始的梯度下降算法替换为较为高级的优化算法，详见后文。

4.3.2 Momentum 算法

Momentum 算法也称为动量梯度下降算法(Gradient Descent with Momentum)，其运算速度较快，常用于替换标准的梯度下降算法。Momentum 算法的基本思路是计算梯度的指数加权平均，然后用于更新权重。

假如要优化的代价函数的等值线如图 4.10 所示，中心点为局部最优的位置。如果自某一个起始点开始运行梯度下降算法，由于待优化的两个参数形成的等值线扁平，纵轴比横轴窄，因此无论使用批量优化算法还是小批量优化算法，上下摆动都会减慢梯度下降的速度，无法使用较大的学习率，因为较大的学习率会导致结果偏离函数范围，引起振荡而无法收敛，如图 4.11 所示。为了避免振动过大，只能使用较小的学习率，使得优化过程漫长而低效。

图 4.10 和图 4.11 都由程序 gradient_descent.py 绘制。此处的优化问题仅考虑只有两个标量参数 w 和 b 的情形，这只是为了便于可视化，真实情况可能有 w_1、w_2 等多个参数，甚至有更多参数，如 BP 神经网络中，小写 w 就会变成大写 $\boldsymbol{W}$，表示权重矩阵，b 也由标量

变为向量。后文同理，不再赘述。

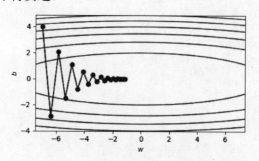

图 4.10　梯度下降算法的问题

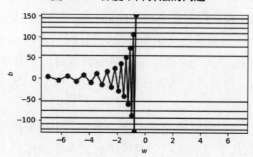

图 4.11　较大学习率无法收敛

动量梯度下降算法的基本思路：试图在两个轴上使用不同的学习率。对于本例，在纵轴上希望有较小的学习率，使摆动幅度较小；而在横轴上希望有较大的学习率，加快学习，尽快收敛至最优。具体做法是，在第 t 次迭代中，先计算微分 dw 和 db。这里既可以使用批量更新，也可以使用小批量更新。然后再计算下式，即

$$v_{dw} = \gamma v_{dw} + (1-\gamma)dw \tag{4.6}$$

式中：γ 为 0~1 范围内的超参数。式(4.6)为 dw 的移动平均，显然，γ 取值越小，dw 占的权重越大，其影响力越大；反之，γ 取值越大，dw 占的权重越小，其影响力越小。

用同样的方法可计算 db 的移动平均，即

$$v_{db} = \gamma v_{db} + (1-\gamma)db \tag{4.7}$$

然后使用梯度下降法更新权重参数，即

$$w = w - \eta v_{dw} \tag{4.8}$$

$$b = b - \eta v_{db} \tag{4.9}$$

式中：η 为超参数学习率。

动量梯度下降算法的主要改进是使用 v_{dw} 和 v_{db} 来分别替换梯度下降算法中的 dw 和 db。

梯度下降算法的每一步都独立于以前的步骤，而动量梯度下降算法则不然，它的每一步除了和当前的微分 dw 和 db 相关外，还和以前的移动平均有关。这样做的好处可以用图 4.10 来说明，图中在纵轴上的摆动平均值接近于零，因为平均过程中的正、负数相互抵消。但在横轴方向，微分值同号，平均值不会因抵消而变小。因此动量梯度下降算法使得纵轴的摆动变小，而横轴的移动加快，算法在迭代优化至最小值的过程中减小了摆动，走了快速的捷径。

动量梯度下降算法描述如算法 4.2 所示。

算法 4.2　动量梯度下降算法

函数：momentum(S, γ, η, num_epochs)
输入：训练集数据 S，动量 γ，学习率 η，训练批次 num_epochs
输出：优化后的参数 dw 和 db

$v_{dw} = 0$
$v_{db} = 0$
for t = 1 **to** num_epochs **do**
　　计算在当前批量训练样本上的 dw 和 db
　　$v_{dW} = \gamma v_{dw} + (1-\gamma)\mathrm{d}w$
　　$v_{db} = \gamma v_{db} + (1-\gamma)\mathrm{d}b$
　　$w = w - \eta v_{dw}$
　　$b = b - \eta v_{db}$
end for

上述算法有学习率 η 和动量参数 γ，参数 γ 通常取值为 0.9。

图 4.12 是由 momentum.py 绘制的优化过程示例。与图 4.10 比较而言，它抑制了纵轴上的摆动幅度，从而加快了算法的收敛速度。

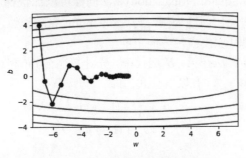

图 4.12　动量梯度下降算法示例

需要注意，在实践中，动量梯度下降算法可能并不使用 $(1-\gamma)$，而是使用 $v_{dw} = \gamma v_{dw} + \mathrm{d}w$

来替代 $v_{dw} = \gamma v_{dw} + (1-\gamma)dw$，并使用 $v_{db} = \gamma v_{db} + db$ 来替代 $v_{db} = \gamma v_{db} + (1-\gamma)db$。这样就相当于原 v_{dw} 和 v_{db} 都乘以 $1/(1-\gamma)$，因此要保持算法效果不变，需要同步修改原学习率 η 的值，变为 $(1-\gamma)\eta$。上述公式的写法与 PyTorch 在线帮助的写法稍有不同，但实质是一样的，后者的公式为 $v_{t+1} = \mu \cdot v_t + g_{t+1}$，对照前面公式，$v$ 对应 v_{dw} 或 v_{db}，g 对应 dw 或 db，μ（动量）对应动量参数 γ。动量梯度下降算法因参数 γ 而得名，这样的更新方法也称为 Nesterov 动量。另一种常用的更新方法称为 Sutskever 动量，它将学习率放到移动平均的计算公式中，即

$$v_{dw} = \gamma v_{dw} + \eta dw \tag{4.10}$$

$$v_{db} = \gamma v_{db} + \eta db \tag{4.11}$$

然后更新权重参数，即

$$w = w - v_{dw} \tag{4.12}$$

$$b = b - v_{db} \tag{4.13}$$

torch.optim 模块的 SGD 类实现了动量梯度下降算法，其主要参数有 lr、momentum 和 nesterov。其中，lr 参数为学习率；momentum 为动量，默认值为 0；nesterov 参数指定是否使用 Nesterov 动量，默认值为 False。SGD 类的主要函数有 add_param_group()、load_state_dict()、state_dict()、step() 和 zero_grad()，add_param_group() 函数向优化器的 param_groups 中添加一个参数组，load_state_dict() 函数加载优化器状态，state_dict() 函数以字典形式返回优化器的状态，step() 函数执行单个优化步骤，zero_grad() 函数将所有待优化张量的梯度设置为 0。

4.3.3 RMSProp 算法

RMSProp(Root Mean Square Propagation)算法同样可以加快梯度下降的速度。还是以只有两个标量参数 w 和 b 的优化问题为例，与 Momentum 算法类似，RMSProp 算法也是想减缓纵轴方向上的学习，同时加快横轴方向上的学习。

具体来说，RMSProp 算法在第 i 次迭代中，先计算微分 dw 和 db；然后使用指数加权平均。这里使用新符号 s_{dw} 和 s_{db}，有以下公式，即

$$s_{dw} = \gamma s_{dw} + (1-\gamma)dw^2 \tag{4.14}$$

$$s_{db} = \gamma s_{db} + (1-\gamma)db^2 \tag{4.15}$$

式中：γ 为遗忘因子。

注意，上述公式的 dw^2 指的是 $(dw)^2$，db^2 指的是 $(db)^2$，因此实际是微分平方的加权平均。

然后使用梯度下降法更新权重参数，即

$$w = w - \frac{\eta}{\sqrt{s_{dw}}} dw \tag{4.16}$$

$$b = b - \frac{\eta}{\sqrt{s_{db}}} db \tag{4.17}$$

现在来解读 RMSProp 算法原理。在图 4.10 中，总希望在横轴方向(w 方向)的学习速度加快，而在纵轴方向(b 方向)的学习速度减缓。由于图中的等值线扁平，同一条等值线中，纵向距离比横向距离短得多，这意味着纵向梯度比横向梯度大得多。如果理解有困难，可以把图 4.10 所示的等值线想象为一个大的盆地，横向的坡比较舒缓，经过很长的横向距离才能到达坡顶；而纵向的坡非常陡峭，经过很短的纵向距离就能到达坡顶。由于 s_{dw} 和 s_{db} 是 dw 和 db 的移动平均数，因此 s_{dw} 相对小而 s_{db} 相对大。把学习率由原来的 η 更改为横向的 $\frac{\eta}{\sqrt{s_{dw}}}$ 和纵向的 $\frac{\eta}{\sqrt{s_{db}}}$，显然 $\frac{\eta}{\sqrt{s_{dw}}}$ 会增大而 $\frac{\eta}{\sqrt{s_{db}}}$ 会减小，进一步导致的结果就是横向学习率增大而纵向学习率减小。

由于 $\sqrt{s_{dw}}$ 和 $\sqrt{s_{db}}$ 是微分的平方和的加权平均后再进行开方，因此此算法得名为均方根(Root Mean Square，RMS)。

需要注意的是，在实际操作中要保证算法不会发生零除错误，也就是要保证分母 $\sqrt{s_{dw}}$ 和 $\sqrt{s_{db}}$ 都不能为 0，因此要在分母上加上一个取值非常小的 ε，ε 可以取 10^{-8}，以保证不会发生数值运算的错误。

事实上，前面讲述的仅仅是简化版的 RMSProp 算法原理，真实的 RMSProp 算法实现还需加上动量因子，不是直接使用 $w = w - \frac{\eta}{\sqrt{s_{dw}}} dw$ 和 $b = b - \frac{\eta}{\sqrt{s_{db}}} db$ 来进行更新，而是按照下面公式，即

$$\text{mom}_w = m \times \text{mom}_w^{\text{last}} + \frac{\eta}{\sqrt{s_{dw}} + \varepsilon} dw \tag{4.18}$$

$$w = w - \text{mom}_w \tag{4.19}$$

$$\text{mom}_w^{\text{last}} = \text{mom}_w \tag{4.20}$$

式中：m 为动量(Momentum)超参数，它决定以前的 $\text{mom}_w^{\text{last}}$ 在权重更新中所占的比例，如果 m 值设为 0，则 RMSProp 算法退化为简化版。$\text{mom}_w^{\text{last}}$ 的初值应设为 0。

对偏置参数 b 的更新也照样处理。

RMSProp 算法描述如算法 4.3 所示。

算法 4.3　RMSProp 算法

函数：RMSProp（S，γ，m，η，ε，num_epochs）
输入：训练集数据 S，遗忘因子 γ，动量 m，学习率 η，极小值 ε，训练批次 num_epochs
输出：优化后的参数 dw 和 db

$s_{dw} = 0$
$s_{db} = 0$
$\text{mom}_w^{last} = \text{mom}_b^{last} = 0$
$\varepsilon = 1e-8$
for t = 1 **to** num_epochs **do**
　　计算在当前小批量训练样本上的 dw 和 db
　　$s_{dw} = \gamma s_{dw} + (1-\gamma) dw^2$
　　$s_{db} = \gamma s_{db} + (1-\gamma) db^2$
　　$\text{mom}_w = m \cdot \text{mom}_w^{last} + \dfrac{\eta}{\sqrt{s_{dw}} + \varepsilon} dw$
　　$w = w - \text{mom}_w$　　　// 更新权重参数
　　$\text{mom}_w^{last} = \text{mom}_w$
　　$\text{mom}_b = m \cdot \text{mom}_b^{last} + \dfrac{\eta}{\sqrt{s_{db}} + \varepsilon} db$
　　$b = b - \text{mom}_b$　　　// 更新偏置参数
　　$\text{mom}_b^{last} = \text{mom}_b$
end for

图 4.13 是由 rmsprop.py 绘制的优化示例，可以看到，优化过程所走的路径较短，纵轴完全没有摆动，算法的收敛速度很快。

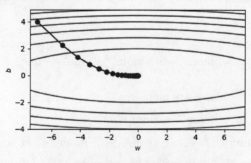

图 4.13　RMSprop 算法示例

torch.optim 模块的 RMSprop 类实现了 RMSProp 算法，其主要参数有 lr、alpha、momentum 和 eps。其中，lr 参数为学习率，默认值为 0.01；alpha 参数是平滑常数，默认值为 0.99；

momentum 参数为动量因子，默认值为 0；eps 参数是为提高数值稳定性而加到分母上的项，默认值为 10^{-8}。

4.3.4　Adam 算法

Adam(Adaptive Moment Estimation)是 RMSProp 算法的更新版本。 确切地说，Adam 算法就是 Momentum 算法和 RMSProp 算法的结合。

Adam 算法描述如算法 4.4 所示。

算法 4.4　Adam 算法

函数：momentum(S, β_1, β_2, η, ε, num_epochs)
输入：训练集数据 S，第一矩 β_1，第二矩 β_2，学习率 η，极小值 ε，训练批次 num_epochs
输出：优化后的参数 dw 和 db

```
// 初始化
```
$v_{dw} = 0$
$s_{dw} = 0$
$v_{db} = 0$
$s_{db} = 0$
for t = 1 **to** num_epochs **do**
　　计算在当前小批量训练样本上的 dw 和 db
　　// momentum 参数 β_1
　　$v_{dw} = \beta_1 v_{dw} + (1-\beta_1)\mathrm{d}w$
　　$v_{db} = \beta_1 v_{db} + (1-\beta_1)\mathrm{d}b$
　　// RMSProp 参数 β_2
　　$s_{dw} = \beta_2 s_{dw} + (1-\beta_2)\mathrm{d}w^2$
　　$s_{db} = \beta_2 s_{db} + (1-\beta_2)\mathrm{d}b^2$
　　// 偏差修正
　　$v_{dw}^{\text{corrected}} = \dfrac{v_{dw}}{1-\beta_1^{t+1}}$
　　$v_{db}^{\text{corrected}} = \dfrac{v_{db}}{1-\beta_1^{t+1}}$
　　$s_{dw}^{\text{corrected}} = \dfrac{s_{dw}}{1-\beta_2^{t+1}}$
　　$s_{db}^{\text{corrected}} = \dfrac{s_{db}}{1-\beta_2^{t+1}}$
　　// 更新网络参数

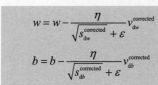

$$w = w - \frac{\eta}{\sqrt{s_{dw}^{corrected}} + \varepsilon} v_{dw}^{corrected}$$

$$b = b - \frac{\eta}{\sqrt{s_{db}^{corrected}} + \varepsilon} v_{db}^{corrected}$$

end for

在 Adam 算法中，使用超参数 β_1 来计算 Momentum 指数加权平均，再使用超参数 β_2 来计算 RMSProp 指数加权平均，然后计算偏差修正，最后更新权重。由于不只是使用 Momentum，因此要除以修正后的 $s_{dw}^{corrected}$ 或 $s_{db}^{corrected}$ 的平方根加 ε。

Adam 算法有多个超参数，学习率 η 需要采用试错法调试；β_1 参数常用的默认值为 0.9，是 Momentum 涉及的超参数，由于它计算微分 dw 和 db 的指数加权平均，因此也称为第一矩；β_2 参数常用的默认值为 0.999，由于它计算微分的平方 (dw)² 和 (db)² 的指数加权平均，因此也称为第二矩；ε 参数为避免零分母的很小值，Adam 算法发明人建议把 ε 设为 10^{-8}。事实上，尽管有多个参数，超参数 β_1、β_2 和 ε 通常都使用默认值，很少有人尝试去调整这 3 个超参数，唯一要调整的只是学习率 η。

图 4.14 是用 adam.py 绘制的优化示例。

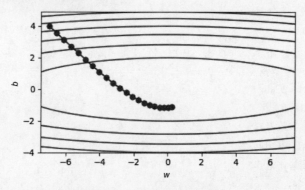

图 4.14　Adam 算法示例

torch.optim 模块的 Adam 类实现了 Adam 算法，其主要参数有 lr、betas 和 eps。其中，lr 参数为学习率 η，默认值为 0.001；betas 参数类型为 Tuple[float, float]，为第一矩 β_1 和第二矩 β_2 组成的元组，默认值为 (0.9, 0.999)；eps 参数为提高数值稳定性而加到分母上的项，默认值为 10^{-8}。

4.4 PyTorch 的初始化函数

神经网络的训练过程都是基于类似梯度下降算法来进行优化的,这就需要在训练前给参数赋一个初始值,这就是参数初始化。合适的初始化参数能够加速网络优化过程,不恰当的初始化参数可能会造成梯度消失或梯度爆炸,因此参数初始化十分重要,有时甚至能决定网络训练能否成功。torch.nn.init 模块中定义了多种初始化函数,了解这些初始化函数及其适用范围有助于在实践中灵活应用。

4.4.1 普通初始化

普通初始化函数包括常数初始化、均匀分布初始化和正态分布初始化。

1. 常数初始化

将输入张量初始化为常数 val,函数原型如下:

```
torch.nn.init.constant_(tensor: torch.Tensor, val: float) -> torch.Tensor
```

2. 均匀分布初始化

将输入张量初始化为均匀分布 $U(a,b)$,函数原型如下:

```
torch.nn.init.uniform_(tensor: torch.Tensor, a: float = 0.0, b: float = 1.0) -> torch.Tensor
```

3. 正态分布初始化

将输入张量初始化为正态分布 $N(mean, std^2)$,函数原型如下:

```
torch.nn.init.normal_(tensor: torch.Tensor, mean: float = 0.0, std: float = 1.0) -> torch.Tensor
```

4. 初始化为 1

将输入张量初始化为标量值 1,函数原型如下:

```
torch.nn.init.ones_(tensor: torch.Tensor) -> torch.Tensor
```

5. 初始化为 0

将输入张量初始化为标量值 0，函数原型如下：

`torch.nn.init.zeros_(tensor: torch.Tensor) -> torch.Tensor`

6. 初始化为对角阵

将二维输入张量初始化为对角阵，函数原型如下：

`torch.nn.init.eye_(tensor)`

7. 初始化为狄拉克 δ 函数

将 {3, 4, 5} 维输入张量初始化为狄拉克 δ 函数，可选的 groups 参数为卷积层的组号，函数原型如下：

`torch.nn.init.dirac_(tensor, groups=1)`

4.4.2 Xavier 初始化

Xavier 初始化是一种有效的神经网络初始化方法，来源于 Xavier Glorot 在 2010 年发表的一篇论文 "Understanding the difficulty of training deep feedforward neural networks[①]"。其基本思想是，为了避免梯度消失或梯度爆炸，需要遵守两个经验性的准则：一是每一层神经元激活值的均值应保持为 0；二是每一层激活的方差应保持不变。Xavier 初始化适用于 Tanh 和 Sigmoid 激活函数。

1. 均匀分布初始化

该方法将输入张量初始化为均匀分布 $\mathcal{U}(-a, a)$，a 满足下式，即

$$a = \text{gain} \cdot \sqrt{\frac{6}{\text{fan\_in} + \text{fan\_out}}} \tag{4.21}$$

式中：gain 为可选的比例因子；fan_in（扇入）为该层输入节点数；fan_out（扇出）为该层输出节点数。

函数原型如下：

`torch.nn.init.xavier_uniform_(tensor: torch.Tensor, gain: float = 1.0) -> torch.Tensor`

---

① 来源：http://proceedings.mlr.press/v9/glorot10a/glorot10a.pdf?hc_location=ufi。

2. 高斯分布初始化

该方法将输入张量初始化为正态分布 $N(0,\text{std}^2)$，这种方法又称为 Glorot 初始化。标准差 std 需满足以下公式，即

$$\text{std} = \text{gain} \cdot \sqrt{\frac{2}{\text{fan\_in} + \text{fan\_out}}} \tag{4.22}$$

式中：gain 为可选的比例因子；fan_in 为该层输入节点数；fan_out 为该层输出节点数。

函数原型如下：

```
torch.nn.init.xavier_normal_(tensor: torch.Tensor, gain: float = 1.0) -> torch.Tensor
```

3. gain 的计算

上述 gain 可取默认值 1.0，如果不想取默认值，PyTorch 提供 calculate_gain 函数计算该比例因子，函数原型如下：

```
torch.nn.init.calculate_gain(nonlinearity, param=None)
```

其中，nonlinearity 为非线性函数(nn.functional)名称，如'sigmoid'、'tanh'、' relu'、'leaky_relu'、'linear'等；param 为可选参数，如选择'leaky_relu'就需要提供 negative_slope 参数。

4.4.3 He 初始化

He 初始化由何恺明于 2015 年在论文 "Delving Deep into Rectifiers: Surpassing Human-Level Performance on ImageNet Classification"[①] 中提出。由于 Xavier 的假设条件是激活函数值的均值应保持为 0，但 ReLU 激活函数并不能满足该条件，因此效果不够理想，因此提出一种针对 ReLU 激活函数的初始化方法，称为 He 初始化，也常称为 Kaiming。

1. 均匀分布初始化

该方法将输入张量初始化为均匀分布 $U(-\text{bound}, \text{bound})$，bound 满足下式，即

$$\text{bound} = \text{gain} \cdot \sqrt{\frac{3}{\text{fan\_mode}}} \tag{4.23}$$

---

① 来源：https://www.cv-foundation.org/openaccess/content_iccv_2015/papers/He_Delving_Deep_into_ICCV_2015_paper.pdf.

式中：gain 为可选的比例因子；fan_mode 根据设定来选择是该层输入节点数(fan_in)还是该层输出节点数(fan_out)。

函数原型如下：

`torch.nn.init.kaiming_uniform_(tensor, a=0, mode='fan_in', nonlinearity='leaky_relu')`

其中，tensor 参数为要初始化的张量；a 参数只用于在'leaky_relu'中指定 negative_slope 参数；mode 参数可选项有'fan_in'(默认值)或'fan_out'；nonlinearity 参数指定非线性函数，推荐使用'relu'或'leaky_relu'(默认值)。

2. 高斯分布初始化

该方法将输入张量初始化为正态分布 $N(0, std^2)$。标准差 std 需满足如下公式，即

$$std = \frac{gain}{\sqrt{fan\_mode}} \tag{4.24}$$

式中：gain 为可选的比例因子；fan_mode 根据设定来选择是该层输入节点数(fan_in)还是该层输出节点数(fan_out)。

函数原型如下：

`torch.nn.init.kaiming_normal_(tensor, a=0, mode='fan_in', nonlinearity='leaky_relu')`

其中，tensor 参数为要初始化的张量；a 参数只用于在'leaky_relu'中指定 negative_slope 参数；mode 参数可选项有'fan_in'(默认值)或'fan_out'；nonlinearity 参数指定非线性函数，推荐使用'relu'或'leaky_relu'(默认值)。

习 题

4.1 简述训练误差、泛化误差和经验风险最小化的概念。

4.2 试说明训练集、验证集和测试集划分方法。

4.3 为什么深度学习很少需要去考虑对偏差和方差折中？

4.4 阅读 mnist_early_stopping.py 程序，说一说提前终止的实现方法。

4.5 尝试使用 Early Stopping for PyTorch 开源代码(网址 https://github.com/Bjarten/early-stopping-pytorch/)。

4.6 PyTorch 的 L2 正则化是在优化器中实现的，比较 TensorFlow 的实现方法，谈谈

两者的优、缺点。

4.7 说明 Dropout 方法的工作原理，并阅读 mnist_dropout.py 程序中的 Dropout 方法。

4.8 如果要对某个线性层进行 Dropout，到底是应该将 Dropout 层放在该线性层之前还是之后？为什么？

4.9 谈谈正文中几种优化算法的基本原理，尝试使用 PyTorch 中更多的优化算法。

4.10 阅读 Xavier Glorot 论文，说说 Xavier 初始化的适用场景。

4.11 阅读何恺明论文，说说 He 初始化的适用场景。

第 5 章
卷积神经网络原理

卷积神经网络(Convolutional Neural Networks，CNN)主要用于计算机视觉和自然语言处理等领域。卷积神经网络中有多个卷积层，这些卷积层由多个卷积核组成。CNN 的优点是先局部感知，然后在高层综合局部信息从而得到全局信息；卷积核参数共享能极大地减少运算量；多个卷积核从多个视角提取图像信息。卷积层后往往紧接池化层，能够对一块数据进行聚合，通过降维来减少运算量。二维的卷积神经网络主要应用在图像和视频分析上，其运算效率和准确率较高；一维的卷积神经网络应用在自然语言处理上；一些卷积神经网络也应用在推荐系统等领域上。

本章首先介绍卷积神经网络与图像处理的基本概念；然后介绍简单的 CNN 网络的编程；最后介绍 CNN 的 LeNet-5 网络实现，以及如何使用 LeNet-5 网络对 MNIST 和 CIFAR-10 数据集进行识别。

5.1 CNN 介绍

卷积神经网络 CNN 是一种局部连接和权重共享的神经网络，其主要优势在于参数共享和稀疏连接。卷积神经网络卷积层使用若干过滤器，过滤器也称为卷积核，或者直接称为核。参数共享是指网络共享很少的过滤器参数；稀疏连接是指在做卷积计算时，过滤器每次只与输入特征的一小部分特征相连接，因而只有相连接的像素影响输出，其他像素对输出不起作用。通过这两种机制可减少 CNN 的参数，只需使用更小的训练集来训练网络，从而抑制过拟合。

典型的卷积神经网络由卷积层、池化层和全连接层堆叠而成，一般用 CONV(CONVolution)、POOL(POOLing)和 FC(Fully Connected)来分别表示这 3 种层，使用反向传播(BP)算法进行网络训练。

5.1.1 CNN 与图像处理

图像处理面临的挑战是输入数据非常大。例如，CIFAR-10 数据集样本只是一张 32 像素×32 像素的小图片，每张图片都有 3 个颜色通道，因此，数据量为 32×32×3=3072 字节，输入特征向量 x 的维度为 3072。想象一下，32 像素×32 像素的图片非常小，分辨率很低，但已经有 3072 维度，显然更高分辨率的图片维度更大。如果要处理更高分辨率的图片，比如 1000 像素×1000 像素的图片，则输入特征向量 x 的维度就变得高达 1000×1000×3=300 万。如果使用全连接网络，哪怕第一个隐藏层只用到 1000 个神经元，权重矩阵 $W^{[1]}$ 的形状将达到 1000×300 万，这意味着这一层就有 30 亿个参数，优化这么多的参数对计算机的处理能力要求更高。

事实上，1000 像素×1000 像素的图片也算不上是大图。如果要处理更大的图片，全连接网络显然力不从心，这就需要引入卷积神经网络，它通过共享参数和稀疏连接来减少参数，使得计算机容易处理。

5.1.2 卷积的基本原理

卷积运算非常适合图像处理，这是由图像的特性决定的。

(1) 图像中待识别物体的模式(如眼睛或鼻子)远小于整个图像，神经元不需要完整地看到整张图像才识别这些模式。因此，一个神经元只需要连接图像上的一小部分区域，这就可以大大减少了参数。

(2) 同样的模式可能出现在图像的不同区域，待识别物体在图像中的位置是可变的，不可能为每一个区域都构建一个检测神经元，但可以使用同一个神经元来检测不同区域的相同模式，这样可以使用同样的参数实现参数共享。

(3) 待识别物体的远近、大小不会影响识别的结果，通常使用子抽样(Subsampling)技术去掉部分行列(如奇数行和奇数列)的像素，使处理后的图像只有原来图像大小的 1/4，这不会改变待识别物体的形状，但更少的数据使网络更容易处理。

卷积神经网络就是针对图像的上述 3 个特性而设立的，具体地说，使用卷积层来处理第(1)个和第(2)个特性，使用池化层来处理第(3)个特性。

1. 卷积运算

卷积运算往往构造一个或多个 3×3 的过滤器来对图像进行处理，常用过滤器矩阵的行数和列数都是奇数，且行、列数一般都相同，如 3×3、5×5 和 7×7，其好处是存在一个便于标定过滤器位置的中心像素点。

图 5.1 展示了一个 6×6 的灰度图像和两个 3×3 的过滤器。图像的最小组成单位为像素，灰度图像仅有一种颜色，即一个通道，彩色图像有 R、G、B 三色，即 3 个通道，每个通道的一个像素取值为 0～255 范围的整数或 0～1 范围内的浮点数。卷积运算中，每个过滤器检测很小区域的模式，过滤器矩阵中的值是待学习的参数。注意，图中过滤器的取值是人为设定的，不是通过学习得到，这只是为了便于说明问题。

1	0	0	0	1	0
0	1	0	0	1	0
0	0	1	0	1	0
1	0	0	0	0	1
0	1	0	0	1	0
0	0	1	1	0	0

6×6图像

1	-1	-1
-1	1	-1
-1	-1	1

过滤器1

-1	1	-1
-1	1	-1
-1	1	-1

过滤器2

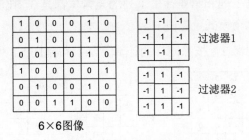

图 5.1　CNN 过滤器

图 5.2 演示了过滤器的卷积运算原理。图中的“*”表示卷积运算，首先是左上角阴影部分与过滤器 1 做卷积运算，即将阴影部分与过滤器的对应元素相乘，实质就是元素乘法(Element-wise Products)运算，然后相加得到运算结果。计算过程：

$$\begin{bmatrix} 1\times1 & 0\times(-1) & 0\times(-1) \\ 0\times(-1) & 1\times1 & 0\times(-1) \\ 0\times(-1) & 0\times(-1) & 1\times1 \end{bmatrix} = \begin{bmatrix} 1 & 0 & 0 \\ 0 & 1 & 0 \\ 0 & 0 & 1 \end{bmatrix}$$，将等号右边矩阵的每个元素相加得到图中等号右边结果矩阵的最左上角的元素，即 1+0+0+0+1+0+0+0+1=3。

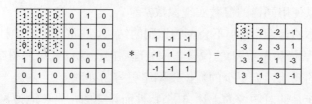

图 5.2 过滤器 1 的卷积运算

接着，将阴影部分形成的方块整体向右移动一个像素，现在的卷积运算是
$$\begin{bmatrix} 0\times1 & 0\times(-1) & 0\times(-1) \\ 1\times(-1) & 0\times1 & 0\times(-1) \\ 0\times(-1) & 1\times1 & 0\times1 \end{bmatrix} = \begin{bmatrix} 0 & 0 & 0 \\ -1 & 0 & 0 \\ 0 & -1 & 0 \end{bmatrix}$$，然后将中间结果相加，得到-2，填到结果矩阵的第 1 行第 2 列，以此类推，再右移一次，得到-2，再右移得到-1，都填充到相应位置。

为了得到下一行的元素，把图 5.2 的阴影方块整体下移一个像素，继续计算卷积的结果为-3，填到结果矩阵的第 2 行第 1 列，按照这个计算方法继续下去，直到结果矩阵中的全部元素都计算完成。

总结一下，6×6 图像矩阵和 3×3 过滤器矩阵进行卷积运算，最终得到 4×4 结果矩阵。

结果矩阵的第 1 行第 1 列和第 4 行第 1 列的元素值都是 3，比其他值都大，说明过滤器检测到感兴趣的模式，这个模式就是 。

将过滤器切换为过滤器 2，按照同样的计算方法，得到图 5.3 所示的结果矩阵。

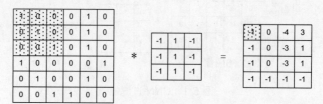

图 5.3 过滤器 2 的卷积运算

实际的卷积层往往有多个过滤器，图 5.4 展示了两个过滤器的情形。这时，输出有两个通道，即两个 4×4 的矩阵，确切地说，输出是形状为(1, 2, 4, 4)的张量。注意，PyTorch 一

般使用四维张量来表示输入输出,其形状为(样本数,通道数,高,宽)。例如,图 5.4 所示的图像输入先要转换为形状为(1, 1, 6, 6)的张量,然后再与两个过滤器做卷积运算,输出两个通道的结果矩阵。

前面讲述的图像输入只有一个通道,很多图像有彩色的 RGB 三通道,对应的过滤器通常只会说高宽形状为 3×3,但真实的过滤器是三维的,也就是 3×3×3,过滤器的深度维度一定要和输入的通道数一致。图 5.5 展示了输入为 RGB 三通道的情形,这时过滤器的深度等于输入通道数 3,得到一个通道的输出。如果有 n_c 个过滤器,就会得到 n_c 个通道的输出。PyTorch 的过滤器一般使用四维张量来表示,其形状为(核高、核宽、输入通道数、输出通道数),这里核就是过滤器。

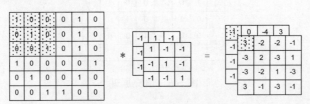

图 5.4　两个过滤器的情形

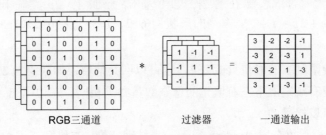

图 5.5　RGB 三通道的情形

2. 填充

众所周知,用一个 3×3 的过滤器对一个 6×6 的图像做卷积运算,最终会得到一个 4×4 的输出矩阵。这是因为把 3×3 过滤器放到 6×6 矩阵中,只有 4×4 种可能的不同放法。将这种情形进行推广,假设图像为 $n×n$ 矩阵,过滤器为 $f×f$ 的矩阵,卷积运算后输出矩阵的形状就是 $(n-f+1)×(n-f+1)$。本例中,6-3+1=4,因此输出矩阵的形状是 4×4。可见,每一次这样的卷积操作都会缩小图像尺寸,多次卷积以后,图像就会变得非常小。

卷积运算的一个问题是 4 个角落的每个像素点只能与一个过滤器做卷积,而中间像素点可能会有多个过滤器重叠覆盖。四周边缘也存在同样问题,只是没有 4 个角严重。因此,在卷积操作的输出信息中,角落和四周边缘的像素信息量就会比中间区域的像素信息量少,导致丢失角落和边缘位置的部分信息。

为了解决这个问题，需要在卷积之前先进行填充操作。例如，沿前述的 6×6 的图像四周边缘填充一圈像素，将 6×6 的图像变成 8×8 的图像，如图 5.6 所示。这样，再使用 3×3 过滤器进行卷积操作，得到的输出就与原图像的尺寸一致，都是 6×6 的图像。填充的像素可以取 0 值或其他值。

1	0	0	0	1	0
0	1	0	0	1	0
0	0	1	0	1	0
1	0	0	0	0	1
0	1	0	0	1	0
0	0	1	1	0	0

图 5.6 填充原理

假设用 p 来表示填充的像素数量，在图 5.6 中，$p=1$，因为在四周都填充了一圈像素，使输入图像变大了，需要在原来尺寸基础上加上 $2p$，输出矩阵相应变成 $(n+2p-f+1)\times(n+2p-f+1)$，本例的形状为 $(6+2\times1-3+1)\times(6+2\times1-3+1)=6\times6$，和输入的图像一样尺寸。

实际上，不会限制 p 的取值只能为 1，也可以取其他值，如取值为 2，这样就填充 2 个像素点。甚至也没有规定上下左右填充的像素数量必须相同，左边填充 1 个像素，右边填充 2 个像素也是可以接受的。

PyTorch 专门设置填充层(Padding Layers)来处理一维、二维和三维数据的填充问题。对于二维图像数据，nn.ReflectionPad2d 类使用输入边界像素的镜像来填充输入张量，nn.ReplicationPad2d 类使用输入边界像素的复制来填充输入张量，nn.ZeroPad2d 类使用零值填充输入张量，nn.ConstantPad2d 类使用常数值填充输入张量。

通常并不直接指定 p 值，而是采用 Valid 卷积或 Same 卷积的说法。

Valid 卷积就是不填充，即 $p=0$。如果图像为 $n\times n$，过滤器为 $f\times f$，卷积输出就是 $(n-f+1)\times(n-f+1)$。

Same 卷积就是让输出大小与输入大小一样。如果图像为 $n\times n$，当填充 p 个像素点后，n 就变成了 $n+2p$，因此输出 $n-f+1$ 就变成 $n+2p-f+1$，即输出矩阵的形状为 $(n+2p-f+1)\times(n+2p-f+1)$。如果想让输出和输入的大小相等，即 $n+2p-f+1=n$，求解 p，得 $p=(f-1)/2$。当 f 为奇数时，只要选择合适的 p，就能保证得到的输出与输入尺寸相同。本例中，过滤器为 3×3，当 $p=(3-1)/2=1$ 时，也就是填充 1 个像素就得到与输入尺寸相同的输出。

3. 卷积步长

在前面的例子中使用的步长都是 1，第一次移动阴影方块后的情形如图 5.7 的左图所示。还可以设置步长更大一点，比如，设置步长为 2，让过滤器一次就跳过两个像素，第一次移动阴影方块跳过两格后的情形如图 5.7 的右图所示。这是水平步长，垂直步长也类似，如果垂直步长为 2，意味着一次移动阴影方块向下跳过两个像素。

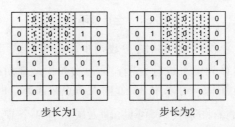

图 5.7　步长

输出矩阵大小可以由公式计算。假设输入图像大小为 $n \times n$，过滤器大小为 $f \times f$，填充为 p，步长为 s，输出矩阵的计算公式为 $\left(\dfrac{n+2p-f}{s}+1\right) \times \left(\dfrac{n+2p-f}{s}+1\right)$。

如果 $n=7$，$f=3$，$p=0$，$s=2$，$\dfrac{7+2\times0-3}{2}+1=3$，即输出为 3×3。但如果 $n=6$，显然 $\dfrac{6+2\times0-3}{2}$ 不能除尽，商不为整数。这时，按照惯例，需要向下取整，也就是说，只有当过滤器完全处于图像区域内才能输出卷积运算结果，用符号 $\lfloor\ \rfloor$ 来表示向下取整，这样就把输出矩阵的计算公式修正为 $\left\lfloor\dfrac{n+2p-f}{s}+1\right\rfloor \times \left\lfloor\dfrac{n+2p-f}{s}+1\right\rfloor$。

4. 卷积与全连接对照

为了更好地理解为什么在视觉处理中要使用卷积神经网络而不是全连接网络，下面将卷积神经网络与全连接网络做一个对照。

如果输入 6×6 的灰度图像，全连接网络会用连接线将输入层的全部节点与中间层的全部节点都两两相连，即便不考虑偏置，权重参数的总数为输入节点与中间层节点的乘积，参数数量也是相当大的。例如，假设中间节点数为 32，则参数数量为 36×32=1152，如图 5.8

所示。

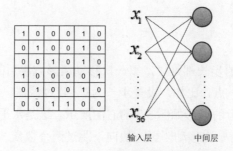

图 5.8 全连接网络

与全连接网络相比，卷积神经网络的参数则少了很多。这里还是以 3×3 的过滤器对 6×6 的灰度图像做卷积运算为例来进行说明，第一次卷积运算所得结果为 3，如图 5.9 的左图所示。由于输入为 6×6 图像，可以用 36 个输入节点来表示，即 x_1、x_2、…、x_{36}，那么，卷积运算过程可用图 5.9 的右图来表示。可见，输入层只有 9 个节点和中间层节点③相连(圆圈中的数字表示计算结果为 3)。9 根连接线中，每一根线都标注了类似 f_{11} 的权重，f_{11} 就是过滤器的 1 行 1 列的权重值，f_{12} 为 1 行 2 列的权重值，以此类推。

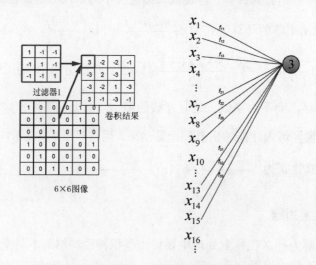

图 5.9 只考虑一次卷积运算的卷积网络

图 5.9 只考虑一次卷积运算，如果要进行下一次卷积，只需要在中间层添加另一个节点-2，分别从 x_2、x_3、x_4、x_8、x_9、x_{10}、x_{14}、x_{15} 和 x_{16} 引出 9 根连接线指向该节点。

5. 编程验证卷积运算

如代码 5.1 所示的 conv_op_demo1.py 程序验证了图 5.2 的计算结果。先使用 torch.tensor 定义一幅 6×6 的灰度图像，并调用 view 函数将图像转换为形状(样本数，通道数，高，宽)的张量，以符合卷积网络输入的要求。然后定义过滤器 1，并调用 view 函数将该过滤器转换为形状(输出通道数，输入通道数/分组，核高，核宽)的张量，这是对卷积网络过滤器的要求。最后调用 F.conv2d 函数完成卷积运算并打印运算结果，这里只用到两个输入参数，第一个参数 input 为输入张量，第二个参数 weight 为卷积核。其他可选参数还有偏置张量 bias(默认为 None)、步长 stride(默认为 1)、填充 padding(默认为 0)、核元素之间的间距 dilation(默认为 1)和分组 groups(默认为 1)。

代码 5.1 卷积运算原理代码(conv_op_demo1.py)

```
# 6×6灰度图像
img = torch.tensor([[1, 0, 0, 0, 1, 0],
                    [0, 1, 0, 0, 1, 0],
                    [0, 0, 1, 0, 1, 0],
                    [1, 0, 0, 0, 0, 1],
                    [0, 1, 0, 0, 1, 0],
                    [0, 0, 1, 1, 0, 0]
                    ], dtype=torch.float32)
# 转换为形状(样本数，通道数，高，宽)的张量
img = img.view([1, 1, img.shape[0], img.shape[1]])

# 过滤器 1 的定义
filter1 = torch.tensor([[1, -1, -1],
                        [-1, 1, -1],
                        [-1, -1, 1]
                        ], dtype=torch.float32)
# 转换为形状(输出通道数，输入通道数/分组，核高，核宽)的张量
filter1 = filter1.view([1, 1, filter1.shape[0], filter1.shape[1]])

# 卷积运算
out = F.conv2d(img, filter1)
print(out)
```

执行 conv_op_demo1.py 程序得到以下卷积运算结果，与图 5.2 所示的运算结果一致。该程序还演示了使用 torch.nn.Conv2d 类来替代 F.conv2d()函数的方法，运行结果完全一样。

```
tensor([[[[ 3., -2., -2., -1.],
          [-3.,  2., -3.,  1.],
          [-3., -2.,  1., -3.],
          [ 3., -1., -3., -1.]]]])
```

如代码 5.2 所示的 conv_op_demo2.py 程序验证了图 5.4 的计算结果。先使用 torch.tensor 定义一幅 6×6 的灰度图像，并调用 view 函数将图像转换为形状(样本数，通道数，高，宽)的张量，以符合卷积网络输入的要求。然后定义过滤器 1 和过滤器 2，调用 torch.stack 函数将两个过滤器堆叠起来，然后调用 view 函数将过滤器转换为形状(输出通道数，输入通道数/分组，核高，核宽)的张量，满足卷积网络过滤器的要求。最后调用 F.conv2d 函数完成卷积运算并打印运算结果。

代码 5.2 　两个过滤器的卷积运算(conv_op_demo2.py)

```python
# 6×6 灰度图像
img = torch.tensor([[1, 0, 0, 0, 1, 0],
                    [0, 1, 0, 0, 1, 0],
                    [0, 0, 1, 0, 1, 0],
                    [1, 0, 0, 0, 0, 1],
                    [0, 1, 0, 0, 1, 0],
                    [0, 0, 1, 1, 0, 0]
                    ], dtype=torch.float32)
# 转换为形状(样本数，通道数，高，宽)的张量
img = img.view([1, 1, img.shape[0], img.shape[1]])

# 过滤器 1 的定义
filter1 = torch.tensor([[1, -1, -1],
                        [-1, 1, -1],
                        [-1, -1, 1]
                        ], dtype=torch.float32)
# 过滤器 2 的定义
filter2 = torch.tensor([[-1, 1, -1],
                        [-1, 1, -1],
                        [-1, 1, -1]
                        ], dtype=torch.float32)

# 堆叠起来
filters = torch.stack([filter1, filter2])

# 转换为形状(输出通道数，输入通道数/分组，核高，核宽)的张量
filters = filters.view([filters.shape[0], 1, filters.shape[1], filters.shape[2]])

# 卷积运算
out = F.conv2d(img, filters)
print(out)
```

执行 conv_op_demo2.py 程序得到如下卷积运算结果，与图 5.4 所示的运算结果一致。该程序还演示了使用 torch.nn.Conv2d 类来替代 F.conv2d() 函数的方法，运行结果完全一样。

```
tensor([[[[ 3., -2., -2., -1.],
          [-3.,  2., -3.,  1.],
          [-3., -2.,  1., -3.],
          [ 3., -1., -3., -1.]],

         [[-1.,  0., -4.,  3.],
          [-1.,  0., -3.,  1.],
          [-1.,  0., -3.,  1.],
          [-1., -1., -1., -1.]]]])
```

如代码5.3所示的conv_op_demo3.py程序演示了图5.5所示的3个输入通道的计算过程。先使用torch.randn定义一幅6×6的彩色图像,像素为随机值;然后定义过滤器1;最后调用tf.nn.conv2d函数完成卷积运算并打印运算结果。

代码 5.3 3个输入通道一个输出通道的卷积运算(conv_op_demo3.py)

```
# 6×6彩色图像
# 形状为(样本数, 通道数, 高, 宽)
img = torch.randn([1, 3, 6, 6])

# 过滤器1的定义
# 形状为(输出通道数, 输入通道数/分组, 核高, 核宽)
filter1 = torch.ones([1, 3, 3, 3])

# 卷积运算
out = F.conv2d(img, filter1)
print(out)
```

由于图像由随机值组成,所以卷积运算结果不确定。conv_op_demo3.py程序还演示了torch.nn.Conv2d类的使用方法,结果与F.conv2d()函数一致。

5.1.3 池化的基本原理

池化层通常用于缩减模型的规模,提高运算速度。池化层通常和卷积层联合使用,这是因为池化层减小图像尺寸有助于卷积层过滤器捕捉到稍大一些的特征。比如,3×3的过滤器,在图像尺寸不变的条件下,只能捕捉到3×3的特征,但是当图像缩小一半的时候,就能捕捉到大1倍的特征。

1. 池化运算

有两种池化运算,即最大池化(max pooling)和平均池化(average pooling)。其中,最大池化用得较多,而平均池化很少用。

先举例说明最大池化运算过程,如图5.10所示。假如输入是一个4×4的矩阵,使用2×2

(即 f=2)的最大池化,步长 s=2。运算过程比较简单,先把 4×4 的输入划分为 4 个不同区域,用不同阴影来表示,输出的每个元素取对应区域的元素最大值。例如,左上区域的最大值是 2,右上区域的最大值为 4,左下区域的最大值是 6,右下区域的最大值是 8,最后得到运算结果。

池化核的移动规律与过滤器一致,2×2 的池化核首先覆盖左上区域,随后向右移动,由于步长为 2,跳过两格移动到右上区域,然后下移两行像素覆盖,最后覆盖。

计算池化层输出大小的公式同样与过滤器一致,池化运算很少用填充,因此一般设置 p=0。假设池化层的输入为 $n_H \cdot n_W \cdot n_c$,不用填充,则输出大小为 $\left\lfloor \dfrac{n_H - f}{s} + 1 \right\rfloor \times \left\lfloor \dfrac{n_W - f}{s} + 1 \right\rfloor \times n_c$。由于需要对每个通道都做池化,因此输入通道与输出通道的数量相同。

图 5.10 最大池化示例

如果将输入看成某些特征的集合,数值大意味着可能检测到一些特征,最大池化运算就是保证只要提取到某些特征,就会保留在最大池化输出中。

池化运算只有一组超参数,如 f 和 s,但没有需要优化的参数。优化算法无需学习,确定超参数后,池化运算只是一个固定运算,不需要改变任何参数。

平均池化与最大池化的运算过程基本一致,唯一不同的是平均池化将求最大值运算换成了求平均值运算。

2. 编程验证池化运算

如代码 5.4 所示,pool_op_demo1.py 程序验证了图 5.10 所示的计算结果。先使用 torch.tensor 定义一幅 4×4 的单通道输入图像,并调用 view 函数将图像转换为形状(样本数,通道数,高,宽)的张量,以符合卷积网络输入的要求。然后定义池化核 pool1 为四维张量,形状为(1, 池化核高, 池化核宽, 1)的张量。最后调用 F.max_pool2d()函数完成池化运算并打印运算结果,这里用到两个输入参数,第一个参数 input 为池化的输入,第二个参数 kernel_size 为池化核的大小。其他可选参数还有步长 stride(默认为 kernel_size)、填充

padding(默认为 0)、核元素之间的间距 dilation(默认为 1)、是否在输出的同时返回其最大索引 return_indices(默认为 False)和是否使用 ceil 替换 floo 来计算输出的形状 ceil_mode(默认为 False)。

代码 5.4 池化示例 1(pool_op_demo1.py)

```
# 6×6 灰度图像
img = torch.tensor([[1, 2, 3, 4],
                    [0, 1, 2, 3],
                    [5, 6, 7, 8],
                    [0, 0, 1, 1]
                    ], dtype=torch.float32)
# 转换为形状(样本数，通道数，高，宽)的张量
img = img.view([1, 1, img.shape[0], img.shape[1]])

# 池化运算
out = F.max_pool2d(img, 2)
print(out)
```

运行结果如下，可以将结果和图 5.10 进行对照：

```
tensor([[[[2., 4.],
          [6., 8.]]]])
```

如代码 5.5 所示的 pool_op_demo2.py 程序演示对一幅图像的池化运算。首先加载并显示图像，进行图像预处理，将形状为(高×宽×通道)转换为(通道×高×宽)并增加一维，以符合卷积神经网络的输入要求，然后进行池化运算并显示处理后的图像。注意，图片存储和显示的一般格式为三维(高×宽×通道)，但深度网络要求的格式是四维(样本×通道×高×宽)，因此需要相互转换。本例只有一张图片，程序中调用 unsqueeze()和 squeeze()函数来分别增加一维或压缩一维。

代码 5.5 池化示例 2(pool_op_demo2.py)

```
image_path = "../images/child.png"

# 加载图像
img = plt.imread(image_path)

# 显示图像
plt.imshow(img)
plt.show()

# 图像预处理
# (H × W × C) --> (C × H × W)
img = torch.tensor(img).permute(2, 0, 1)
```

```python
# 插入一维，形状变为(1 × C × H × W)
x = torch.unsqueeze(img, dim=0)

maxpool2d = torch.nn.MaxPool2d(2)

# 池化运算
result = maxpool2d(x)
# 转换为形状(H × W × C)，以便显示
result = torch.squeeze(result).permute(1, 2, 0)

# 显示图像
plt.imshow(result.numpy())
plt.show()
```

运行结果如图 5.11 所示。左图为原始图像，右图为池化运算后的图像。可以看到，经处理后的图像几乎和原图像一样，但是高和宽都缩小了一半。

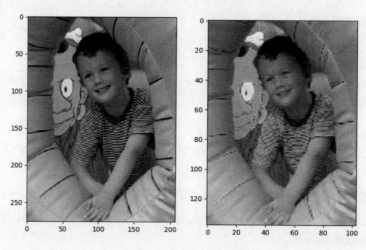

图 5.11 图像的池化运算

5.2 简单的 CNN 网络

本节实现一个简单的 CNN 网络，识别 MNIST 手写数字。完整代码可参见 mnist_cnn_demo.py。

5.2.1 定义网络模型

首先定义如代码 5.6 所示的 CNN 网络结构。Net 类继承 nn.Module，然后定义__init__

和 forward 函数。网络有两组卷积层和最大池化层的组合，后接两个全连接层。注意，在 forward 函数中一个批量图像数据的形状为(N, C, H, W)四维，其中，N 为批量大小，C 为通道数，H 和 W 分别为图像的高和宽。卷积层和池化层的输入和输出都是四维格式，但是全连接层只需要两维数据，因此调用 view 函数将数据从四维变换到两维。

代码 5.6　CNN 网络模型

```
class Net(nn.Module):
    """ 定义一个 CNN 网络 """

    def __init__(self):
        super(Net, self).__init__()
        self.conv1 = nn.Conv2d(1, 20, 5, 1)
        self.conv2 = nn.Conv2d(20, 50, 5, 1)
        self.fc1 = nn.Linear(4 * 4 * 50, 500)
        self.fc2 = nn.Linear(500, 10)

    def forward(self, x):  # (N, 1, 28, 28)
        x = F.relu(self.conv1(x))   # (N, 20, 24, 24)
        x = F.max_pool2d(x, 2, 2)   # (N, 20, 12, 12)
        x = F.relu(self.conv2(x))   # (N, 50, 8, 8)
        x = F.max_pool2d(x, 2, 2)   # (N, 50, 4, 4)
        x = x.view(-1, 4 * 4 * 50)  # (N, 4*4*50)
        x = F.relu(self.fc1(x))     # (N, 500)
        x = self.fc2(x)  # (N, 10)
        x = F.log_softmax(x, dim=1)
        return x
```

　　注意，最后一个全连接层(fc2)的神经元个数为 10，因为要和分类任务的类别数一致，而且这里使用 log_softmax 激活函数，该函数与 softmax 函数相差不大，区别是 log_softmax 在 softmax 函数上还要进行一个 log 运算，常常与 torch.nn.NLLLoss 损失函数配合使用。

　　还需要注意的是，按照 CNN 惯例，网络前面是多组卷积层和池化层的组合，后面接多个全连接层。但是，究竟要使用多少组卷积层和池化层的组合？每一组的卷积层和池化层的输入输出通道数等超参数该怎样设置？该使用什么激活函数？全连接层该有几层？每层的神经单元数该设置为多少？……，这些都是卷积神经网络实践者无法回避的问题。值得庆幸的是，从 1998 年经典 LeNet-5 开始，已经产生了很多不同的网络结构，包括 AlexNet、VGG、Inception、ResNet 等，因此，常见的做法是直接使用这些经过实践证明有效的网络结构。本章 5.3 节将介绍经典的 LeNet-5 网络，第 6 章将介绍另一些常用的网络。

5.2.2 模型训练

有了网络模型以后,需要定义一个如代码 5.7 所示的模型训练函数。该函数的输入参数有:model(待训练的 CNN 模型);device(指定使用 CPU 还是 GPU 训练);train_loader(指定数据加载器 DataLoader 实例);optimizer(指定优化器);epoch(指定当前训练的轮数);print_every(指定每隔固定训练步数就打印一次训练损失)。

代码 5.7 CNN 模型训练函数

```python
def train(model, device, train_loader, optimizer, epoch, print_every):
    """ 模型训练 """
    for idx, (data, target) in enumerate(train_loader):
        data, target = data.to(device), target.to(device)

        pred = model(data)  # (N, 10)
        loss = F.nll_loss(pred, target)

        # SGD 优化器
        optimizer.zero_grad()
        loss.backward()
        optimizer.step()

        if idx % print_every == print_every - 1:
            print("训练轮次: {}, 步数: {}, 损失: {}".format(epoch, idx, loss.item()))
```

5.2.3 模型评估

代码 5.8 实现一个模型评估函数,由于在测试阶段不需要使用梯度来优化参数,因此使用 with torch.no_grad()代码块,在代码块中迭代使用训练好的模型对测试集输入(data)进行预测,得到模型输出 output,然后计算测试损失,并调用 argmax 函数将概率最大标签的作为预测标签 pred,与真实标签 target 进行比对,计算得到模型的预测准确率。最后打印测试损失和测试准确率指标。

代码 5.8 CNN 模型评估函数

```python
def test(model, device, test_loader):
    """ 模型评估 """
    total_loss = 0.
    correct = 0.
    with torch.no_grad():
        for idx, (data, target) in enumerate(test_loader):
```

```
            data, target = data.to(device), target.to(device)

            output = model(data)   # batch_size * 10
            total_loss += F.nll_loss(output, target, reduction="sum").item()
            pred = output.argmax(dim=1)   # batch_size * 1
            correct += pred.eq(target.view_as(pred)).sum().item()

    total_loss /= len(test_loader.dataset)
    acc = correct / len(test_loader.dataset)
    print("测试损失: {}, 准确率: {:.2%}".format(total_loss, acc))
```

5.2.4 主函数

代码 5.9 所示的主函数先定义几个超参数,然后定义 train_dataloader 和 test_dataloader 两个 DataLoader 实例,并实例化 CNN 网络,在一个 for 循环中依次调用模型训练函数和模型评估函数,最后调用 torch.save 函数保存训练好的模型参数,以备将来使用。

代码 5.9 CNN 主函数

```
def main():
    # 超参数
    workers = 0
    batch_size = 32
    epochs = 2
    print_every = 100
    learning_rate = 0.01
    momentum = 0.5

    device = torch.device("cuda:0" if torch.cuda.is_available() else "cpu")

    # 图像转换
    transform = transforms.Compose(
        [transforms.ToTensor(),
         # 将(H × W × C)取值范围为 [0, 255] 转换为 (C × H × W) 取值范围为 [0.0, 1.0]
         transforms.Normalize((0.1307,), (0.3081,))])   # 规范化

    train_set = datasets.MNIST(root='../datasets/mnist', train=True,
            download=True, transform=transform)
    train_dataloader = DataLoader(
                    train_set, batch_size=batch_size, shuffle=True,
                    num_workers=workers, pin_memory=True
    )

    test_set = datasets.MNIST(root='../datasets/mnist', train=False,
            download=True, transform=transform)
```

```
test_dataloader = DataLoader(
            test_set, batch_size=batch_size, shuffle=False,
            num_workers=workers, pin_memory=True
)

# 实例化 CNN 网络
model = Net().to(device)
optimizer = torch.optim.SGD(model.parameters(), lr=learning_rate, momentum=momentum)

for epoch in range(epochs):
    train(model, device, train_dataloader, optimizer, epoch, print_every)
    test(model, device, test_dataloader)

torch.save(model.state_dict(), "mnist_cnn.pt")
```

运行本程序，输出结果如下：

```
训练轮次: 0, 步数: 99, 损失: 0.3597669303417206
训练轮次: 0, 步数: 199, 损失: 0.428798645734787
训练轮次: 0, 步数: 299, 损失: 0.21696177124977112
训练轮次: 0, 步数: 399, 损失: 0.3238801956176758
训练轮次: 0, 步数: 499, 损失: 0.1258263885974884
训练轮次: 0, 步数: 599, 损失: 0.2579961121082306
训练轮次: 0, 步数: 699, 损失: 0.06788423657417297
训练轮次: 0, 步数: 799, 损失: 0.11307366192340851
训练轮次: 0, 步数: 899, 损失: 0.017322823405265808
训练轮次: 0, 步数: 999, 损失: 0.052824847400188446
训练轮次: 0, 步数: 1099, 损失: 0.13193289935588837
训练轮次: 0, 步数: 1199, 损失: 0.11877375096082687
训练轮次: 0, 步数: 1299, 损失: 0.0959881916642189
训练轮次: 0, 步数: 1399, 损失: 0.016000553965568542
训练轮次: 0, 步数: 1499, 损失: 0.07471547275781631
训练轮次: 0, 步数: 1599, 损失: 0.06037524342536926
训练轮次: 0, 步数: 1699, 损失: 0.052992090582847595
训练轮次: 0, 步数: 1799, 损失: 0.20611120760440826
测试损失: 0.06869629361629485, 准确率: 97.73%
训练轮次: 1, 步数: 99, 损失: 0.038281798362731934
训练轮次: 1, 步数: 199, 损失: 0.1267213523387909
训练轮次: 1, 步数: 299, 损失: 0.0657314658164978
训练轮次: 1, 步数: 399, 损失: 0.031534552574157715
训练轮次: 1, 步数: 499, 损失: 0.36753422021865845
训练轮次: 1, 步数: 599, 损失: 0.06471630930900574
训练轮次: 1, 步数: 699, 损失: 0.011835440993309021
训练轮次: 1, 步数: 799, 损失: 0.01499861478805542
训练轮次: 1, 步数: 899, 损失: 0.10784117877483368
训练轮次: 1, 步数: 999, 损失: 0.0919952392578125
训练轮次: 1, 步数: 1099, 损失: 0.06333842873573303
```

```
训练轮次： 1, 步数： 1199, 损失： 0.026412397623062134
训练轮次： 1, 步数： 1299, 损失： 0.006477087736129761
训练轮次： 1, 步数： 1399, 损失： 0.07559281587600708
训练轮次： 1, 步数： 1499, 损失： 0.08665268868207932
训练轮次： 1, 步数： 1599, 损失： 0.0836331695318222
训练轮次： 1, 步数： 1699, 损失： 0.026906892657279968
训练轮次： 1, 步数： 1799, 损失： 0.008318468928337097
测试损失： 0.049980586552619936, 准确率： 98.47%
```

可以看到，测试准确率达到 98.47%，效果不错。

5.3 PyTorch 实现 LeNet-5 网络

本节使用 PyTorch 技术实现著名的 LeNet-5 网络。下面先介绍 LeNet-5 的历史，然后编程实现 LeNet-5 网络，并分别使用 LeNet-5 网络来识别 MNIST 手写数字和 CIFAR-10 图片。

5.3.1 LeNet-5 介绍

LeNet-5 是神经网络专家 Yann LeCun 于 1998 年设计的卷积神经网络，用于手写数字识别，可以把 LeNet-5 视为卷积神经网络的开端。当时美国很多银行使用 LeNet-5 来识别支票上的手写数字，因而该网络成为非常有代表性的卷积神经网络系统。

不包括输入层的 LeNet-5 共有 7 层，具体为 2 个卷积层、2 个下抽样层(池化层)和 3 个全连接层，每层可训练的参数不一，其网络结构如图 5.12 所示。

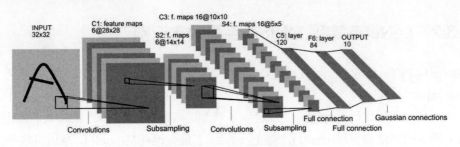

图 5.12 LeNet-5 网络结构

输入图像的尺寸为 32×32，比 MNIST 数据集字母的 28×28 尺寸大。在实际应用中，LeNet-5 可以接受稍大或稍小尺寸的图像。

C1 层是 LeNet-5 的第一个卷积层，有 6 个输出通道。过滤器的形状为 5×5，每个过滤器有 5×5 个权重参数加上 1 个偏置参数，一共 26 个参数。步长 $s=1$，填充 $p=0$，这样，输出矩阵的形状为(32-5+1)×(32-5+1)=28×28。容易计算得到，C1 层共有 26×6=156 个可训练参数。

S2 层是一个池化层。S2 对 C1 层 6 个通道的 28×28 输出矩阵进行池化操作，池化核的形状为 2×2，得到 6 个通道的((28-2)/2+1)×((28-2)/2+1)=14×14 输出。

C3 是第二个卷积层，有 6 输入通道和 16 个输出通道。过滤器的形状与 C1 一样，为 5×5，步长 s=1，填充 p=0，因此输出矩阵的形状为(14-5+1)×(14-5+1)=10×10。可以计算出 C3 层共有(5×5×6+1)×16=2416 个可训练参数。

S4 是第二个池化层。S4 对 C3 层 16 个通道的 10×10 输出矩阵进行池化操作，池化核的形状为 2×2，得到 16 个通道的((10-2)/2+1)×((10-2)/2+1)=5×5 输出。

C5 层在当时的版本为卷积层，有 120 个输出通道，过滤器大小同样是 5×5。由于 S4 层的 16 个通道的大小为 5×5，与过滤器的大小相同，因此卷积操作后的输出矩阵大小为 1×1，可以计算出共有(5×5×16+1)×120 = 48120 个参数。现在版本将 C5 层实现为全连接层，有 120 个神经元。由于 S4 层输出 16 个通道的形状为 5×5 的矩阵，经过展平(Flatten)后的神经元个数为 5×5×16，与本层的 120 个神经元像连接，所以共有(5×5×16+1)×120 = 48120 个参数，与原来版本的参数数量一致。

F6 是全连接层，有 84 个神经元，这 84 个神经元与 C5 层的 120 个神经元相连接，所以可训练的参数为(120+1)×84=10164。

最后一层是输出层，共有 10 个输出节点，分别代表数字 0～9。当时使用的是径向基函数(Radial Basis Function，RBF)单元，现在已经很少使用这种方式，当前版本使用 Softmax 激活函数输出 10 种分类结果。

5.3.2　LeNet-5 实现 MNIST 手写数字识别

本例使用 PyTorch 实现一个 LeNet-5 网络，完成 MNIST 手写数字识别，完整程序可参见 lenet5_mnist_demo.py。

首先定义一个如代码 5.10 所示的 LeNet-5 模型。网络有一个 5×5 的输入和输出通道数分别为 1 和 6 的二维卷积层(conv1)，紧接一个 2×2 最大池化层(pool1)，然后再接一个 5×5 的输入和输出通道数分别为 6 和 16 的二维卷积层(conv2)，紧接一个 2×2 最大池化层(pool2)。下面调用 view 函数将四维数据转换为二维数据，最后再接 3 个全连接层。注意，最后一个全连接层的神经元个数为 10，这要和分类任务的类别数一致；并且这里没有使用 softmax 激活函数，因为这是损失函数使用 torch.nn.CrossEntropyLoss 的要求。forward 函数注释有每次对输入 x 进行变换的形状，清楚地描述了网络各层对输入数据的处理结果。

代码 5.10　LeNet-5 模型

```python
class LeNet5(nn.Module):
    """ LeNet-5 模型 """

    def __init__(self):
        super(LeNet5, self).__init__()
        self.conv1 = nn.Conv2d(1, 6, 5)
        self.pool1 = nn.MaxPool2d(2, 2)
        self.conv2 = nn.Conv2d(6, 16, 5)
        self.pool2 = nn.MaxPool2d(2, 2)
        self.fc1 = nn.Linear(16 * 4 * 4, 120)
        self.fc2 = nn.Linear(120, 84)
        self.fc3 = nn.Linear(84, 10)

    def forward(self, x):  # (N, 1, 28, 28)
        x = self.pool1(F.relu(self.conv1(x)))  # (N, 6, 24, 24) --> (N, 6, 12, 12)
        x = self.pool2(F.relu(self.conv2(x)))  # (N, 16, 8, 8) --> (N, 16, 4, 4)
        x = x.view(-1, 16 * 4 * 4)  # (N, 16*4*4)
        x = F.relu(self.fc1(x))  # (N, 120)
        x = F.relu(self.fc2(x))  # (N, 84)
        x = self.fc3(x)  # (N, 10)
        return x
```

以下代码实例化 LeNet-5 网络并打印 LeNet-5 网络模型结构：

```python
# 实例化 LeNet-5 网络
net = LeNet5()
net.to(device)
print("LeNet-5 模型结构：")
print(net)
```

打印出来的模型结果如下，读者可以自行与 5.3.1 小节的 LeNet-5 模型进行对照：

```
LeNet-5 模型结构：
LeNet5(
  (conv1): Conv2d(1, 6, kernel_size=(5, 5), stride=(1, 1))
  (pool1): MaxPool2d(kernel_size=2, stride=2, padding=0, dilation=1, ceil_mode=False)
  (conv2): Conv2d(6, 16, kernel_size=(5, 5), stride=(1, 1))
  (pool2): MaxPool2d(kernel_size=2, stride=2, padding=0, dilation=1, ceil_mode=False)
  (fc1): Linear(in_features=256, out_features=120, bias=True)
  (fc2): Linear(in_features=120, out_features=84, bias=True)
  (fc3): Linear(in_features=84, out_features=10, bias=True)
)
```

如代码 5.11 所示的训练模型使用 SGD 优化器和交叉熵损失，迭代 epochs 轮训练，每隔固定训练步数(print_every)就打印一次训练损失，如果损失值持续下降，说明优化过程在正常进行。

代码 5.11　训练模型

```
# 定义损失函数和优化器
criterion = torch.nn.CrossEntropyLoss()
optimizer = optim.SGD(net.parameters(), lr=learning_rate, momentum=momentum)

# 训练模型
print('训练开始!')
net.train()          # 设置训练模式,只对诸如 Dropout、BatchNorm 的层有效果
loss_list = []
for epoch in range(epochs):
    loss_acc = 0.0  # 累计损失
    for idx, data in enumerate(train_loader, start=0):

        # 获取数据和标签
        inputs = data[0].to(device)
        labels = data[1].to(device)

        # 参数梯度清零
        optimizer.zero_grad()

        # 前向传播
        outputs = net(inputs)
        loss = criterion(outputs, labels)
        # 反向传播
        loss.backward()
        # 优化参数
        optimizer.step()

        # 打印优化过程的性能
        loss_acc += loss.item()
        if idx % print_every == print_every - 1:
            print('[%d, %5d] 损失: %.5f' % (epoch + 1, idx + 1, loss_acc / print_every))
            loss_list.append(loss_acc / print_every)
            loss_acc = 0.0  # 误差清零

print('完成训练!')
```

为了更好地观察模型的性能,下面绘制出训练损失变化曲线,如代码 5.12 所示。

代码 5.12　绘制训练损失变化曲线

```
# 绘制训练损失变化曲线
plt.plot(loss_list)
plt.title('training loss')
```

```
plt.xlabel('epochs')
plt.ylabel('loss')
plt.show()
```

绘制的训练损失曲线如图 5.13 所示。可以看到，训练损失不断下降，在前 6 轮下降很快，以后下降速率趋缓。

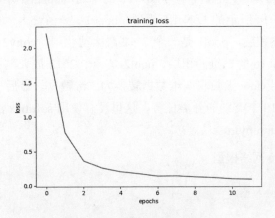

图 5.13　训练损失变化曲线

最后，代码 5.13 迭代使用训练好的模型对测试集输入(images)进行预测，得到预测输出 predicted，与真实输出 labels 比对，计算得到模型的预测准确率，然后打印该准确率指标。

代码 5.13　模型性能评估

```
# 计算网络在完整测试集上的性能
correct = 0
total = 0
# 预测不需要梯度来修改参数
with torch.no_grad():
    for data in test_loader:
        images, labels = data[0].to(device), data[1].to(device)
        outputs = net(images)
        _, predicted = torch.max(outputs.data, 1)
        total += labels.size(0)
        correct += (predicted == labels).sum().item()

print('网络在测试集中的预测准确率：{:.2%}'.format(correct / total))
```

测试集中的预测准确率如下：

```
网络在测试集中的预测准确率：97.36%
```

5.3.3　LeNet-5 实现 CIFAR-10 图像识别

CIFAR-10 数据集与 MNIST 数据集的差别主要是，前者的输入图像尺寸为 32×32 的 3 通道彩色图像，后者的输入图像尺寸为 28×28 的 1 通道灰色图像。

首先定义如代码 5.14 所示的 LeNet-5 模型。conv1 是一个 5×5 的输入通道数为 1 且输出通道数为 1 的二维卷积层，pool1 是一个 2×2 最大池化层，conv2 是一个 5×5 的输入和输出通道数分别为 6 和 16 的二维卷积层，pool2 是一个 2×2 最大池化层。在连接 3 个全连接层之前，需要先调用 view 函数将四维数据转换为二维数据。最后一个全连接层的神经元个数为 10，因为这是 10 个类别的分类任务，这里没有使用 softmax 激活函数是因为损失函数使用 torch.nn.CrossEntropyLoss。

代码 5.14　LeNet-5 网络模型

```
class Net(nn.Module):
    """ 定义LeNet-5 网络 """

    def __init__(self):
        super(Net, self).__init__()
        self.conv1 = nn.Conv2d(3, 6, 5)
        self.pool = nn.MaxPool2d(2, 2)
        self.conv2 = nn.Conv2d(6, 16, 5)
        self.fc1 = nn.Linear(16 * 5 * 5, 120)
        self.fc2 = nn.Linear(120, 84)
        self.fc3 = nn.Linear(84, 10)

    def forward(self, x):  # (N, 3, 32, 32)
        x = self.pool(F.relu(self.conv1(x)))  # (N, 6, 28, 28) --> (N, 6, 14, 14)
        x = self.pool(F.relu(self.conv2(x)))  # (N, 16, 10, 10) --> (N, 16, 5, 5)
        x = x.view(-1, 16 * 5 * 5)  # (N, 16*5*5)
        x = F.relu(self.fc1(x))  # (N, 120)
        x = F.relu(self.fc2(x))  # (N, 84)
        x = self.fc3(x)  # (N, 10)
        return x
```

以下代码实例化 LeNet-5 网络并打印 LeNet-5 网络模型结构：

```
net = Net()
net.to(device)
print("LeNet-5 模型结构: ")
print(net)
```

打印出来的模型结果如下，读者可以自行与 5.3.1 小节的 LeNet-5 模型进行对照。值得注意的是，由于 CIFAR-10 的输入与 MNIST 不同，因此 fc1 层的输入特征(in_features)为 400，而非 MNIST 网络的 256。

```
LeNet-5 模型结构:
Net(
  (conv1): Conv2d(3, 6, kernel_size=(5, 5), stride=(1, 1))
  (pool): MaxPool2d(kernel_size=2, stride=2, padding=0, dilation=1, ceil_mode=False)
  (conv2): Conv2d(6, 16, kernel_size=(5, 5), stride=(1, 1))
  (fc1): Linear(in_features=400, out_features=120, bias=True)
  (fc2): Linear(in_features=120, out_features=84, bias=True)
  (fc3): Linear(in_features=84, out_features=10, bias=True)
)
```

代码 5.15 是训练模型的关键代码。这里使用 Adam 优化器和交叉熵损失，迭代 epochs 轮训练，每隔固定训练步数(print_every)就打印一次训练损失。

代码 5.15　训练模型

```python
# 损失函数
criterion = nn.CrossEntropyLoss()
# 优化算法
optimizer = optim.Adam(net.parameters(), lr=0.001)

# 迭代训练模型
print('训练开始！')
for epoch in range(epochs):

    loss_acc = 0.0  # 累计损失
    for idx, data in enumerate(train_loader):
        # 获取数据和标签
        inputs, labels = data[0].to(device), data[1].to(device)

        # 参数梯度清零
        optimizer.zero_grad()

        # 前向传播
        outputs = net(inputs)
        loss = criterion(outputs, labels)
        # 反向传播
        loss.backward()
        # 优化参数
        optimizer.step()

        # 打印优化过程的性能
        loss_acc += loss.item()
        if idx % print_every == print_every - 1:
            print('[%d, %5d] 损失: %.3f' % (epoch + 1, idx + 1, loss_acc / print_every))
```

```
        loss_acc = 0.0

print('完成训练！')
```

最后，代码 5.16 迭代使用训练好的模型对每一个批量的测试集输入(images)进行预测，得到预测输出 predicted，与真实输出 labels 比对，计算得到模型的预测准确率，然后打印该准确率指标。

代码 5.16 模型性能评估

```
# 计算网络在完整测试集上的性能
correct = 0
total = 0
# 预测不需要梯度来修改参数
with torch.no_grad():
    for data in test_loader:
        images, labels = data[0].to(device), data[1].to(device)
        outputs = net(images)
        _, predicted = torch.max(outputs.data, 1)
        total += labels.size(0)
        correct += (predicted == labels).sum().item()

print('网络在测试集中的预测准确率： {:.2%}'.format(correct / total))
```

测试集中的预测准确率如下：

网络在测试集中的预测准确率： 56.60%

可见，由于 CIFAR-10 数据集比 MNIST 数据集难以识别，因此测试集准确率指标远低于 MNIST 数据集。

习 题

5.1 试说明卷积神经网络的优点。

5.2 为什么卷积运算适合图像处理？

5.3 试说明卷积运算的基本原理。

5.4 查阅 PyTorch 文档，了解填充层(Padding Layers)的 nn.ReflectionPad2d、nn.ReplicationPad2d、nn.ZeroPad2d 和 nn.ConstantPad2d 类的用途。

5.5 试说明池化运算的基本原理。

5.6 查阅资料，尝试使用其他模型结构来替代 LeNet-5，使得 CIFAR-10 图像识别准确率更高。

第 6 章 卷积神经网络示例

在过去若干年中，计算机视觉领域已经有大量的有关如何将卷积层、池化层以及全连接层这些基本组件进行优化组合，形成非常实用的卷积神经网络方面的研究。因此，研究前辈构建的 CNN 网络是一个好的思路，可以借鉴他人的卷积神经网络框架来解决自己的问题。借鉴他人的 CNN 有两种方式：一是直接使用已经被证实为有效的网络结构；二是将预训练的网络"借用"到自己的应用问题上。借用可以有多种方式，本书涉及其中两种方式：一种是对原网络参数进行微调；另一种是以知识蒸馏为代表的迁移学习。

本章首先介绍经典的卷积神经网络；然后介绍如何使用预训练的卷积神经网络和知识蒸馏；最后介绍卷积神经网络的可视化。

6.1 经典 CNN 网络

PyTorch 的 torchvision 工具包提供多种开箱即用型的 CNN 网络，包括 VGG16、VGG19、ResNet50 和 Inception V3，这些网络不仅是网络架构，还保存有使用大型数据集 ImageNet 训练好的权重参数。研究这些 CNN 网络并将这些网络应用到自己手上的工作非常有价值，能够提高开发效率。

6.1.1 VGG

VGG 网络由牛津大学视觉几何组(Visual Geometry Group，VGG)的 Karen Simonyan 和 Andrew Zisserman 在 2014 年合写的论文"Very deep convolutional networks for large-scale image recognition[①]"中提出，这是一种简单且广泛使用的卷积神经网络。VGG 网络没有设置很多超参数，是一种只专注于构建卷积层的简单网络。VGG 网络分为 VGG16 网络和 VGG19 网络，由于 VGG16 网络的表现几乎和 VGG19 网络相当，且 VGG16 网络更为简单，所以有很多人使用 VGG16。

VGG16 的网络结构如图 6.1 所示。数字 16 是指在该网络中，卷积层和全连接层共有 16 层。

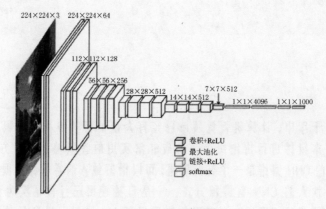

图 6.1 VGG16[②]

---

① 来源：https://arxiv.org/pdf/1409.1556.pdf.

② 来源：https://www.cs.toronto.edu/~frossard/post/vgg16/vgg16.png.

输入图像的长和宽都是 224 像素、RGB 三通道。首先使用两个同样参数的卷积层,过滤器大小 kernel_size 为(3, 3)、步幅 stride 为(1, 1)、填充 padding 参数为(1, 1),共 64 个过滤器,输出形状为 224×224×64(这里的格式都是宽×高×通道,不再赘述)。再用一个 kernel_size 大小为 2×2、步幅为 2 的最大池化层,输出形状为 112×112×64。后面紧接两个同样参数(过滤器大小 kernel_size 为(3, 3)、步幅 stride 为(1, 1)、padding 参数为(1, 1),共 128 个过滤器)的卷积层,输出形状为 112×112×128。然后进行池化,可以推算出池化后的形状为 56×56×128。接着用 256 个 3×3 的过滤器进行 3 次卷积操作,再池化。随后再卷积 3 次,再池化。这样,最后得到 7×7×512 个特征,进行拉伸操作后得到 4096 个单元,然后经过两个 4096 个神经元的全连接层,再经过一个 1000 个神经元的全连接层,最后经过 Softmax 层,输出对 1000 种类别的分类结果。

VGG16 网络总共有约 1.38 亿个参数,可以算是很大的网络。但 VGG16 的结构不复杂,很有规律,都是在几个卷积层后紧跟一个压缩图像大小的池化层,成倍缩小图像的高度和宽度。另外,卷积层的过滤器数量变化同样存在一定规律,由 64 变成 128,再到 256 和 512。

VGG 网络结构的规律性强,对研究者很有吸引力,而它的主要缺点是需要训练的网络参数的数量很大,从而导致训练较慢。由于 VGG 网络的 3 层全连接的节点数较多,再加上网络比较深,VGG16 参数占空间超过 533MB,VGG19 参数则占 574MB,这对部署 VGG 设备的计算能力有一定要求。

尽管现在还会在一些图像分类问题中使用 VGG,但显然较小的网络架构更具吸引力。

6.1.2 ResNet

ResNet 又称为残差网络(Residual Nets),该网络是 2015 年由微软亚洲研究院的何恺明等在论文"Deep Residual Learning for Image Recognition"[①] 中提出的,论文提供了全面的经验证据,表明 ResNet 更易于优化,并且可以通过显著加深网络深度而获得准确性的提升。随着人们对网络性能的要求不断提高,神经网络也随之不断加深,ResNet 神经网络能够训练一个深达 152 层的神经网络,这使得 ResNet 充满吸引力。

常识告诉我们,深度 CNN 网络越深则网络越复杂参数越多,网络表达能力越强。但实践发现,深度 CNN 网络达到一定深度后,再增加层数并不能带来分类性能的进一步提高,反而会导致网络优化收敛更慢,测试集的分类准确率变得更差,这就是网络的退化问题。何恺明提出一种深度残差学习框架(deep residual learning framework)来解决这一退化问题。

---

① 来源:https://arxiv.org/abs/1512.03385.

ResNet 作者提出一种修正方法,将原始映射记为 $\mathcal{F}(x):=\mathcal{H}(x)-x$,残差映射记为 $\mathcal{H}(x)$,不再学习从 x 到 $\mathcal{H}(x)$ 的基本映射关系,而是学习这两者之间的差异,也就是"残差"(Residual) $\mathcal{F}(x)+x$。为此,ResNet 引入了"恒等快捷连接"(Identity Shortcut Connection),直接跳过一个或多个层,如图 6.2 所示。

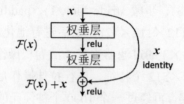

图 6.2 残差块[①]

ResNet 网络值得注意的细节就是 $\mathcal{H}(x)$ 和 x 的维度要相同,因此残差网络使用 Same 卷积,保留输入的维度,保证快捷连接的两个向量维度一致。

图 6.3 是为 ImageNet 设置的两种残差块结构,左边称为 BasicBlock,右边称为 Bottleneck,6.1.5 小节再叙述这两种结构。

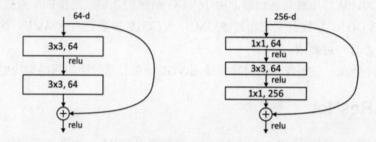

图 6.3 两种块结构[①]

ResNet 网络也有卷积层和池化层,与普通 CNN 的唯一区别就是添加了快捷连接。因此,ResNet 和普通 CNN 的通用结构是:卷积层—卷积层—卷积层—池化层—卷积层—卷积层—卷积层—池化层……,以此类推,最后一层一般是 Softmax 的全连接层,用于预测图像的类别,如图 6.4 所示。

ResNet 作者验证了 ResNet-34B、ResNet-34C、ResNet-50、ResNet-101 和 ResNet-152(ResNet-后面的数字代表网络层数)网络结构,最终使用集成(Ensemble)方法将 ImageNet 测

[①] 来源:何恺明等的论文"Deep Residual Learning for Image Recognition",arXiv:1512.03385v1。

试集 top 5 错误率[1]缩小至 3.57%，名列 ILSVRC '15 竞赛第一。

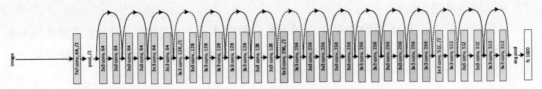

图 6.4　34 层的 ResNet[2]

6.1.3　Inception

Inception 网络是由 Google 公司的 Christian Szegedy 等提出的，最初发表在论文 "Going deeper with convolutions[3]" 上。出于对 LeNet 网络的尊敬，将 Inception 网络也称为 GoogleLeNet。

最初的 Inception 网络将 1×1、3×3、5×5 的过滤器和 3×3 的池化层堆叠在一起，这样做的一个好处是增加了网络的宽度；另一个好处就是在构建网络层时，如果不想预先决定到底使用哪一种过滤器，也不想决定是否使用池化层，那么最好选择 Inception 模块，它应用多种类型的过滤器，最后把输出连接起来。Inception 模块如图 6.5 所示。可以看到，前一层 (Previous Layer)中间用了 3 种过滤器和一种最大池化，最后将它们的输出按深度进行拼接。

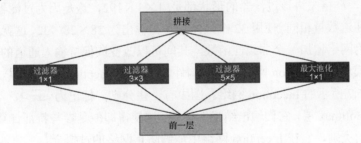

图 6.5　初级的 Inception 模块

注意，上述过滤器都应用 Same 卷积，输出维度与输入维度相同，即高度和宽度相同，只是深度可变。同样，最大池化使用填充，这是一种特殊的池化形式，使得输出维度与输

---

[1] top 5 错误率：对每一个样本都预测 5 个类别，只要其中有一个和真实类别相同就算预测正确；否则算预测错误。

[2] 来源：何恺明等的论文 "Deep Residual Learning for Image Recognition"，arXiv:1512.03385v1。

[3] 来源：https://arxiv.org/pdf/1409.4842v1.pdf。

入维度相同。这样,各个过滤器和池化器输出的高度和宽度都完全一样,只是深度不同,因此可以按深度进行拼接。

这种初级的 Inception 模块的最大问题就是计算成本较高。因此使用 1×1 的过滤器先把输入的通道数减少一些,然后再使用 3×3 和 5×5 的过滤器进行卷积操作,这样可以大大降低计算量。由此得到最终的 Inception 模块,如图 6.6 所示。

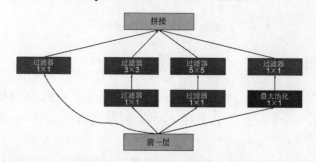

图 6.6　最终的 Inception 模块

可以看到,Inception 模块经常使用 1×1 的过滤器,这称为网络中的网络(Network in Network)。1×1 的过滤器有两个重要的作用,第一个作用是用于压缩通道数,假如输入为 28×28×192,如果想把它的通道数(深度)进行压缩,如压缩为 28×28×32,可以用 32 个 1×1 的过滤器,严格来讲该过滤器的形状都是 1×1×192,这是因为过滤器的通道数量必须与输入层的通道数量相同。使用 32 个过滤器使得输出为 28×28×32,这就压缩了通道数。第二个作用是为网络增加一个非线性函数,其间可以改变或保持输入通道的数量不变。

Inception 模块是 Inception 网络的基本构件,很多个 Inception 模块按照一定规律连接起来就组成了图 6.7 所示的 Inception 网络。图中有一些分支,标记为 softmax0、softmax1 和 softmax2,是用于预测的 Softmax 层,它们输出结果的标签。这使得即便是参与特征计算的隐藏层也能预测输入图片的类别,它在 Inception 网络中能够防止网络的过拟合。

自从 Inception 模块诞生之日开始,经过研究者的不断努力,衍生了 Inception V2、V3 及 V4 版本。其中,V2 版本加入了 BN(Batch Normalization)层,使每一层的输出都规范化到一个标准的高斯分布,并且使用两个 3×3 的卷积替换 5×5 的卷积,降低了参数量并减轻了过拟合。V3 版本引入分解的思想,将一个较大的二维卷积拆成两个较小的一维卷积。例如,将 7×7 卷积分解为 1×7 和 7×1 的两个卷积,将 3×3 也分解为 1×3 和 3×1 的两个卷积,优点是加速计算并增加了网络的非线性。V4 版本将 Inception 模块与 ResNet 相结合,充分利用 ResNet 加速训练和提升性能的优点,研究的成果是 Inception-ResNet V2 网络和 Inception V4 网络。

第 6 章 卷积神经网络示例

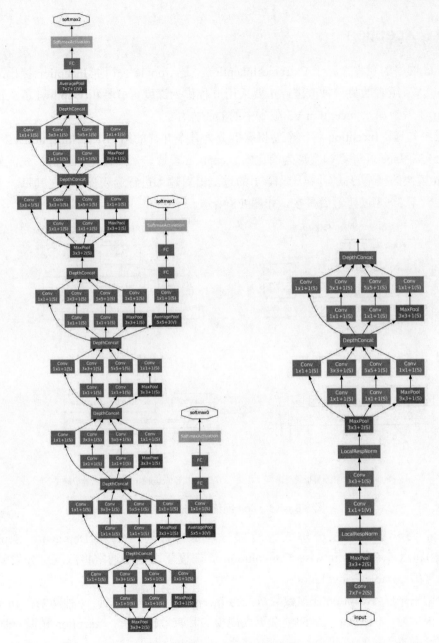

图 6.7　Inception 网络[①]

[①] 来源：Christian Szegedy et al. Going deeper with convolutions. arXiv:1409.4842v1 [cs.CV] 17 Sep 2014.

6.1.4 Xception

Xception 网络的名称来源于 Extreme Inception，是 Google 公司继 Inception 提出之后，对 Inception V3 版本的另一种改进，主要采用一种称为深度可分卷积(Depthwise Separable Convolution)来替换原来 Inception V3 版本中的卷积操作。

我们已经知道，Inception 将一个卷积层拆分为几个并行的结构，即 Inception V3 模块，Xception 论文将 Inception 结构变形为简化的 Inception 模块，然后再变为等价形式，最后变为 Inception 模块的极端形式，用一个 1×1 的过滤器对输入进行卷积操作，在其每一个输出通道都使用若干 3×3 过滤器后拼接，如图 6.8 所示。

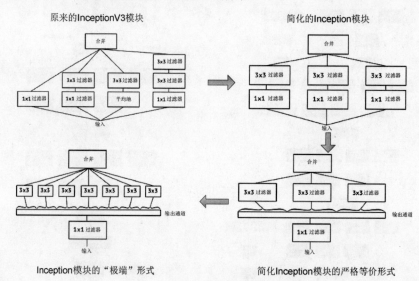

图 6.8　Xception 网络的变迁路线[1]

Xception 将一般卷积层分解成为两部分，即深度可分卷积(Depthwise Separable Convolutions)和点态卷积(Pointwise Convolution)。深度学习框架通常将深度可分卷积称为"可分卷积"(Separable Convolution)。

从实验结果来看，Xception 在参数数量上与 Inception V3 基本相等，两种网络在 Imagenet 上的表现也很接近，但在 Google 的一个更大规模的私有数据集上，Xception 稍微占优。

---

[1] 来源：Francois Chollet. Xception: Deep Learning with Depthwise Separable Convolutions. correarXiv: 1610.02357v3 [cs.CV] 4 Apr 2017.

torchvision.models 没有包含 Xception 的实现,如果要使用 Xception 模型,可以在以下网址下载 PyTorch 的 Xception 实现:https://github.com/tstandley/Xception-PyTorch。

6.1.5 ResNet 代码研读

了解经典 CNN 网络架构以后,研读开源代码能大大提升编程爱好者的水平。以下选择 PyTorch 的 ResNet 源代码进行关键代码讲解。

代码 6.1 定义所实现的 10 种 Resnet 的网络结构。

代码 6.1　Resnet 全部网络结构

```
__all__ = ['ResNet', 'resnet18', 'resnet34', 'resnet50', 'resnet101',
           'resnet152', 'resnext50_32x4d', 'resnext101_32x8d',
           'wide_resnet50_2', 'wide_resnet101_2']
```

代码 6.2 定义预训练的 9 种 ResNet 网络参数文件,如果在实例化网络时将输入参数 pretrained 设置为 True,就会从相应网址下载这些参数,直接使用或微调后使用。

代码 6.2　预训练的参数文件

```
model_urls = {
    'resnet18': 'https://download.pytorch.org/models/resnet18-5c106cde.pth',
    'resnet34': 'https://download.pytorch.org/models/resnet34-333f7ec4.pth',
    'resnet50': 'https://download.pytorch.org/models/resnet50-19c8e357.pth',
    'resnet101': 'https://download.pytorch.org/models/resnet101-5d3b4d8f.pth',
    'resnet152': 'https://download.pytorch.org/models/resnet152-b121ed2d.pth',
    'resnext50_32x4d': 'https://download.pytorch.org/models/resnext50_32x4d-7cdf4587.pth',
    'resnext101_32x8d': 'https://download.pytorch.org/models/resnext101_32x8d-8ba56ff5.pth',
    'wide_resnet50_2': 'https://download.pytorch.org/models/wide_resnet50_2-95faca4d.pth',
    'wide_resnet101_2': 'https://download.pytorch.org/models/wide_resnet101_2-32ee1156.pth',
}
```

代码 6.3 实现 3×3 的卷积函数。直接调用 nn.Conv2d 类的构造函数并将卷积核大小 kernel_size 设置为 3,输入参数 in_planes、out_planes、stride、groups 和 dilation 分别为输入通道、输出通道、步长、分组和膨胀卷积核间隔。

代码 6.3　conv3x3 函数实现

```
def conv3x3(in_planes, out_planes, stride=1, groups=1, dilation=1):
    return nn.Conv2d(in_planes, out_planes, kernel_size=3, stride=stride,
            padding=dilation, groups=groups, bias=False, dilation=dilation)
```

代码 6.4 实现 1×1 的卷积函数。直接调用 nn.Conv2d 类的构造函数并将卷积核大小 kernel_size 设为 1，输入参数 in_planes、out_planes 和 stride 分别为输入通道、输出通道和步长。

代码 6.4   conv1x1 函数实现

```python
def conv1x1(in_planes, out_planes, stride=1):
    return nn.Conv2d(in_planes, out_planes, kernel_size=1, stride=stride, bias=False)
```

代码 6.5 定义了 BasicBlock 类，该类继承 nn.Module 类，是 ResNet-18 和 ResNet-34 等使用的残差结构，实现了图 6.3 左部所示的残差块，该块是构建 ResNet 的基本结构。构造函数的输入参数 inplanes、planes、stride、downsample、groups、base_width、dilation 和 norm_layer 分别为输入通道、输出通道、步长、下采样、群组、基宽、膨胀卷积核间隔和归一化层。注意到代码中的 downsample，当输出和 x 的大小不一致时，就需要先对 x 进行下采样操作，然后再相加。

代码 6.5   BasicBlock 类定义

```python
class BasicBlock(nn.Module):
    expansion = 1

    def __init__(self, inplanes, planes, stride=1, downsample=None, groups=1,
                 base_width=64, dilation=1, norm_layer=None):
        super(BasicBlock, self).__init__()
        if norm_layer is None:
            norm_layer = nn.BatchNorm2d
        if groups != 1 or base_width != 64:
            raise ValueError('BasicBlock only supports groups=1 and base_width=64')
        if dilation > 1:
            raise NotImplementedError("Dilation > 1 not supported in BasicBlock")
        # Both self.conv1 and self.downsample layers downsample the input when stride != 1
        self.conv1 = conv3x3(inplanes, planes, stride)
        self.bn1 = norm_layer(planes)
        self.relu = nn.ReLU(inplace=True)
        self.conv2 = conv3x3(planes, planes)
        self.bn2 = norm_layer(planes)
        self.downsample = downsample
        self.stride = stride

    def forward(self, x):
        identity = x

        out = self.conv1(x)
        out = self.bn1(out)
```

```
    out = self.relu(out)

    out = self.conv2(out)
    out = self.bn2(out)

    if self.downsample is not None:
        identity = self.downsample(x)

    out += identity
    out = self.relu(out)

    return out
```

代码 6.6 定义了 Bottleneck 类，该类继承 nn.Module 类，实现了图 6.3 右部所示的残差块，比 ResNet-50 层数更多的网络都采用这种网络结构，可以视为 BasicBlock 的变体。PyTorch 实现与原始实现有所不同，原始实现将 stride 作用于第一个 1×1 卷积(self.conv1)上，而该变体将 stride 作用于第二个 3×3 的卷积(self.conv2)上并进行下采样，该变体因提升了准确率而被称为 ResNet V1.5。

代码 6.6　Bottleneck 类定义

```
class Bottleneck(nn.Module):
    expansion = 4

    def __init__(self, inplanes, planes, stride=1, downsample=None, groups=1,
                 base_width=64, dilation=1, norm_layer=None):
        super(Bottleneck, self).__init__()
        if norm_layer is None:
            norm_layer = nn.BatchNorm2d
        width = int(planes * (base_width / 64.)) * groups
        # Both self.conv2 and self.downsample layers downsample the input when stride != 1
        self.conv1 = conv1x1(inplanes, width)
        self.bn1 = norm_layer(width)
        self.conv2 = conv3x3(width, width, stride, groups, dilation)
        self.bn2 = norm_layer(width)
        self.conv3 = conv1x1(width, planes * self.expansion)
        self.bn3 = norm_layer(planes * self.expansion)
        self.relu = nn.ReLU(inplace=True)
        self.downsample = downsample
        self.stride = stride

    def forward(self, x):
        identity = x

        out = self.conv1(x)
        out = self.bn1(out)
```

```
        out = self.relu(out)

        out = self.conv2(out)
        out = self.bn2(out)
        out = self.relu(out)

        out = self.conv3(out)
        out = self.bn3(out)

        if self.downsample is not None:
            identity = self.downsample(x)

        out += identity
        out = self.relu(out)

        return out
```

代码 6.7 定义了构建 ResNet 网络的重要的 ResNet 类，该类比较复杂。先看自定义的 _make_layer 方法，其第一个输入参数 block 是前面定义的 Bottleneck 或 BasicBlock 类的实例，第二个输入参数 planes 是 block 块的输出通道，第三个输入参数 blocks 是包含 block 块的数量，stride 和 dilate 分别是步长和膨胀卷积核间隔。代码中的 layers.append 方法将第一个 block 块追加到 layers 列表，for _ in range(1, blocks)循环则将剩余的 block 块追加到 layers 列表。然后看_forward_impl 方法，它是 forward 方法的实现，其中的 self.layer1～self.layer4 都是调用自定义_make_layer 方法创建的卷积块。

代码 6.7　ResNet 类定义

```
class ResNet(nn.Module):

    def __init__(self, block, layers, num_classes=1000, zero_init_residual=False,
                 groups=1, width_per_group=64, replace_stride_with_dilation=None,
                 norm_layer=None):
        super(ResNet, self).__init__()
        if norm_layer is None:
            norm_layer = nn.BatchNorm2d
        self._norm_layer = norm_layer

        self.inplanes = 64
        self.dilation = 1
        if replace_stride_with_dilation is None:
            # each element in the tuple indicates if we should replace
            # the 2x2 stride with a dilated convolution instead
            replace_stride_with_dilation = [False, False, False]
        if len(replace_stride_with_dilation) != 3:
            raise ValueError("replace_stride_with_dilation should be None "
```

```python
                        "or a 3-element tuple, got {}".format
                        (replace_stride_with_dilation))
    self.groups = groups
    self.base_width = width_per_group
    self.conv1 = nn.Conv2d(3, self.inplanes, kernel_size=7, stride=2, padding=3,
                        bias=False)
    self.bn1 = norm_layer(self.inplanes)
    self.relu = nn.ReLU(inplace=True)
    self.maxpool = nn.MaxPool2d(kernel_size=3, stride=2, padding=1)
    self.layer1 = self._make_layer(block, 64, layers[0])
    self.layer2 = self._make_layer(block, 128, layers[1], stride=2,
                            dilate=replace_stride_with_dilation[0])
    self.layer3 = self._make_layer(block, 256, layers[2], stride=2,
                            dilate=replace_stride_with_dilation[1])
    self.layer4 = self._make_layer(block, 512, layers[3], stride=2,
                            dilate=replace_stride_with_dilation[2])
    self.avgpool = nn.AdaptiveAvgPool2d((1, 1))
    self.fc = nn.Linear(512 * block.expansion, num_classes)

    for m in self.modules():
        if isinstance(m, nn.Conv2d):
            nn.init.kaiming_normal_(m.weight, mode='fan_out', nonlinearity='relu')
        elif isinstance(m, (nn.BatchNorm2d, nn.GroupNorm)):
            nn.init.constant_(m.weight, 1)
            nn.init.constant_(m.bias, 0)

    # Zero-initialize the last BN in each residual branch,
    # so that the residual branch starts with zeros, and each residual block
    # behaves like an identity.
    # This improves the model by 0.2~0.3% according to https://arxiv.org/abs/1706.02677
    if zero_init_residual:
        for m in self.modules():
            if isinstance(m, Bottleneck):
                nn.init.constant_(m.bn3.weight, 0)
            elif isinstance(m, BasicBlock):
                nn.init.constant_(m.bn2.weight, 0)

def _make_layer(self, block, planes, blocks, stride=1, dilate=False):
    norm_layer = self._norm_layer
    downsample = None
    previous_dilation = self.dilation
    if dilate:
        self.dilation *= stride
        stride = 1
    if stride != 1 or self.inplanes != planes * block.expansion:
        downsample = nn.Sequential(
            conv1x1(self.inplanes, planes * block.expansion, stride),
```

```
                norm_layer(planes * block.expansion),
            )

        layers = []
        layers.append(block(self.inplanes, planes, stride, downsample, self.groups,
                            self.base_width, previous_dilation, norm_layer))
        self.inplanes = planes * block.expansion
        for _ in range(1, blocks):
            layers.append(block(self.inplanes, planes, groups=self.groups,
                                base_width=self.base_width, dilation=self.dilation,
                                norm_layer=norm_layer))

        return nn.Sequential(*layers)

    def _forward_impl(self, x):
        # See note [TorchScript super()]
        x = self.conv1(x)
        x = self.bn1(x)
        x = self.relu(x)
        x = self.maxpool(x)

        x = self.layer1(x)
        x = self.layer2(x)
        x = self.layer3(x)
        x = self.layer4(x)

        x = self.avgpool(x)
        x = torch.flatten(x, 1)
        x = self.fc(x)

        return x

    def forward(self, x):
        return self._forward_impl(x)
```

代码 6.8 所示的 _resnet 函数是为封装 ResNet 而设立的。代码中直接调用 ResNet 构造函数创建 ResNet 实例，如果输入参数 pretrained 为 True，则从代码 6.2 中定义的 model_urls 字典中获取预训练的网络参数文件名称，然后下载并加载预训练模型。

代码 6.8　_resnet 函数定义

```
def _resnet(arch, block, layers, pretrained, progress, **kwargs):
    model = ResNet(block, layers, **kwargs)
    if pretrained:
        state_dict = load_state_dict_from_url(model_urls[arch],
                                              progress=progress)
        model.load_state_dict(state_dict)
    return model
```

代码 6.9 定义了 resnet34 类，该类直接调用_resnet 函数构建 resnet34 实例。代码中的[3, 4, 6, 3]指定 resnet34 堆叠块的数量，具体见图 6.9 中的"34 层"栏。

代码 6.9　resnet34 类定义

```
def resnet34(pretrained=False, progress=True, **kwargs):
    return _resnet('resnet34', BasicBlock, [3, 4, 6, 3], pretrained, progress,
                   **kwargs)
```

读者可自行研究其他 ResNet 结构的类定义，并与图 6.9 进行对照。

层名	输出尺寸	18层	34层	50层	101层	152层
conv1	112×112	7×7, 64, stride 2				
conv2_x	56×56	3×3 max pool, stride 2				
conv2_x	56×56	$\begin{bmatrix}3\times3, 64\\3\times3, 64\end{bmatrix}\times2$	$\begin{bmatrix}3\times3, 64\\3\times3, 64\end{bmatrix}\times3$	$\begin{bmatrix}1\times1, 64\\3\times3, 64\\1\times1, 256\end{bmatrix}\times3$	$\begin{bmatrix}1\times1, 64\\3\times3, 64\\1\times1, 256\end{bmatrix}\times3$	$\begin{bmatrix}1\times1, 64\\3\times3, 64\\1\times1, 256\end{bmatrix}\times3$
conv3_x	28×28	$\begin{bmatrix}3\times3, 128\\3\times3, 128\end{bmatrix}\times2$	$\begin{bmatrix}3\times3, 128\\3\times3, 128\end{bmatrix}\times4$	$\begin{bmatrix}1\times1, 128\\3\times3, 128\\1\times1, 512\end{bmatrix}\times4$	$\begin{bmatrix}1\times1, 128\\3\times3, 128\\1\times1, 512\end{bmatrix}\times4$	$\begin{bmatrix}1\times1, 128\\3\times3, 128\\1\times1, 512\end{bmatrix}\times8$
conv4_x	14×14	$\begin{bmatrix}3\times3, 256\\3\times3, 256\end{bmatrix}\times2$	$\begin{bmatrix}3\times3, 256\\3\times3, 256\end{bmatrix}\times6$	$\begin{bmatrix}1\times1, 256\\3\times3, 256\\1\times1, 1024\end{bmatrix}\times6$	$\begin{bmatrix}1\times1, 256\\3\times3, 256\\1\times1, 1024\end{bmatrix}\times23$	$\begin{bmatrix}1\times1, 256\\3\times3, 256\\1\times1, 1024\end{bmatrix}\times36$
conv5_x	7×7	$\begin{bmatrix}3\times3, 512\\3\times3, 512\end{bmatrix}\times2$	$\begin{bmatrix}3\times3, 512\\3\times3, 512\end{bmatrix}\times3$	$\begin{bmatrix}1\times1, 512\\3\times3, 512\\1\times1, 2048\end{bmatrix}\times3$	$\begin{bmatrix}1\times1, 512\\3\times3, 512\\1\times1, 2048\end{bmatrix}\times3$	$\begin{bmatrix}1\times1, 512\\3\times3, 512\\1\times1, 2048\end{bmatrix}\times3$
	1×1	平均池, 1000-d fc, softmax				
FLOPs		1.8×10^9	3.6×10^9	3.8×10^9	7.6×10^9	11.3×10^9

图 6.9　ResNet 堆叠的块结构[4]

6.2　使用预训练的 CNN

前人已经通过大量实践证明，诸如 ResNet 等成熟的卷积神经网络架构性能较好。如果每次都从头开始训练自己的卷积神经网络，手头又没有大量的训练数据，加上计算资源匮乏，显然要进一步提高性能非常困难。要想获得更好的性能，直接使用预训练的模型无疑是一条捷径，毕竟站在巨人的肩膀上可以看得更远。

预训练网络是一个已经在大型数据集上训练好，并且将训练好的网络权重参数保存为文件，以备将来使用的深度网络。如果原来训练所使用的原始数据集足够大且有一定的通用性，那么该预训练网络所学习的特征空间的层次结构可以作为一个通用模型，用于解决一些相近但不同的问题，即便新问题所涉及的数据和标签与原始问题不同。例如，ImageNet 数据集是一个含有 140 万张照片和 1000 个不同类别的大型数据集，torchvision 上有多个使用 ImageNet 数据集训练的大型卷积神经网络，只需要在实例化这些卷积神经网络时将 pretrained 参数设置为 True 就可以加载预训练模型，然后将这些现成的预训练模型应用于一些相似但有所不同的任务。ImageNet 包含一些动物图像，其中包括不同种类的猫和狗图像，自然可以认为 ImageNet 预训练网络可以推广至猫狗数据集的分类问题。具体地说，通过特征抽取和微调两种方法之一，可以将预训练网络的卷积层部分所学到的特征应用于不同的问题，这种方法对解决小数据问题非常有效。

一般来说，不会将整个预训练网络都用于新问题，而仅仅使用预训练网络中的卷积层部分。原因在于，新问题的类别往往与原模型的类别在数量上不一致，例如，使用 ImageNet 数据集训练的网络有 1000 个类别，但猫狗数据集仅有两个类别。因此，使用某种预训练网络(如 ResNet18)的卷积层部分来提取特征，然后用这些特征来训练猫狗分类器更为合理。另一个原因是，卷积层表示的通用性取决于该层的深度，模型靠近图像输入层提取的是局部而通用的特征，如边缘、颜色和纹理，更深的层提取的是更为抽象的特征，如眼睛、鼻子。因此，如果新数据集与预训练网络所使用的数据集存在较大差异，可以只使用模型的前面几层来抽取局部而通用的特征，不需要使用全部的卷积层。

6.2.1 特征抽取

本节使用预训练的 ResNet18 模型来完成特征抽取，ResNet18 是 torchvision.models 中的简单模型，其性能好且易于优化。

PyTorch 的特征抽取一般采用将预训练卷积层和新增全连接层合并为一个完整网络的方法，但是需要冻结预训练卷积层的参数，不参与训练，只训练新增全连接层的网络参数。为了提高网络的泛化能力，可以使用数据增强。

代码 6.10 实现图像转换功能。由于 ImageNet 的原始输入尺寸为 224×224，但猫狗数据集的图像尺寸不一，因此使用 RandomResizedCrop(224)统一将原图像随机裁剪为 224×224 大小，再使用 RandomHorizontalFlip 随机水平翻转给定图像，这样可实现训练集的数据增强。ToTensor 将图像对象转换为张量，Normalize 对张量图像进行规范化，使用在 ImageNet 上计算的均值与方差。注意到训练集使用数据增强和规范化，但验证集仅使用规范化。

代码 6.10　图像转换

```
# 猫狗数据集是 ImageNet 数据集的子集
# 本示例使用猫狗数据集的 small 子集
data_transforms = {
    # 训练使用数据增强和规范化
    'train': transforms.Compose([
```

```
        transforms.RandomResizedCrop(224),
        transforms.RandomHorizontalFlip(),
        transforms.ToTensor(),
        # 使用在 ImageNet 上计算的均值与方差
        transforms.Normalize([0.485, 0.456, 0.406], [0.229, 0.224, 0.225])
    ]),
    # 验证仅使用规范化
    'validation': transforms.Compose([
        transforms.Resize(256),
        transforms.CenterCrop(224),
        transforms.ToTensor(),
        transforms.Normalize([0.485, 0.456, 0.406], [0.229, 0.224, 0.225])
    ]),
}
```

代码 6.11 为模型训练函数。其中，输入参数 model 为待训练模型，dataloaders 为数据加载器，dataset_sizes 为数据集大小，criterion 为损失函数指标，optimizer 为优化器，scheduler 为衰减学习率的调度器，num_epochs 为训练的轮次。函数体中，使用一个 for 循环迭代 num_epochs 轮，每轮分为训练和验证两个阶段，使用一个 for 循环复用这两个阶段的大部分重复代码。在训练过程中，还暂存最佳模型和保存准确率历史，以便最终返回最佳模型和准确率历史。

代码 6.11　模型训练函数

```python
def train_model(model, dataloaders, dataset_sizes, criterion, optimizer, scheduler,
                num_epochs=30):
    """ 训练模型 """
    # 计时
    since = time.time()

    best_model = copy.deepcopy(model.state_dict())
    best_acc = 0.0
    acc_history = []    # 准确率历史

    for epoch in range(num_epochs):
        print(f'第{epoch}轮/共{num_epochs - 1}轮')

        # 每轮分为训练和验证两个阶段
        for phase in ['train', 'validation']:
            if phase == 'train':
                model.train()    # 训练模式
            else:
                model.eval()    # 验证模式

            accumulative_loss = 0.0
```

```python
        accumulative_corrects = 0.0

        # 迭代
        for imgs, labels in dataloaders[phase]:
            imgs = imgs.to(device)
            labels = labels.to(device)

            # 梯度清零
            optimizer.zero_grad()

            # 仅在训练阶段才进行优化
            with torch.set_grad_enabled(phase == 'train'):
                # 前向算法
                outputs = model(imgs)
                _, preds = torch.max(outputs, 1)
                loss = criterion(outputs, labels)

                # 训练阶段才需要后向算法和优化
                if phase == 'train':
                    loss.backward()
                    optimizer.step()

            # 累加性能统计
            accumulative_loss += loss.item() * imgs.size(0)
            accumulative_corrects += torch.sum(preds == labels.data)
        if phase == 'train':
            scheduler.step()

        epoch_loss = accumulative_loss / dataset_sizes[phase]
        epoch_acc = accumulative_corrects / dataset_sizes[phase]

        print(f'{"训练" if phase == "train" else "验证"}损失：{epoch_loss :.4f} 
                准确率：{epoch_acc :.4%}')

        # 暂存最佳模型
        if phase == 'validation':
            acc_history.append(epoch_acc)   # 保存准确率历史
            if epoch_acc > best_acc:
                best_acc = epoch_acc
                best_model = copy.deepcopy(model.state_dict())

# 计算耗时
time_elapsed = time.time() - since
print(f"训练耗时：{time_elapsed // 60 :.0f}分{time_elapsed % 60 :.0f}秒")
print(f"最佳验证准确率：{best_acc :.4%}")

# 加载暂存的最佳模型权重
```

```
        model.load_state_dict(best_model)
    return model, acc_history
```

代码 6.12 使用 ImageFolder 来读取本书 1.3.4 小节预处理后的小型猫狗数据集。为了简单，image_datasets 使用 Python 字典来存储训练集和验证集，DataLoaders 也采用 Python 字典来存储训练集和验证集的数据加载器。

代码 6.12　数据集和数据加载器

```
epochs = 15
batch_size = 8
data_dir = '../datasets/kaggledogvscat/small'
image_datasets = {x: datasets.ImageFolder(os.path.join(data_dir, x),
                                          data_transforms[x])
                  for x in ['train', 'validation']}
dataloaders = {x: DataLoader(image_datasets[x], batch_size=batch_size,
                             shuffle=True, num_workers=0)
               for x in ['train', 'validation']}
dataset_sizes = {x: len(image_datasets[x]) for x in ['train', 'validation']}
class_names = image_datasets['train'].classes
```

代码 6.13 为特征抽取方法的关键代码。首先加载预训练的 ResNet18 模型，因此这里将 pretrained 属性设置为 True；然后通过设置权重参数的 requires_grad 属性为 False 来冻结网络的全部权重参数，使之不参与训练；最后重新设置全连接层，使输出单元数为新任务的类别数。

代码 6.13　特征抽取方法

```
# 首先使用特征抽取方法来训练模型
# 加载预训练模型
model_fe = models.resnet18(pretrained=True)

# 冻结网络全部权重参数
for param in model_fe.parameters():
    param.requires_grad = False

# 重新设置全连接层
num_features = model_fe.fc.in_features
model_fe.fc = nn.Linear(num_features, len(class_names))

print("CNN 模型：")
print(model_fe)

# 特征抽取方法冻结卷积层，但不冻结最后的全连接层
print("卷积层 requires_grad: ", model_fe.layer1[0].conv1.weight.requires_grad)
print("全连接层 requires_grad: ", model_fe.fc.weight.requires_grad)
```

注意到网络的最后一层 fc 的 out_features 属性为 2，符合当前区别猫和狗的任务。另外，结果显示"卷积层 requires_grad"为 False，而"全连接层 requires_grad"为 True，说明已经冻结了卷积层参数，但开放全连接层参数。程序运行后的打印结果如下：

```
CNN 模型：
ResNet(
  (conv1): Conv2d(3, 64, kernel_size=(7, 7), stride=(2, 2), padding=(3, 3), bias=False)
  (bn1): BatchNorm2d(64, eps=1e-05, momentum=0.1, affine=True,
                     track_running_stats=True)
  (relu): ReLU(inplace=True)
  (maxpool): MaxPool2d(kernel_size=3, stride=2, padding=1, dilation=1,
                       ceil_mode=False)
  (layer1): Sequential(
    (0): BasicBlock(
      (conv1): Conv2d(64, 64, kernel_size=(3, 3), stride=(1, 1), padding=(1, 1),
                      bias=False)
      (bn1): BatchNorm2d(64, eps=1e-05, momentum=0.1, affine=True,
                         track_running_stats=True)
      (relu): ReLU(inplace=True)
      (conv2): Conv2d(64, 64, kernel_size=(3, 3), stride=(1, 1), padding=(1, 1),
                      bias=False)
      (bn2): BatchNorm2d(64, eps=1e-05, momentum=0.1, affine=True,
                         track_running_stats=True)
    )
    (1): BasicBlock(
      (conv1): Conv2d(64, 64, kernel_size=(3, 3), stride=(1, 1), padding=(1, 1),
                      bias=False)
      (bn1): BatchNorm2d(64, eps=1e-05, momentum=0.1, affine=True,
                         track_running_stats=True)
      (relu): ReLU(inplace=True)
      (conv2): Conv2d(64, 64, kernel_size=(3, 3), stride=(1, 1), padding=(1, 1),
                      bias=False)
      (bn2): BatchNorm2d(64, eps=1e-05, momentum=0.1, affine=True,
                         track_running_stats=True)
    )
  )
  (layer2): Sequential(
    (0): BasicBlock(
      (conv1): Conv2d(64, 128, kernel_size=(3, 3), stride=(2, 2), padding=(1, 1),
                      bias=False)
      (bn1): BatchNorm2d(128, eps=1e-05, momentum=0.1, affine=True,
                         track_running_stats=True)
      (relu): ReLU(inplace=True)
      (conv2): Conv2d(128, 128, kernel_size=(3, 3), stride=(1, 1), padding=(1, 1),
                      bias=False)
```

```
    (bn2): BatchNorm2d(128, eps=1e-05, momentum=0.1, affine=True,
                      track_running_stats=True)
    (downsample): Sequential(
      (0): Conv2d(64, 128, kernel_size=(1, 1), stride=(2, 2), bias=False)
      (1): BatchNorm2d(128, eps=1e-05, momentum=0.1, affine=True,
                      track_running_stats=True)
    )
  )
  (1): BasicBlock(
    (conv1): Conv2d(128, 128, kernel_size=(3, 3), stride=(1, 1), padding=(1, 1),
                    bias=False)
    (bn1): BatchNorm2d(128, eps=1e-05, momentum=0.1, affine=True,
                      track_running_stats=True)
    (relu): ReLU(inplace=True)
    (conv2): Conv2d(128, 128, kernel_size=(3, 3), stride=(1, 1), padding=(1, 1),
                    bias=False)
    (bn2): BatchNorm2d(128, eps=1e-05, momentum=0.1, affine=True,
                      track_running_stats=True)
  )
)
(layer3): Sequential(
  (0): BasicBlock(
    (conv1): Conv2d(128, 256, kernel_size=(3, 3), stride=(2, 2), padding=(1, 1),
                    bias=False)
    (bn1): BatchNorm2d(256, eps=1e-05, momentum=0.1, affine=True,
                      track_running_stats=True)
    (relu): ReLU(inplace=True)
    (conv2): Conv2d(256, 256, kernel_size=(3, 3), stride=(1, 1), padding=(1, 1),
                    bias=False)
    (bn2): BatchNorm2d(256, eps=1e-05, momentum=0.1, affine=True,
                      track_running_stats=True)
    (downsample): Sequential(
      (0): Conv2d(128, 256, kernel_size=(1, 1), stride=(2, 2), bias=False)
      (1): BatchNorm2d(256, eps=1e-05, momentum=0.1, affine=True,
                      track_running_stats=True)
    )
  )
  (1): BasicBlock(
    (conv1): Conv2d(256, 256, kernel_size=(3, 3), stride=(1, 1), padding=(1, 1),
                    bias=False)
    (bn1): BatchNorm2d(256, eps=1e-05, momentum=0.1, affine=True,
                      track_running_stats=True)
    (relu): ReLU(inplace=True)
    (conv2): Conv2d(256, 256, kernel_size=(3, 3), stride=(1, 1), padding=(1, 1),
                    bias=False)
    (bn2): BatchNorm2d(256, eps=1e-05, momentum=0.1, affine=True,
                      track_running_stats=True)
```

```
    )
  )
  (layer4): Sequential(
    (0): BasicBlock(
      (conv1): Conv2d(256, 512, kernel_size=(3, 3), stride=(2, 2), padding=(1, 1),
                bias=False)
      (bn1): BatchNorm2d(512, eps=1e-05, momentum=0.1, affine=True,
                track_running_stats=True)
      (relu): ReLU(inplace=True)
      (conv2): Conv2d(512, 512, kernel_size=(3, 3), stride=(1, 1), padding=(1, 1),
                bias=False)
      (bn2): BatchNorm2d(512, eps=1e-05, momentum=0.1, affine=True,
                track_running_stats=True)
      (downsample): Sequential(
        (0): Conv2d(256, 512, kernel_size=(1, 1), stride=(2, 2), bias=False)
        (1): BatchNorm2d(512, eps=1e-05, momentum=0.1, affine=True,
                track_running_stats=True)
      )
    )
    (1): BasicBlock(
      (conv1): Conv2d(512, 512, kernel_size=(3, 3), stride=(1, 1), padding=(1, 1),
                bias=False)
      (bn1): BatchNorm2d(512, eps=1e-05, momentum=0.1, affine=True,
                track_running_stats=True)
      (relu): ReLU(inplace=True)
      (conv2): Conv2d(512, 512, kernel_size=(3, 3), stride=(1, 1), padding=(1, 1),
                bias=False)
      (bn2): BatchNorm2d(512, eps=1e-05, momentum=0.1, affine=True,
                track_running_stats=True)
    )
  )
  (avgpool): AdaptiveAvgPool2d(output_size=(1, 1))
  (fc): Linear(in_features=512, out_features=2, bias=True)
)
卷积层 requires_grad: False
全连接层 requires_grad: True
```

代码 6.14 为训练和评估代码。首先定义损失函数和优化器,然后使用每隔一定轮次衰减学习率的方法,最后调用 fe_history。定义的模型训练函数 train_model 来训练特征抽取模型。

代码 6.14　训练和评估

```
# 使用 GPU
model_fe = model_fe.to(device)
# 交叉熵损失
criterion = nn.CrossEntropyLoss()
```

```
# 优化器
optimizer_fe = optim.SGD(model_fe.parameters(), lr=0.001, momentum=0.9)

# 每隔 step_size 轮衰减学习率 gamma 倍
exp_lr_scheduler = lr_scheduler.StepLR(optimizer_fe, step_size=7, gamma=0.1)

# 训练和评估
print("\n开始训练特征抽取模型!")
_, fe_history = train_model(model_fe, dataloaders, dataset_sizes, criterion,
                            optimizer_fe, exp_lr_scheduler, num_epochs=epochs)
```

为了说明特征抽取模型的优越性,使用从头开始训练的常规方法来训练一个对照模型,如代码 6.15 所示。对照模型与特征抽取模型的训练方法一致,只不过是从头开始训练,未使用特征抽取。注意到对照模型设置 pretrained 属性为 False,没有加载预训练模型,也没有冻结网络权重参数。

代码 6.15 用从头开始训练的常规方法来训练模型

```
# 为了对比,再使用从头开始训练的常规方法来训练模型
# 加载模型
model_scratch = models.resnet18(pretrained=False)

# 重新设置全连接层
num_features = model_scratch.fc.in_features
model_scratch.fc = nn.Linear(num_features, len(class_names))

# 使用 GPU
model_scratch = model_scratch.to(device)
# 交叉熵损失
criterion = nn.CrossEntropyLoss()
# 优化器
optimizer_scratch = optim.SGD(model_scratch.parameters(), lr=0.001, momentum=0.9)

# 每隔 step_size 轮衰减学习率 gamma 倍
exp_lr_scheduler = lr_scheduler.StepLR(optimizer_scratch, step_size=7, gamma=0.1)

# 训练和评估
print("\n开始训练从头开始的模型!")
_, scratch_history = train_model(model_scratch, dataloaders, dataset_sizes,
                                 criterion, optimizer_scratch, exp_lr_scheduler, num_epochs=epochs)
```

完整的程序代码可参见 transfer_learning_feature_extraction.py。运行该程序后,绘制出特征抽取模型和从头训练模型的验证准确率如图 6.10 所示。

可以看到,经历短短第 1 轮训练以后,特征抽取模型的验证准确率就很高,最好的验证准确率为 98.1000%。但作为对比的从头训练模型的最佳验证准确率才 71.9000%。证明预

训练的卷积网络的性能非常好，远远超过从头开始训练的模型。

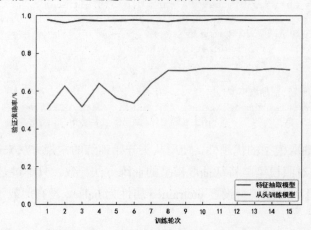

图 6.10 特征抽取模型和从头训练模型的验证准确率对照曲线

6.2.2 微调

微调是在特征抽取基础上的改进。在特征抽取方法中，预训练模型是完全冻结的，微调则是将其后面的几层解冻，让解冻的几层和新增的全连接层一起训练。当然，微调的训练是很讲究策略的，只有网络最后面的全连接层训练好之后，才能解冻并训练预训练模型前面的几层。如果全连接层还没有训练好，就急着训练前面的层，那么反向传播的误差信号会非常大，导致预训练模型已经学到的特征表示遭到破坏。因此，微调网络需要按照以下步骤进行训练。

① 冻结预训练网络部分。
② 训练新增的全连接层。
③ 解冻预训练网络的后面几层，仍然冻结预训练网络的其他层。
④ 训练解冻的后面几层和新增的全连接层。

如果要继续微调更多的预训练网络层，可以按照上述步骤逐步解冻。但是，一般不会去微调整个预训练网络层，这是由于以下两个原因。

① 预训练网络靠近前面的层含有通用的可复用特征，但靠近后面的层包含更加抽象的特征。微调抽象特征效果更为显著，能针对新问题改变其用途，但微调通用层的效果不明显。

② 训练参数越多，数据量越少，过拟合风险越大。除非训练集非常大，否则不建议

训练很多参数，以免造成过拟合。

微调模型的大部分代码与特征抽取模型的一致，只需修改很少的部分。首先要修改模型训练函数，如代码 6.16 所示。增加一个 unfreeze_epochs 参数，指定冻结预训练网络部分和训练新增的全连接层这两个步骤的轮次，然后解冻 ResNet 网络的 layer4 权重参数，让这部分参数参与训练。

代码 6.16　修改模型训练函数

```python
def train_model(model, dataloaders, dataset_sizes, criterion, optimizer,
                scheduler, num_epochs=30, unfreeze_epochs=None):
    """ 训练模型 """
    # 计时
    since = time.time()

    best_model = copy.deepcopy(model.state_dict())
    best_acc = 0.0
    acc_history = []   # 准确率历史

    for epoch in range(num_epochs):
        print(f'第{epoch}轮/共{num_epochs - 1}轮')
        if epoch == unfreeze_epochs:
            # 解冻 ResNet 网络的 layer4 权重参数
            for param in model.layer4.parameters():
                param.requires_grad = True
            print("解冻 layer4 卷积层后的 requires_grad: ",
                  model.layer4[0].conv1.weight.requires_grad)

        # 每轮分为训练和验证两个阶段
        for phase in ['train', 'validation']:
            if phase == 'train':
                model.train()   # 训练模式
            else:
                model.eval()    # 验证模式

            accumulative_loss = 0.0
            accumulative_corrects = 0.0

            # 迭代
            for imgs, labels in dataloaders[phase]:
                imgs = imgs.to(device)
                labels = labels.to(device)

                # 梯度清零
                optimizer.zero_grad()
```

```
            # 仅在训练阶段才进行优化
            with torch.set_grad_enabled(phase == 'train'):
                # 前向算法
                outputs = model(imgs)
                _, preds = torch.max(outputs, 1)
                loss = criterion(outputs, labels)

                # 训练阶段才需要后向算法和优化
                if phase == 'train':
                    loss.backward()
                    optimizer.step()

            # 累加性能统计
            accumulative_loss += loss.item() * imgs.size(0)
            accumulative_corrects += torch.sum(preds == labels.data)
        if phase == 'train':
            scheduler.step()

        epoch_loss = accumulative_loss / dataset_sizes[phase]
        epoch_acc = accumulative_corrects / dataset_sizes[phase]

        print(f'{"训练" if phase == "train" else "验证"}损失: {epoch_loss :.4f} 
              准确率: {epoch_acc :.4%}')

        # 暂存最佳模型
        if phase == 'validation':
            acc_history.append(epoch_acc)  # 保存准确率历史
            if epoch_acc > best_acc:
                best_acc = epoch_acc
                best_model = copy.deepcopy(model.state_dict())

# 计算耗时
time_elapsed = time.time() - since
print(f"训练耗时: {time_elapsed // 60 :.0f}分{time_elapsed % 60 :.0f}秒")
print(f"最佳验证准确率: {best_acc :.4%}")

# 加载暂存的最佳模型权重
model.load_state_dict(best_model)
return model, acc_history
```

然后修改调用 train_model 的代码，设置 unfreeze_epochs 参数为 5，即 5 轮后解冻部分权重参数，如代码 6.17 所示。

代码 6.17 调用模型训练函数

```
# 训练和评估
print("\n开始训练微调模型！")
```

```
    _, ft_history = train_model(model_ft, dataloaders, dataset_sizes, criterion,
        optimizer_ft, exp_lr_scheduler, num_epochs=epochs, unfreeze_epochs=5)
```

微调模型的完整源代码可参见 transfer_learning_finetuning.py。微调模型和从头训练模型的验证准确率如图 6.11 所示。微调模型的验证准确率比特征抽取模型的高，最佳验证准确率达到 98.6000%。

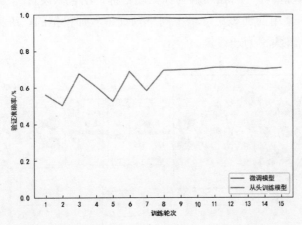

图 6.11　微调模型和从头训练模型的验证准确率对照曲线

6.3　知识蒸馏

现在的深度学习模型越来越庞大，对训练和运行模型设备的计算能力要求极高。为了对模型规模进行压缩，以便落地应用部署在计算能力欠缺的设备上，就需要寻找有效的模型压缩方法。

本节首先介绍知识蒸馏原理；然后用实例来展示如何编写知识蒸馏程序。

6.3.1　知识蒸馏原理

知识蒸馏(Knowledge Distillation，KD)广泛应用于模型压缩和迁移学习，普遍认为知识蒸馏的开山之作是 Geoffrey Hinton 等在 2015 年发表的"Distilling the Knowledge in a Neural Network"[1]论文。可以认为知识保存在网络模型的参数中，为此，需要将大型模型(称为教

---

① 网址为：https://arxiv.org/abs/1503.02531。

师模型)学习得到的知识通过迁移学习转换到更小更快的模型(称为学生模型)中,以获得在性能上匹敌大型模型的小型模型,从而压缩模型规模。

知识蒸馏的教师-学生框架如图 6.12 所示。同时将训练集数据输入到教师模型和学生模型中,从教师模型的预测输出中蒸馏知识,并迁移到学生模型中。一般将蒸馏得到的知识称为软目标,而将训练集标签的独热编码称为硬目标,结合软硬目标对学生模型进行训练。由于知识蒸馏过程中使用的训练集可以不同于预训练教师模型的训练集,为了区别两者,特意将知识蒸馏的训练集称为迁移集。

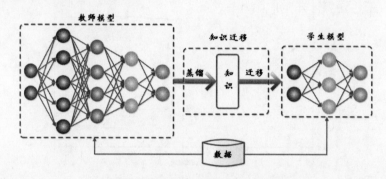

图 6.12 知识蒸馏的教师-学生框架①

Hinton 引入蒸馏温度这一概念,将教师模型和学生模型的最后一层 softmax 的输入(称为 logits)都除以蒸馏温度,使分布更加均匀,常称为"软化",然后再比较两个模型输出的概率分布。软化的 softmax 计算公式为

$$q_i = \frac{\exp(z_i/T)}{\sum_j \exp(z_j/T)} \tag{6.1}$$

在训练学生模型时,一般使用较高的蒸馏温度使得 softmax 分布软化,然后让学生模型去模仿教师模型的输出,在训练结束以后再使用正常温度(将 T 设为 1)来进行预测。

损失函数 $\mathcal{L}$ 由软硬目标两部分构成,超参数 α 用于调整其占比,有

$$\mathcal{L} = \alpha \mathrm{KL}(p,q) + (1-\alpha)\mathrm{CE}(y,q) \tag{6.2}$$

其中,第一项和第二项分别为软、硬两个目标的损失,KL(.) 为 KL 散度(Kullback-Leibler Divergence)函数,CE(.) 为交叉熵函数,p 和 q 分别为教师模型和学生模型输出的分布,y 为真实标签。

---

① 来源:"Knowledge Distillation: A Survey",https://arxiv.org/pdf/2006.05525.pdf。

知识蒸馏一般分为以下 3 个步骤。

(1) 首先对复杂的教师网络模型进行预训练。

(2) 然后通过知识蒸馏来训练学生模型。这一步需要冻结教师模型的网络参数,再将知识从复杂的教师模型迁移到学生模型上。

(3) 最后是推理阶段,只使用学生模型进行推理。由于已经脱离教师模型,推理速度与不使用知识蒸馏训练的模型一样。

6.3.2 知识蒸馏示例

为了让读者更快地了解知识蒸馏,本小节设计了一个简单的知识蒸馏程序。教师模型采用 ResNet 50,学生模型采用自定义的一个 9 层的小型卷积神经网络。完整的程序可参见 kd_demo.py。

学生模型定义如代码 6.18 所示,由于使用了很少的卷积层,故性能有限。

代码 6.18　学生网络定义

```python
class Net(nn.Module):
    """ 学生模型 """

    def __init__(self):
        super(Net, self).__init__()
        self.layer1 = nn.Sequential(
            nn.Conv2d(3, 64, kernel_size=(3, 3), stride=(1, 1),
                      padding=(1, 1)),
            nn.ReLU(inplace=True),
            nn.Conv2d(64, 64, kernel_size=(3, 3), stride=(1, 1),
                      padding=(1, 1)),
            nn.ReLU(inplace=True),
            nn.MaxPool2d(kernel_size=2, stride=2, padding=0,
                         dilation=1, ceil_mode=False)
        )
        self.layer2 = nn.Sequential(
            nn.Conv2d(64, 128, kernel_size=(3, 3), stride=(1, 1),
                      padding=(1, 1)),
            nn.ReLU(inplace=True),
            nn.Conv2d(128, 128, kernel_size=(3, 3), stride=(1, 1),
                      padding=(1, 1)),
            nn.ReLU(inplace=True),
            nn.MaxPool2d(kernel_size=2, stride=2, padding=0,
                         dilation=1, ceil_mode=False)
        )
        self.pool1 = nn.AdaptiveAvgPool2d(output_size=(1, 1))
```

```
        self.fc1 = nn.Linear(128, 32)
        self.fc2 = nn.Linear(32, 10)
        self.dropout_rate = 0.5

    def forward(self, x):
        x = self.layer1(x)
        x = self.layer2(x)
        x = self.pool1(x)
        x = x.view(x.size(0), -1)
        x = self.fc1(x)
        x = self.fc2(x)

        return x
```

学生模型的结构如下,共有 4 个卷积层、3 个池化层和 2 个全连接层:

```
Net(
  (layer1): Sequential(
    (0): Conv2d(3, 64, kernel_size=(3, 3), stride=(1, 1), padding=(1, 1))
    (1): ReLU(inplace)
    (2): Conv2d(64, 64, kernel_size=(3, 3), stride=(1, 1), padding=(1, 1))
    (3): ReLU(inplace)
    (4): MaxPool2d(kernel_size=2, stride=2, padding=0, dilation=1, ceil_mode=False)
  )
  (layer2): Sequential(
    (0): Conv2d(64, 128, kernel_size=(3, 3), stride=(1, 1), padding=(1, 1))
    (1): ReLU(inplace)
    (2): Conv2d(128, 128, kernel_size=(3, 3), stride=(1, 1), padding=(1, 1))
    (3): ReLU(inplace)
    (4): MaxPool2d(kernel_size=2, stride=2, padding=0, dilation=1, ceil_mode=False)
  )
  (pool1): AdaptiveAvgPool2d(output_size=(1, 1))
  (fc1): Linear(in_features=128, out_features=32, bias=True)
  (fc2): Linear(in_features=32, out_features=10, bias=True)
)
```

如代码 6.19 所示的知识蒸馏损失函数按照公式 $\mathcal{L} = \alpha \mathrm{KL}(p,q) + (1-\alpha)\mathrm{CE}(y,q)$ 实现,第一项为 nn.KLDivLoss 的 KL 散度损失,注意到教师输出和学生输出都需要先除以蒸馏温度 temperature;第二项为 F.cross_entropy 的交叉熵函数。

代码 6.19 知识蒸馏损失函数

```
def loss_func_kd(outputs, labels, teacher_outputs, temperature, alpha):
    """ 知识蒸馏损失函数 """
    kd_loss = nn.KLDivLoss()(F.log_softmax(outputs / temperature, dim=1),
                    F.softmax(teacher_outputs / temperature, dim=1)) * alpha + \
        F.cross_entropy(outputs, labels) * (1. - alpha)
    return kd_loss
```

代码 6.20 实现获取教师模型输出的函数。由于需要迭代多次来训练学生模型，每次都需要获取教师模型的输出，为了节省时间，本函数将教师模型输出存放在 Python 列表的 outputs 中，调用函数一次就可供多次训练时使用。

代码 6.20　获取教师模型输出的函数

```
def get_outputs(model, data_loader):
    """ 获取教师模型的输出 """
    outputs = []
    for inputs, labels in data_loader:
        inputs_batch, labels_batch = inputs.to(device), labels.to(device)
        output_batch = model(inputs_batch).data.cpu().numpy()
        outputs.append(output_batch)
    return outputs
```

代码 6.21 是知识蒸馏训练函数。模型训练过程与一般的模型训练基本一致，不同点在于调用代码 6.19 定义的知识蒸馏损失函数来计算损失，需要根据教师模型和学生模型的输出、真实标签、蒸馏温度和超参数 α 计算蒸馏损失。

代码 6.21　知识蒸馏训练函数

```
def train_kd(model, trainset, teacher_out, optimizer, loss_kd, data_loader,
temperature, alpha):
    """ 知识蒸馏训练 """
    model.train()
    running_loss = torch.tensor(0.0)
    running_corrects = torch.tensor(0.0)
    for i, (images, labels) in enumerate(data_loader):
        inputs, labels = images.to(device), labels.to(device)
        optimizer.zero_grad()   # 梯度清零
        outputs = model(inputs)   # 学生模型输出
        outputs_teacher = torch.from_numpy(teacher_out[i]).to(device)
        loss = loss_kd(outputs, labels, outputs_teacher, temperature, alpha)
        # 计算知识蒸馏损失
        _, preds = torch.max(outputs, 1)
        loss.backward()        # 反向传播
        optimizer.step()       # 更新网络参数
        running_loss += loss.item() * inputs.size(0)    # 累加每一个样本的损失
        running_corrects += torch.sum(preds == labels.data)

    epoch_loss = running_loss / len(trainset)
    epoch_acc = running_corrects / len(trainset)
    print('训练损失: {:.4f} 准确率: {:.4f}'.format(epoch_loss, epoch_acc))
```

代码 6.22 是知识蒸馏验证函数，该验证函数与训练函数的不同点在于本函数仅计算损失和准确率，不更新网络参数。

代码 6.22 知识蒸馏验证函数

```python
def eval_kd(model, valset, teacher_out, loss_kd, data_loader, temperature, alpha):
    """ 知识蒸馏验证 """
    # 与知识蒸馏训练不同，本函数仅计算损失和准确率，不更新网络参数
    model.eval()
    running_loss = torch.tensor(0.0)
    running_corrects = torch.tensor(0.0)
    for i, (images, labels) in enumerate(data_loader):
        inputs, labels = images.to(device), labels.to(device)
        outputs = model(inputs)
        outputs_teacher = torch.from_numpy(teacher_out[i]).to(device)
        loss = loss_kd(outputs, labels, outputs_teacher, temperature, alpha)
        _, preds = torch.max(outputs, 1)
        running_loss += loss.item() * inputs.size(0)
        running_corrects += torch.sum(preds == labels.data)
    epoch_loss = running_loss / len(valset)
    epoch_acc = running_corrects / len(valset)
    print('验证损失: {:.4f} 准确率: {:.4f}'.format(epoch_loss, epoch_acc))
    return epoch_acc
```

接下来是如代码 6.23 所示的知识蒸馏迭代训练和验证函数。该函数迭代指定的 num_epochs 次训练和验证学生模型。首先计算教师模型的输出，然后使用 for 循环来迭代调用代码 6.21 和代码 6.22 定义的训练和验证函数。记录训练过程中的网络模型，以便最终返回的是最佳验证准确率对应的网络模型。

代码 6.23 知识蒸馏迭代训练和验证函数

```python
def train_and_evaluate_kd(model, teacher_model, trainset, valset, loss_kd,
                          train_loader, val_loader, temperature, alpha,
                          num_epochs=30):
    """ 使用知识蒸馏来训练和验证学生模型 """
    teacher_model.eval()
    best_model_wts = copy.deepcopy(model.state_dict())
    # 首先计算教师的输出
    outputs_teacher_train = get_outputs(teacher_model, train_loader)
    outputs_teacher_val = get_outputs(teacher_model, val_loader)
    print("教师输出计算完毕，现在启动知识蒸馏。")
    best_acc = 0.0
    for epoch in range(num_epochs):
        print('轮次 {} / {}'.format(epoch, num_epochs - 1))
        print('-' * 20)

        # 使用教师输出的软目标训练学生模型
        train_kd(model, trainset, outputs_teacher_train, optim.Adam(model.parameters()),
                 loss_kd, train_loader, temperature, alpha)
```

```
    # 验证学生网络
    epoch_acc_val = eval_kd(model, valset, outputs_teacher_val,
                    loss_kd, val_loader, temperature, alpha)
    if epoch_acc_val > best_acc:
        best_acc = epoch_acc_val
        best_model_wts = copy.deepcopy(model.state_dict())
        print('最佳验证准确率: {:4f}'.format(best_acc))

model.load_state_dict(best_model_wts)

return model
```

接下来是主程序部分。首先加载 CIFAR-10 数据集，使用简单的图像转换器，如代码 6.24 所示。

代码 6.24 加载数据集

```
# 图像转换
transform = transforms.Compose(
    [transforms.Resize((224, 224)),
     transforms.ToTensor(),
     transforms.Normalize([0.485, 0.456, 0.406], [0.229, 0.224, 0.225])]
)

# 加载训练集和测试集
trainset = datasets.CIFAR10('../datasets/CIFAR10/', download=True, train=True,
transform=transform)
valset = datasets.CIFAR10('../datasets/CIFAR10/', download=True, train=False,
transform=transform)
train_loader = DataLoader(trainset, batch_size=batch_size, shuffle=True)
val_loader = DataLoader(valset, batch_size=batch_size, shuffle=True)
len_trainset = len(trainset)
len_valset = len(valset)
```

然后预训练教师模型，如代码 6.25 所示。教师模型使用预训练的 ResNet 50，使用 6.2.1 小节的特征抽取方法来训练教师模型。

代码 6.25 预训练教师模型

```
# 教师模型
teacher_net = models.resnet50(pretrained=True)
# 冻结参数
for param in teacher_net.parameters():
    param.requires_grad = False
# 修改全连接层的输出单元数
num_features = teacher_net.fc.in_features
teacher_net.fc = nn.Linear(num_features, 10)
```

```python
# 存放至 cuda
teacher_net = teacher_net.to(device)
# 损失函数和优化器
criterion = nn.CrossEntropyLoss()
optimizer = optim.Adam(teacher_net.fc.parameters())

# 使用特征抽取方法训练教师模型
resnet_teacher = train_and_evaluate(teacher_net, train_loader,
                                    val_loader, criterion, optimizer,
                                    len_trainset, len_valset, 10)
```

最后使用知识蒸馏来训练学生模型,并将训练好的模型保存为文件以便将来使用,如代码 6.26 所示。

代码 6.26　知识蒸馏训练学生模型

```python
# 学生模型
student_net = Net().to(device)

# 尝试加载数据
data_iter = iter(train_loader)
images, labels = next(data_iter)
out = student_net(images.to(device))
print("out.shape:\n", out.shape)

# 使用知识蒸馏来训练学生模型
net_student = train_and_evaluate_kd(student_net, resnet_teacher, trainset, valset,
                                    loss_func_kd, train_loader, val_loader, 1, 0.8, 20)
print("保存模型......")
torch.save(net_student.state_dict(), "kd_student.pt")
```

学生模型最终的验证准确率为 65.50%,优于不使用知识蒸馏的模型。

6.4　CNN 可视化

一般而言,由于层数较深、参数众多,深度学习模型通过学习得到的表示很难为人类所理解和可视化。但是,对于卷积神经网络来说,这种说法需要进行修正。其原因在于卷积神经网络是视觉表示,非常适合可视化。

本节主要介绍两种可视化技术:一是中间激活可视化,可以帮助理解 CNN 各层如何对网络的输入进行变换,了解过滤器的基本作用;二是过滤器可视化,可以帮助理解各个过滤器的视觉模式。

6.4.1 中间激活可视化

中间层的输出就是激活函数的输出,简称激活。激活有 3 个维度,分别是通道、宽度和高度。中间层激活可视化,就是可视化这 3 个维度的特征图。由于每个通道都保持有相对独立的特征,因此将各个通道的特征绘制为二维图像,以便观察每个通道将原始输入变换成什么信息。

首先,为了抽取某个网络结构某层的激活输出,需要定义一个特征抽取 FeatureExtractor 类,如代码 6.27 所示。其中的 submodule 参数指定要抽取的网络,extracted_layers 参数指定要抽取的层。注意到全连接层因为无法可视化而不予抽取。

代码 6.27　特征抽取类

```
class FeatureExtractor(nn.Module):
    """ 抽取某 submodule 下 extracted_layers 的特征图 """

    def __init__(self, submodule, extracted_layers):
        super(FeatureExtractor, self).__init__()
        self.submodule = submodule
        self.extracted_layers = extracted_layers

    def forward(self, x):
        fe_outputs = {}
        for name, module in self.submodule._modules.items():
            if "fc" in name:
                x = x.view(x.size(0), -1)
            x = module(x)
            if (self.extracted_layers is None) or (name in self.extracted_layers and
                'fc' not in name):
                fe_outputs[name] = x
        return fe_outputs
```

然后定义一个图像转换器,将输入图像转换为 224×224 大小,如代码 6.28 所示。

代码 6.28　定义图像转换器

```
my_transform = transforms.Compose([
    transforms.Resize(256),
    transforms.CenterCrop(224),
    transforms.ToTensor()
])
```

代码 6.29 加载一幅图像,然后进行简单的图像转换。

代码 6.29 加载图像并转换

```
img_path = '../datasets/kaggledogvscat/original_train/dog.1512.jpg'
pil_img = Image.open(img_path)
plt.imshow(pil_img)
plt.title(u'原始图片')
plt.show()

img = my_transform(pil_img)
# 转换为 CNN 网络输入的四维张量
img = img.unsqueeze(0)
```

加载的输入图像张量的原始图像如图 6.13 所示。注意到经过图像转换，该图像张量的形状将变为(1, 3, 244, 244)。

图 6.13 原始图片

下一步是加载预训练模型并抽取激活，如代码 6.30 所示。extracted_layers 指定要抽取的层，输入图像张量 img 抽取指定层的激活。

代码 6.30 加载预训练模型并抽取激活

```
model = models.resnet18(pretrained=True)
print("模型：\n", model)

# 抽取中间层激活
my_exactor = FeatureExtractor(submodule=model, extracted_layers=['conv1',
                              'layer1', 'layer2', 'layer3', 'layer4'])
output = my_exactor(img)
```

下面可视化 conv1 层的激活，如代码 6.31 所示。第一层的形状为(1, 64, 112, 112)，有

64 个通道，图像大小为 112×112。代码 6.31 中的 print 语句的输出将证实这个结果。

代码 6.31 可视化 conv1 层的激活

```
# 先看看 conv1 的情况
conv1_activation = output['conv1']
print("第一层的形状：", conv1_activation.shape)

plt.imshow(conv1_activation[0, 1, :, :].detach().numpy(), cmap='gray')
plt.title(u'conv1 的第 1 个激活')
plt.show()

plt.imshow(conv1_activation[0, 56, :, :].detach().numpy(), cmap='gray')
plt.title(u'conv1 的第 56 个激活')
plt.show()
```

代码 6.31 绘制第 1 个通道和第 56 个通道的特征图，结果分别如图 6.14 和图 6.15 所示。这两个通道的图明显不同，一张凹进一张凸起，似乎是边缘检测的结果。

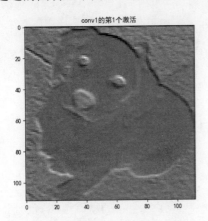

图 6.14　第 1 个通道的特征图

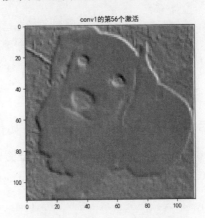

图 6.15　第 56 个通道的特征图

下一步将卷积层全部通道的特征图可视化在一张图中，以方便比较。为此，先定义一个绘制卷积层激活的辅助函数 plot_conv_activations，如代码 6.32 所示。

代码 6.32 绘制中间层所有通道的激活的辅助函数

```
def plot_conv_activations(layer_name, layer_activation):
    """ 绘制卷积层激活的辅助函数 """
    # 特征图的形状为(1, n_features, size, size)
    n_features = layer_activation.shape[1]
    size = layer_activation.shape[2]

    # 平铺激活通道
```

```
        n_cols = n_features // IMAGES_PER_ROW
        display_grid = np.zeros((size * n_cols, IMAGES_PER_ROW * size))

        # 将每个过滤器平铺到水平网格
        for col in range(n_cols):
            for row in range(IMAGES_PER_ROW):
                channel_image = layer_activation[0, col * IMAGES_PER_ROW + row, :, :]
                # 标准化
                channel_image -= channel_image.mean()
                channel_image /= (channel_image.std() + 1e-31)
                # 缩放至 0~256 范围
                channel_image *= 64
                channel_image += 128
                channel_image = np.clip(channel_image, 0, 255).astype('uint8')
                display_grid[col * size: (col + 1) * size,
                             row * size: (row + 1) * size] = channel_image

        # 显示网格
        scale = 1. / size
        plt.figure(figsize=(scale * display_grid.shape[1],
                            scale * display_grid.shape[0]))
        plt.title(layer_name)
        plt.grid(False)
    plt.imshow(display_grid, aspect='auto', cmap='gray')
    plt.show()
```

最后迭代显示各指定层的特征图，如代码 6.33 所示。

代码 6.33 迭代显示各指定层的特征图

```
    for idx, val in enumerate(output.items()):
        name, features = val
        layer_activation = features.detach().numpy()       # 该层全部激活
        plot_conv_activations(name, layer_activation)      # 绘制特征图
```

上述代码的执行结果如图 6.16～图 6.20 所示。

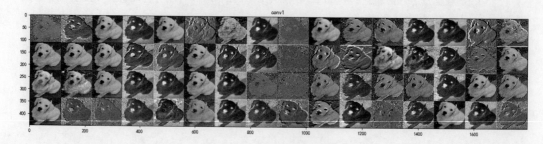

图 6.16　conv1 的特征图

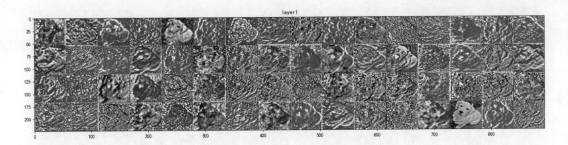

图 6.17 layer1 的特征图

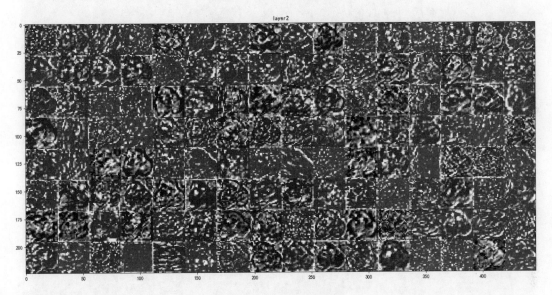

图 6.18 layer2 的特征图

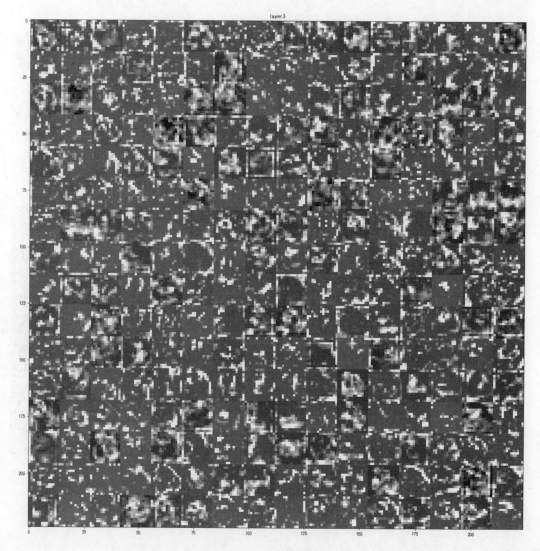

图 6.19　layer3 的特征图

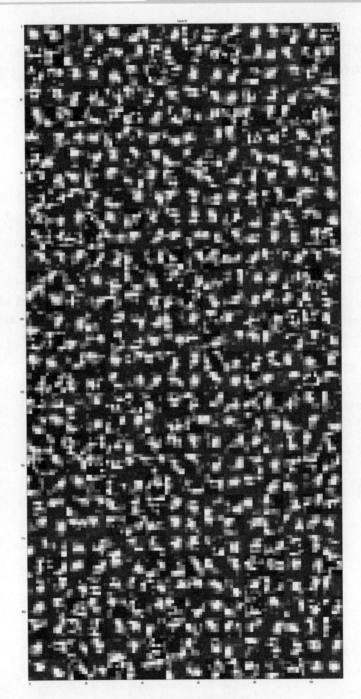

图 6.20 layer4 的特征图

可以看到，各层特征图具有以下特点：在前面的层次主要是各种边缘探测器，激活主要保持原始输入图像的信息。随着层数的加深，激活越来越难以直观理解，越来越抽象，表示图像视觉内容的信息越少，而高层次的概念诸如眼睛、耳朵等有助于判断类别的信息越多。

完整代码可参见 visualize_cnn_layers.py。

6.4.2 过滤器可视化

过滤器可视化能够显示训练好的过滤器的权重参数，本示例可视化 AlexNet，这是因为 AlexNet 的第一个和第二个卷积层的卷积核比较大，分别为 11×11 和 5×5，容易看出这些卷积核试图提取的图像特征。完整代码可参见 visualize_cnn_filters.py。

本程序代码较简单，如代码 6.34 所示。首先调用 torchvision.models.alexnet 并设置参数 pretrained 为 True 以实例化预训练的 AlexNet 模型，然后打印模型结构。由于过滤器权重参数已经预训练好，并且可视化过滤器参数不需要输入，所以不需要输入图像。然后使用 for 循环遍历 features 下的各层 named_children，并用 if 语句判断当前层是否为卷积层 Conv2d。最后抽取卷积层的输出进行可视化。

代码 6.34 实例化 AlexNet 并抽取输出

```python
# 实例化 AlexNet
model = models.alexnet(pretrained=True)
print("模型: \n", model)

for layer, module in model.features.named_children():
    # 仅对 Conv2d 的层进行操作
    if isinstance(module, Conv2d):
        # 获取权重
        filter_weight = module.weight.cpu().clone()
        num_filter = len(filter_weight)
        print(f"第{layer}层有{num_filter}个过滤器")
        size = filter_weight.shape[2]
        n_cols = 32      # 每行显示的图片数
        n_rows = int(np.ceil(num_filter / n_cols))
        plt.figure(figsize=(n_cols * size / 2, n_rows * size / 2))
        for i in range(num_filter):
            plt.subplot(n_rows, n_cols, i + 1)
            plt.axis('off')
            # 仅显示 filter 的第 0 个通道
            plt.imshow(filter_weight[i][0, :, :].detach().numpy(), cmap='gray')

        plt.show()
```

第一个卷积层过滤器定义为 Conv2d(3, 64, kernel_size=(11, 11), stride=(4, 4), padding=(2, 2))，即输入 3 个通道，输出 64 个通道，卷积核大小为 11×11。如图 6.21 所示，容易看出该层卷积核试图提取图像的纹理特征。

图 6.21 第一个卷积层的 64 个过滤器

第二个卷积层过滤器定义为 Conv2d(64, 192, kernel_size=(5, 5), stride=(1, 1), padding=(2, 2))，即输入 64 个通道，输出 192 个通道，卷积核大小为 5×5。如图 6.22 所示，很难去理解卷积核提取的特征与原始图像有什么关联。

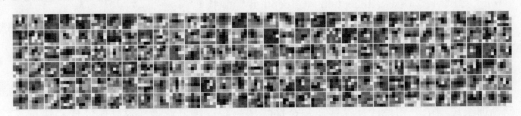

图 6.22 第二个卷积层的 192 个过滤器

第三个卷积层过滤器定义为 Conv2d(192, 384, kernel_size=(3, 3), stride=(1, 1), padding=(1, 1))，即输入 192 个通道，输出 384 个通道，卷积核大小为 3×3。如图 6.23 所示，已经很难看出卷积核提取的究竟是什么，可以肯定的是卷积核提取更加抽象的特征。

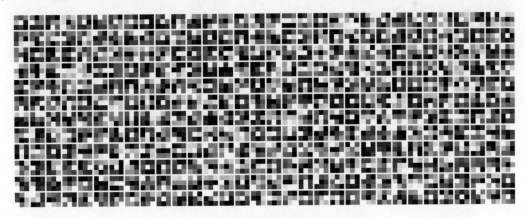

图 6.23 第三个卷积层的 384 个过滤器

AlexNet 还有两个卷积层，这里略去这两个过滤器的输出，读者可自行运行程序查看输出。

对过滤器进行可视化可以直观地看到 CNN 如何观察世界,卷积神经网络每一个卷积层都学习一组过滤器,以便把输入进行分解。随着层数的加深,过滤器会变得越来越复杂,越来越精细。CNN 网络的前面层次的过滤器对应边缘、方向和颜色等简单纹理特征,高层过滤器对应更抽象的纹理特征。

习 题

6.1 尝试研读 VGG、Inception 和 Xception 开源代码。

6.2 研读并运行 cifar10_resnet_demo.py 程序,说一说为了取得好的性能,需要在哪些地方多做工作。

6.3 为什么要使用预训练的模型?说一说特征抽取和微调这两种方法的优、缺点。

6.4 尝试修改微调代码 transfer_learning_finetuning.py,不先训练全连接层,而是不再冻结预训练模型的卷积层,使这些层与全连接层一起训练。并说明这样做的优、缺点。

6.5 结合代码,说一说 FeatureExtractor 类是怎样完成特征抽取的。

6.6 尝试调节 6.3.2 小节知识蒸馏程序中的蒸馏温度和 α 超参数,说明这些超参数如何影响蒸馏效果。

6.7 尝试不使用知识蒸馏,训练 6.3.2 小节的学生模型,并说明采用知识蒸馏效果更好的原因。注:可参考 kd_comparison.py。

6.8 过滤器可视化与中间激活可视化提取的内容是否一样?为什么前者不需要输入图像?

第 7 章 词嵌入模型

词嵌入是英文 Word Embedding 的直译，也称为词向量。Word2Vec 是谷歌提出的一种基于神经网络的词向量的算法集合，它使用大量无标注的纯文本，Word2Vec 可自动学习单词之间的关系，其输出是每个词对应的向量，从而能够较为容易地分析词之间的语义关系，如近义和反义。Glove 是一种基于计数的潜在语义分析方法，它根据语料库构建单词的共现矩阵来学习词嵌入。词嵌入模型将自然语言中的词转换为计算机可理解的稠密向量形式，可用于下游的自然语言处理任务。

本章首先介绍词嵌入模型；然后介绍词嵌入学习方法，包括词嵌入学习的动机、Skip-Gram 算法、CBOW 算法、负采样和 GloVe 算法；最后使用 PyTorch 编码实现两种 Word2Vec 算法。

7.1 词嵌入模型介绍

文本由字符序列或单词序列组成,一般作为单词序列来处理。深度学习网络只能处理数值张量,因此无法直接接受原始文本作为输入,必须先将原始文本转换为数值向量,这就是文本向量化。常用的文本向量化方法是先将文本分隔为单词或字符,然后再将单词或字符转换为向量。由文本分解而成的单词或字符称为标记,分解过程称为分词或切词。下一步是将数值向量与标记进行某种映射,如把标记编码为独热码或嵌入向量。独热码向量中只有一个元素值为 1,其他都为 0,因此独热码一般都是维度很大而稀疏的向量。嵌入向量对应的标记可以是单词或字符,如果是单词,也称为词嵌入或者称为词向量。嵌入向量的维度一般在 100~300 范围,且没有只允许有一个元素值为 1 的限制,元素值可以是任意实数,因此它是维度不大而稠密的向量。

词嵌入是一种用于表示词的向量,可以认为它是将词映射为数值(实数)向量的技术。词嵌入克服了独热码维度大且不能表示词性、词义的缺陷,它将词的语义信息赋予了向量,当在连续向量空间中嵌入词时,语义相近的词会映射到相邻的点。目前,词嵌入已经成为自然语言处理的基础。

7.1.1 独热码

在词嵌入技术诞生之前,通常使用独热码(One-Hot Encoding)向量来表示单词或字符。假设词典大小 V 表示词典中不同词的数量,那么每个词都对应 $0 \sim V-1$ 之间的一个整数,这个整数就是该词的索引。独热码使用一个 V 维的向量来表示词,如果某个词的索引为 i,就将独热码向量的第 i 维设为 1,其余维都为 0。因为只有一维为 1,因此称为独热码,或者称为一位有效编码。

1. 分词的概念

国人的自然语言处理通常会针对中文和英文,这两种语言的差异十分明显,主要表现在中文、英文在分词方法的不同上。英文句子里的单词之间存在空格,自然地分隔各个单词,因此在处理英文语言时,非常容易地通过空格来切分单词。例如,英文句子:

Mary had a little lamb.

可以轻松切分为 "Mary/had/a/little/lamb/.",这里使用 "/" 表示单词的分隔符。额外的工作只有一件,即把句末的标点符号与单词分隔。但是,很少情形下英文也需要把多个单词视为一个词,如"New York"。

中文与英文差别较大,每句话的单词之间不存在分隔符,由一序列连续的汉字顺序排列构成句子。现代汉语中表达含义的基本语素是词而不是字。例如,"大学"拆为"大"和"学"都不能表示原意,只有两个字合并为词才有明确的含义,对应英文单词 University。因此分析中文语义时,一般需要首先进行中文分词,按照人类理解汉语的方式,将连续汉字串分隔为多个有单独语义信息的单词。例如,中文句子:

玛丽有只小羊羔。

可以分隔为"玛丽/有/只/小/羊羔/。",其中"/"表示单词的分隔符。

传统的处理自然语言的最小单位是单词,这样很直观且有效。另一种不太直观的方式是直接处理汉字字符,称为字符级模型。字符级模型放弃了单词与生俱来的语义信息,放弃了现成的预训练词向量生态系统。但是,字符级深度学习模型也有自身的优势:第一,在输入上,能极大地提升模型能够处理的词汇量,能弹性地处理拼写错误和罕见词问题;第二,在输出上,由于字符级模型的词汇库很小,所以计算成本更低,训练速度较快。

字符级模型的分词更为简单,在每个汉字字符中间插入空格,就可以直接采用英文的分词方式。例如,中文句子:

玛丽有只小羊羔。

可以非常容易地分隔为"玛/丽/有/只/小/羊/羔/。",其中的"/"表示字符的分隔符。

对于汉语来说,字符级模型的单位是汉字,英文的字符级模型的单位就是可打印的字符。字符级模型可适用于多个语言领域,尽管存在一些缺点,包括有效序列规模的成倍增长、字符固有语义的缺失等,但字符级模型的研究一直在进行中。本书第 9 章的 9.3.1 小节向莎士比亚学写诗示例就采用字符级模型。

2. 独热码示例

one_hot_encoding.py 是一个简单的独热码示例程序,示范了如何使用独热码对汉字单词、汉字字符和英文字符进行编码。

代码 7.1 导入必要的模块。其中,gensim.corpora 模块下的 Dictionary 用于构造词典,Gensim 官网为 https://radimrehurek.com/gensim/index.html,使用命令 conda install -c conda-forge gensim 可以安装 Gensim 工具。已经有很多成熟的分词工具,如 Jieba、spaCy 等,这些工具可以适用于不同的自然语言,功能较强。本例的分词器直接使用 Python 字符串的 split 函数,可用于英文句子或用空格分隔的中文句子。由于只是一个非常小的示例,词典的最大长度 num_words 只取 100,最大字符数 max_length 只取 50, corpus1 为单词级别的中文语料，corpus2 为字符级别的中文语料，corpus3 为英文语料。

代码 7.1　导入模块和定义语料

```
from gensim import corpora
from collections import defaultdict
import numpy as np
import string
import pprint


num_words = 100    # 词典的最大长度
max_length = 50    # 最大字符数
# 三个简单语料
corpus1 = ['昆明理工大学 简称 " 昆工 " ， 位于 云南省 省会 昆明市 。',
           '昆明 花开不断 四时 春 ， 人称 " 春城 " ']
corpus2 = ['昆 明 理 工 大 学 简 称 " 昆 工 " ， 位 于 云 南 省 省 会 昆 明 市 。',
           '昆 明 花 开 不 断 四 时 春 ， 人 称 " 春 城 " ']
corpus3 = ['Mary had a little lamb .',
           'The lamb was sure to go .']
```

代码 7.2 实现将标量标签转换为独热码向量的函数。有一些 Python 模块已经实现了类似功能的函数，如 TensorFlow 的 one_hot 函数、Scikit-Learn 的 OneHotEncoder 函数等，自己编写独热码转换函数更能加深印象。

代码 7.2　独热码函数

```
def to_one_hot(labels_dense, num_classes):
    """将标量标签转换为独热码向量"""
    num_labels = labels_dense.shape[0]
    idx_offset = np.arange(num_labels) * num_classes
    labels_one_hot = np.zeros((num_labels, num_classes))
    labels_one_hot.flat[idx_offset + labels_dense.ravel()] = 1
    return labels_one_hot
```

代码 7.3 所示为中文单词级别的独热编码。代码首先创建一个停用词列表的集合，使用空格分词，并过滤停用词，然后统计词频，使用 gensim.corpora 构建词典，最后打印给定的一句话对应的词典索引，以及语料中一句话的独热编码。

代码 7.3　中文单词级别的独热编码

```
# 中文单词级别的独热编码
# 创建停用词列表的集合
stoplist = set(', 。 " "'.split(' '))

# 使用空格分词，并过滤停用词
texts = [[word for word in document.split() if word not in stoplist]
         for document in corpus1]
```

```python
# 统计词频
frequency = defaultdict(int)
for text in texts:
    for token in text:
        frequency[token] += 1

# 只保留出现过一次以上的单词
processed_corpus = [[token for token in text if frequency[token] >= 1] for text in texts]
                pprint.pprint(processed_corpus)

# 使用 gensim.corpora 构建词典
dictionary = corpora.Dictionary(processed_corpus)
print(dictionary)
pprint.pprint(dictionary.token2id)

new_doc = "昆明 四季 如 春"
new_vec = dictionary.doc2idx(new_doc.split())
print(new_doc, "\n 对应的词典索引：")
print(new_vec)   # 词典中未登录词 "四季" "如" 的索引是-1，一般表示为<unk>标记

corpus = [dictionary.doc2idx(text) for text in texts]
print(texts[1], "的字符索引为：\n", corpus[1])
print("独热编码为：\n", to_one_hot(np.array(corpus[1]), num_words))
```

代码 7.1 至代码 7.3 运行的结果如下：

```
[['昆明理工大学', '简称', '昆工', '位于', '云南省', '省会', '昆明市'],
 ['昆明', '花开不断', '四时', '春', '人称', '春城']]
Dictionary(13 unique tokens: ['云南省', '位于', '昆工', '昆明市', '昆明理工大学']...)
{'云南省': 0,
 '人称': 7,
 '位于': 1,
 '四时': 8,
 '昆工': 2,
 '昆明': 9,
 '昆明市': 3,
 '昆明理工大学': 4,
 '春': 10,
 '春城': 11,
 '省会': 5,
 '简称': 6,
 '花开不断': 12}
昆明 四季 如 春
对应的词典索引：
[9, -1, -1, 10]
```

```
['昆明', '花开不断', '四时', '春', '人称', '春城'] 的字符索引为:
 [9, 12, 8, 10, 7, 11]
独热编码为:
[[0. 0. 0. 0. 0. 0. 0. 0. 0. 1. 0. 0. 0. 0. 0. 0. 0. 0. 0. 0. 0. 0. 0.
  0. 0. 0. 0. 0. 0. 0. 0. 0. 0. 0. 0. 0. 0. 0. 0. 0. 0. 0. 0. 0. 0. 0.
  0. 0. 0. 0. 0. 0. 0. 0. 0. 0. 0. 0. 0. 0. 0. 0. 0. 0. 0. 0. 0. 0. 0.
  0. 0. 0. 0. 0. 0. 0. 0. 0. 0. 0. 0. 0. 0. 0. 0. 0. 0. 0. 0. 0. 0. 0.
  0. 0. 0. 0.]
 ......
```

代码 7.4 所示为中文字符级别的独热编码。

代码 7.4　中文字符级别的独热编码

```
# 中文字符级别的独热编码
# 使用空格分词，并过滤停用词
texts = [[word for word in document.split() if word not in stoplist]
         for document in corpus2]

# 统计词频
frequency = defaultdict(int)
for text in texts:
    for token in text:
        frequency[token] += 1

# 只保留出现过一次以上的单词
processed_corpus = [[token for token in text if frequency[token] >= 1] for text in texts]
                    pprint.pprint(processed_corpus)

# 使用 gensim.corpora 构建词典
dictionary = corpora.Dictionary(processed_corpus)
print(dictionary)
pprint.pprint(dictionary.token2id)

new_doc = "昆 明 四 季 如 春"
new_vec = dictionary.doc2idx(new_doc.split())
print(new_doc, "\n 对应的词典索引: ")
print(new_vec)   # 词典中未登录词 "季" "如" 的索引是-1，一般表示为<unk>标记

corpus = [dictionary.doc2idx(text) for text in texts]
print(texts[1], "的字符索引为: \n", corpus[1])
print("独热编码为: \n", to_one_hot(np.array(corpus[1]), num_words))
```

代码 7.4 与代码 7.3 类似，只是把单词换为字符。

代码 7.5 所示为英文单词级别的独热编码。

代码 7.5　英文单词级别的独热编码

```python
# 英文单词级别的独热编码
word_index = {}  # 标记索引
for doc in corpus3:
    # 英文比较简单，直接调用 split 方法进行分词即可
    for word in doc.split():
        if word not in word_index:
            # 为每一个唯一的单词指定一个索引。注意索引 0 不对应单词
            word_index[word] = len(word_index) + 1
print('有%s 个唯一单词。' % len(word_index))
print("word_index: \n", word_index)

results = np.zeros(shape=(len(corpus3), len(word_index), max(word_index.values()) + 1))
for i, doc in enumerate(corpus3):
    for j, word in list(enumerate(doc.split()))[: len(word_index)]:
        index = word_index.get(word)
        results[i, j, index] = 1.

print("打印第一个单词及对应的独热码")
print(corpus3[0].split()[0])
print(results[0, 0, :])
```

总共有 11 个单词，第一个单词"Mary"的独热码向量的第 1 位为 1，其他都为 0。运行结果如下：

```
有 11 个唯一单词。
word_index:
 {'Mary': 1, 'had': 2, 'a': 3, 'little': 4, 'lamb': 5, '.': 6, 'The': 7, 'was': 8, 'sure': 9, 'to': 10, 'go': 11}
打印第一个单词及对应的独热码
Mary
[0. 1. 0. 0. 0. 0. 0. 0. 0. 0. 0. 0.]
```

代码 7.6 所示为英文字符级别的独热编码。

代码 7.6　英文字符级别的独热编码

```python
# 英文字符级别的独热编码
printable_chars = string.printable
char_index = dict(zip(printable_chars, range(1, len(printable_chars) + 1)))
print('有%s 个唯一字符。' % len(char_index))
print("char_index\n", char_index)

results = np.zeros((len(corpus3), max_length, max(char_index.values()) + 1))
for i, corpus in enumerate(corpus3):
    for j, ch in enumerate(corpus[: max_length]):
```

```
        index = char_index.get(ch)
        results[i, j, index] = 1.
print("\ncorpus3 的第一个字母为: ", corpus3[0][0])
print("对应的独热码为: \n", results[0, 0, :])
```

上述代码首先打印字符索引字典，有 100 个唯一的可打印字符；然后用两重循环遍历 corpus3 的每个字符，外层循环遍历语料中的一个句子，内层循环遍历句子中的字符，并将字符转换为独热码存放在 results 中；最后打印最开始的字符 M 和对应的独热码向量。

运行结果如下：

```
有 100 个唯一字符。
char_index
 {'0': 1, '1': 2, '2': 3, '3': 4, '4': 5, '5': 6, '6': 7, '7': 8, '8': 9, '9': 10,
'a': 11, 'b': 12, 'c': 13, 'd': 14, 'e': 15, 'f': 16, 'g': 17, 'h': 18, 'i': 19,
'j': 20, 'k': 21, 'l': 22, 'm': 23, 'n': 24, 'o': 25, 'p': 26, 'q': 27, 'r': 28,
's': 29, 't': 30, 'u': 31, 'v': 32, 'w': 33, 'x': 34, 'y': 35, 'z': 36, 'A': 37,
'B': 38, 'C': 39, 'D': 40, 'E': 41, 'F': 42, 'G': 43, 'H': 44, 'I': 45, 'J': 46,
'K': 47, 'L': 48, 'M': 49, 'N': 50, 'O': 51, 'P': 52, 'Q': 53, 'R': 54, 'S': 55,
'T': 56, 'U': 57, 'V': 58, 'W': 59, 'X': 60, 'Y': 61, 'Z': 62, '!': 63, '"': 64,
'#': 65, '$': 66, '%': 67, '&': 68, "'": 69, '(': 70, ')': 71, '*': 72, '+': 73,
',': 74, '-': 75, '.': 76, '/': 77, ':': 78, ';': 79, '<': 80, '=': 81, '>': 82,
'?': 83, '@': 84, '[': 85, '\\': 86, ']': 87, '^': 88, '_': 89, '`': 90, '{': 91,
'|': 92, '}': 93, '~': 94, ' ': 95, '\t': 96, '\n': 97, '\r': 98, '\x0b': 99, '\x0c':
100}

corpus3 的第一个字母为:  M
对应的独热码为:
 [0. 0. 0. 0. 0. 0. 0. 0. 0. 0. 0. 0. 0. 0. 0. 0. 0. 0. 0. 0. 0. 0. 0. 0.
 0. 0. 0. 0. 0. 0. 0. 0. 0. 0. 0. 0. 0. 0. 0. 0. 0. 0. 0. 0. 0. 0. 0. 0.
 0. 1. 0. 0. 0. 0. 0. 0. 0. 0. 0. 0. 0. 0. 0. 0. 0. 0. 0. 0. 0. 0. 0. 0.
 0. 0. 0. 0. 0. 0. 0. 0. 0. 0. 0. 0. 0. 0. 0. 0. 0. 0. 0. 0. 0. 0. 0. 0.
 0. 0. 0. 0.]
```

独热码概念简单，容易构建，但存在两个重大的缺陷。第一个缺陷是当 $|V|$ 很大时，独热码维数过大，且数据稀疏；第二个缺陷是独热码无法表示语义，导致无法计算不同词之间的相似度，因为任意两个不同词的独热码向量内积都为零，即它们都是正交的。

7.1.2 词嵌入

词嵌入使用一个维数低(600 维以下)而稠密的向量来表示单词，这种向量能够表示词之间的相似度，也容易进行类比。

本小节使用 Gensim 工具和预训练的 100 维 GloVe 词向量来探索词嵌入的基本特性，如近义词、反义词和类比推理。完整代码可参见 explore_word_vector.py。

举一个例子容易说明词嵌入的思想，king 和 queen 都是王国的最高统治者，只是性别不同。假设男性的性别为-1，女性的性别为+1，那么，在 king 和 queen 对应的词嵌入向量表示中，存在某一个用于表示性别的特征，使得 king 在该维的值接近-1，queen 在该维的值接近+1。另外，king 和 queen 都很高贵，如果有某一特征表示高贵，那么这两个词在该特征上的值都会很大，而诸如 man 和 woman 的词与高贵没有必然联系，因此在该特征上的值都会接近 0。类似的特征可能有很多，假设使用 100 个特征所构成 100 维向量来表示所有的词，就能够发现不同词之间的相似关系。

如果能够学习到单词的特征向量，就能通过 PCA 算法或 t-SNE 算法进行降维，把 100 维的数据嵌入到一个二维平面上，实现可视化。图 7.1 所示为一些单词的可视化例子，可以看到，相似的词都聚集在一起，man、woman、king 和 queen 都是人，apple、grape 和 orange 都是水果，one、two、three 和 four 都是数字，dog、cat 和 horse 都是动物，他们之间的距离显示了远近亲疏关系，注意到动物和人的词的距离也很接近，因为人是一种高等动物。

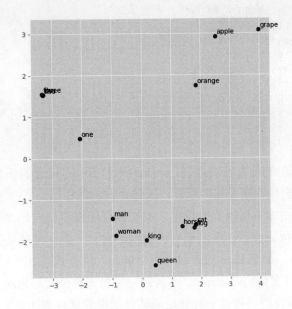

图 7.1　词嵌入可视化

我们已经看到，词嵌入算法能够把相近的单词通过计算得到相似的特征向量，降维后可视化时的距离也近。而称为"嵌入"的原因是，在 100 维的空间里，每一个单词都对应一个 100 维的特征向量，可以将该词想象为嵌入到这个 100 维空间的一个点上。

词嵌入的一个用途是找出某个词的最相近的词,即同义词,这就涉及如何计算两个词的相似度问题。最常用的相似度度量是余弦相似度,它注重两个向量在方向上的差异,而不是距离或长度上的差异。向量 x 和向量 y 之间的余弦相似度定义为

$$\cos(x, y) = \frac{x \cdot y}{\|x\|_2 \times \|y\|_2} \tag{7.1}$$

其中,·表示内积;$\|x\|_2$ 表示向量 x 的 L_2 范数,即 $\|x\|_2 = \sqrt{\sum_{i=1}^{D} x_i^2}$。

余弦相似度得到两个向量 x 和 y 之间夹角的余弦值,相似性取决于夹角的大小。如果两个向量非常相似,指向基本相同,则余弦相似度的值接近 1;如果两个向量夹角为 90°时,余弦相似度的值为 0;如果两个向量指向完全相反,则余弦相似度的值为-1。

Gensim 模块能够直接使用预训练的词嵌入,调用 KeyedVectors.load_word2vec_format 函数可加载 GloVe 或 Word2Vec 文件。调用 KeyedVectors 模型对象的 most_similar 函数可以得到指定单词的近义词。例如,frog(青蛙)的近义词如下:

```
[('toad', 0.7010512948036194),
 ('snake', 0.657115638256073),
 ('frogs', 0.6290439367294312),
 ('monkey', 0.6214002370834351),
 ('turtle', 0.6097555756568909),
 ('spider', 0.6079937219619751),
 ('ape', 0.5917872190475464),
 ('litoria', 0.5854662206073761),
 ('rabbit', 0.5832657217979431),
 ('squirrel', 0.5779589414596558)]
```

这是因为,toad(蟾蜍)是青蛙的近亲,snake(蛇)和青蛙是捕食的关系,frogs 是青蛙的复数等。每个相似词后面的数字是相似程度,值越大表示越相近。

词嵌入的另一个用途是进行类比推理,类比推理能够帮助人们理解词嵌入能够完成什么工作,捕捉单词的特征表示,深刻理解词嵌入的含义。类比推理是类似于以下的问题,如果 man 对应 woman,那么 king 应该对应哪个单词?用公式可以表示为:man : woman = king : ?,众所周知,答案肯定是 queen。本问题可用另一种公式写为 man : king = woman: ?,答案同样是 queen。因此需要构建一种算法能够自动推导这种类比关系。

我们使用 100 维向量来表示 man 的词嵌入,记为 e_{man}。同样,把 woman、king 和 queen 的词嵌入都按照相同的方式来表示,即 e_{woman}、e_{king} 和 e_{queen}。如果将向量 e_{man} 和 e_{woman} 进行减法运算,由于这两个词嵌入只有在性别特征上有所区别,因此相减以后只有在性别特征对应的维上有值,假设男性的性别为-1,女性的性别为+1,那么相减后得到-2,而 e_{man} 和 e_{woman}

的其他特征相近，相减以后约等于 0。类似地，假如将 e_{king} 减去 e_{queen}，最后也会得到类似的结果，因为 man 和 woman 之间的主要差异是性别差异，而 king 和 queen 之间的主要差异也是性别上的差异，这就是为什么 e_{man} - e_{woman} 与 e_{king} - e_{queen} 的结果会相近的原因。由此可以推出，类比推理的方法就是，在问到 man : woman = king : ?的类比问题时，算法要做的就是先计算 e_{man} - e_{woman}，然后找到一个向量 $e_?$，使得 e_{man} - e_{woman} ≈ e_{king} - $e_?$，最接近向量 $e_?$ 的词就是目标词，计算向量之间的接近程度可以使用前面介绍的余弦相似度方法。

使用 Gensim 工具实现类别推理函数的代码如代码 7.7 所示。关键代码调用 KeyedVectors 模型对象的 most_similar 函数，该函数通过计算余弦相似度得到 topn 属性（默认值为 10）指定个数的单词，这些单词是 positive 属性指定的近义词，且是 negative 属性指定的反义词。

代码 7.7 类别推理函数

```
def analogy(model, x1, x2, y1):
    """ 返回类比 y2，满足 x1:x2=y1:y2 """
    result = model.most_similar(positive=[y1, x2], negative=[x1])
    return result[0][0]
```

类比的例子非常多。例如，china : chinese = usa : ?[①]，答案是 american，中国与中国人的关系类比于美国与美国人的关系；china : beijing = japan : ?，答案是 tokyo，中国与北京的关系类比于日本与东京的关系；tall : tallest = long : ?，答案是 longest，高与最高的关系类比于长与最长的关系等。当然，预训练得到的词向量也不是完美无缺的，在 bee : hive = cow : ? 类比中，答案本该是 barn，蜜蜂与蜂巢的关系类比于奶牛与牲口棚的关系，但词嵌入给出的答案是奶牛的复数 cows。

词嵌入还可以找出不匹配的词。例如，在 C++、Java、Linux 和 Perl 中，不匹配的词是 Linux，因为它是操作系统，与其他的计算机语言不一样。KeyedVectors 模型对象的 doesnt_match 函数实现在给定列表中找出不匹配单词的功能。

7.2 词嵌入学习

学习词嵌入，实际就是通过大量语料来学习得到一个嵌入矩阵。Word2Vec 和 GloVe 是两种使用最多的词嵌入算法，Word2Vec 是由 Mikolov 等在论文"Efficient Estimation of

---

① 这里的专有名词的英文字首没有大写，其原因是在预处理时往往会将英文单词全部转换为小写字母表示，不再赘述。

Word Representations in Vector Space[①]"中提出的,这是一种计算效率很高的预测模型,专门用于从原始文本中学习词嵌入,GloVe 是由 Jeffrey Pennington 等在 Empirical Methods in Natural Language Processing (EMNLP)上发表的一篇论文[②]中提出的,是一种基于全局词频统计的词嵌入算法。

Word2Vec 算法有两种模型,即 Skip-Gram 和 CBOW。其中,Skip-Gram 也称为跳字模型,CBOW(Continuous Bag of Words),也称为连续词袋模型。下面分别介绍这两种模型的原理以及负采样的概念,最后简单介绍 GloVe 算法。

7.2.1 词嵌入学习的动机

向量空间模型(Vector Space Model,VSM)是自然语言处理领域里有着悠久历史的一种表示方法,它在连续向量空间中嵌入单词,语义相近的单词会映射到空间上相近的点。VSM 的所有方法都依赖于分布假设,假设在相同上下文中单词的语义相同,词嵌入的各种算法不例外地基于这个假设。

统计语言模型通常需要判断一个字符串序列符合人类语言的概率,这就需要根据序列中的历史单词 h 来预测下一个单词 w_t 出现的条件概率。用公式可以表示为

$$P(w_t | h) = \text{soft max}(\text{score}(w_t, h))$$
$$= \frac{\exp(\text{score}(w_t, h))}{\sum_{w'} \text{score}(w', h)} \quad (7.2)$$

式中: $\text{score}(w_t, h)$ 为计算目标单词 w_t 与历史单词 h 的关联得分。

图 7.2 是统计语言模型训练的示意图。模型使用投影层、隐藏层和 Softmax 输出层 3 层神经网络,已知历史单词 the quick brown,预测目标单词 fox 的概率。其中,V 为词典的长度。Softmax 输出层得到的是在整个词典中目标词 w_t 的概率分布。

词嵌入学习与统计语言模型类似,只不过在两个方面做了细化,一方面是使用上下文词来替换历史词,这样使得前面和后面的词都用于预测中心词,更符合语言的自然规律;另一方面是使用窗口来界定中心词附近有哪些词为上下文词。例如,假定窗口大小为 2,英文句子 the quick brown fox jumped over the lazy dog 中,中心词 quick 的上下文词有 the、brown

---

① 网址: https://arxiv.org/pdf/1301.3781.pdf.

② Jeffrey Pennington, Richard Socher, Christopher D. Manning. GloVe: Global Vectors forWord Representation. https://www.aclweb.org/anthology/D14-1162.

和 fox，这 3 个词可以帮助确定中心词。

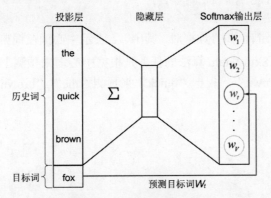

图 7.2　统计语言模型原理

注意，上下文词和历史词的区别在于前者包括以中心词为中心的窗口内的前后单词，而后者只包括前面的单词，通常也使用附近词或其他词来表示上下文词。目标词泛指要预测的目标，根据词嵌入学习算法的不同，目标词既可以是中心词，也可以是上下文词。

7.2.2　Skip-Gram 算法

Skip-Gram 模型是根据某个中心词来生成在它附近的上下文词的算法，实际上，需要构建一个只有一个隐藏层的神经网络来完成一个"假"的任务，让神经网络根据句子中的某个特定的中心词，识别该词附近的其他词的出现模式，也就是让网络判断词典中的各个单词成为附近其他词的概率。之所以说这个任务是"假"的，是因为在训练好神经网络以后，并不打算再使用这个网络，而是只关注通过训练得到的隐藏层的权重参数，这个权重就是想学习的词嵌入矩阵。

下面以将一个英文句子 the quick brown fox jumped over the lazy dog 来构建 Skip-Gram 算法的训练数据集为例，来说明如何在句子中抽取中心词和上下文词。

假设窗口大小为 2，上下文词就是一个句子内的中心词的前面和后面的窗口范围内的词。具体地说，如果中心词为 w_t，上下文词就包括 w_{t-2}、w_{t-1}、w_{t+1} 和 w_{t+2}，下标 t 为单词在句子中的索引。如果将中心词循环从句子的第一个词取到最后一个词，就可以得到以下数据集：

```
(the,
 [quick, brown]),
(quick, [the, brown, fox]),
```

```
(brown, [the, quick, fox, jumped]),
(fox, [quick, brown, jumped, over]),
……
```

以上数据集包含多组 (w_c, w_o) 数据对，其中，c 表示中心词在词典中的索引，o 表示上下文词在词典中的索引。Skip-Gram 算法的任务是根据中心词来预测上下文词，即根据"the"来预测"quick"和"brown"、根据"quick"来预测"the""brown"和"fox"等。这样，数据集可以改为：

```
(the, quick),
(the, brown),
(quick, the),
(quick, brown),
(quick, fox),
(brown, the),
(brown, quick),
(brown, fox),
(brown, jumped),
……
```

得到上述数据集以后，就可以构建图 7.3 所示的词嵌入学习模型。假定词典的长度为 V，词嵌入的维度为 N，那么，输入一个 V 维独热码的中心词，经过 $\mathcal{R}^{N \times V}$ 的权重矩阵变换，就能得到 N 维的词嵌入向量，然后，再经过 Softmax 输出层，得到 4 个 V 维概率分布，其最大概率的索引对应上下文词的 w_{t-2}、w_{t-1}、w_{t+1} 和 w_{t+2} 的独热码。

对于本例，假设词典的长度 V 等于 10000，要学习一个 100 维的词嵌入，因此隐藏层将由一个 10000 行和 100 列的权重矩阵来表示。其中，每行表示词典中的一个单词，每列对应隐藏层的一个神经元。如果从行的方向上去检视隐藏层权重矩阵，就会发现权重矩阵实际上就是最终需要求解的词嵌入矩阵，如图 7.4 所示。

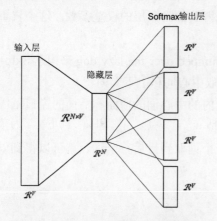

图 7.3　Skip-Gram 词嵌入学习模型

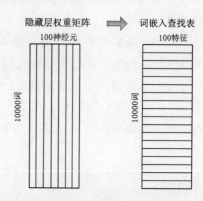

图 7.4　隐藏层的权重矩阵变为词嵌入矩阵

图 7.4 右图所示的 100 特征就是词嵌入的维度，在更多的时候可能 300 维的词嵌入用得更普遍，如谷歌发布的预训练单词和短语向量 GoogleNews-vectors-negative300.bin.gz 就是 300 维的，包含 3 百万个单词和短语，网址为 https://s3.amazonaws.com/dl4j-distribution/GoogleNews-vectors-negative300.bin.gz。大部分时候，限于财力、物力等开销，都会去下载和使用诸如谷歌等大公司预训练的词嵌入，而不是从头开始去训练自己的词嵌入矩阵。

可以使用 u 来表示上下文词的词嵌入，并使用 v 来表示中心词的词嵌入。那么，对于词典中任意索引为 i 的词，都可以使用 v_i 和 u_i 这两个向量来表示，而这两种向量就是 Skip-Gram 模型需要学习的参数。使用 Softmax 函数来定义根据中心词生成上下文词的概率，公式为

$$P(w_o | w_c) = \frac{\exp(\boldsymbol{u}_o^T \boldsymbol{v}_c)}{\sum_{i=0}^{V-1} \exp(\boldsymbol{u}_i^T \boldsymbol{v}_c)} \tag{7.3}$$

7.2.3　CBOW 算法

CBOW 算法是根据文本序列中的某个中心词附近的其他上下文词来生成该中心词。

下面还是以英文句子 the quick brown fox jumped over the lazy dog 为例，说明 CBOW 算法如何在句子中抽取中心词和上下文词的。

假设窗口大小为 2，如果将中心词 w_t 循环从句子的第三个词取到倒数第三个词，就可以得到以下数据集：

```
([the, quick, fox, jumped], brown),
([quick, brown, jumped, over], fox),
……
([jumped, over, lazy, dog], the),
```

显然，如果中心词为 fox，那么上下文词就是[quick, brown, jumped, over]。CBOW 使用词袋模型，认为这 4 个上下文词都是平等的，不考虑它们和中心词之间的距离远近，只要在窗口内就可以。

图 7.5 所示为 CBOW 词嵌入学习模型。输入层为上下文词的独热码向量，所有的独热码都要与同一个 $\mathcal{R}^{N \times V}$ 权重矩阵相乘，然后将乘积向量经相加运算得到 $\mathcal{R}^V$ 隐藏层向量，然后再乘以输出权重矩阵，经过 Sotmax 激活函数，得到 $\mathcal{R}^N$ 的概率分布，概率最大的索引表示预测的中心词。

如果中心词为 fox，且上下文词为[quick, brown, jumped, over]，根据单词 quick、brown、jumped 和 over 来预测一个单词，并且期望这个单词是 fox。详细过程就是把 4 个单词的独热码 o_{quick}、o_{brown}、o_{jumped} 和 o_{over} 与词嵌入权重矩阵相乘，得到 4 个词嵌入 v_{quick}、v_{brown}、v_{jumped}

和 v_{over}，然后将这个 4 个词嵌入向量经过相加并求平均运算得到一个隐藏层向量，乘以输出权重矩阵，经过 Sotmax 激活函数后，期望得到 fox 的独热码 o_{fox}。

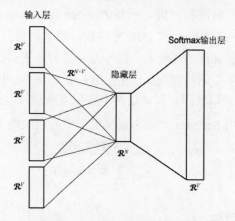

图 7.5　CBOW 词嵌入学习模型

假定 m 为窗口大小，CBOW 模型需要最大化由上下文词 $w_{t-m},\cdots,w_{t-1},w_{t+1},\cdots,w_{t+m}$ 生成任意中心词 w_t 的概率，下标 t 为单词在句子中的索引。

$$\prod_{t=1}^{T} P(w_t \mid w_{t-m},\cdots,w_{t-1},w_{t+1},\cdots,w_{t+m}) \tag{7.4}$$

式(7.4)的最大似然估计与最小化损失函数 J 等价，有

$$J = -\sum_{t=1}^{T} \log P(w_t \mid w_{t-m},\cdots,w_{t-1},w_{t+1},\cdots,w_{t+m}) \tag{7.5}$$

可以使用 u 和 v 来分别表示中心词和上下文词的词嵌入，给定中心词 w_c 和上下文词 $w_{o_1},\cdots,w_{o_{2m}}$，可使用 Softmax 函数来定义由上下文词生成中心词的概率。

$$P(w_c \mid w_{o_1},\cdots,w_{o_{2m}}) = \frac{\exp(\boldsymbol{u}_c^{\mathrm{T}}(v_{o_1}+\cdots+v_{o_{2m}}))}{\sum_{i=0}^{V-1}\exp(\boldsymbol{u}_i^{\mathrm{T}}(v_{o_1}+\cdots+v_{o_{2m}}))} \tag{7.6}$$

7.2.4　负采样

前面介绍了 Skip-Gram 模型和 CBOW 模型，它们都构造了一个有监督的学习任务，分别完成从中心词映射到上下文词或从上下文词映射到中心词的学习，从而得到词嵌入矩阵。这样的计算方式有一个明显的缺点，就是当词典长度很大的时候，Softmax 计算起来很慢，因为分母需要计算 V 个指数的幂之和。克服计算开销大的近似计算方法主要有负采样和层

次 Softmax(Hierarchical Softmax)，能够改善 Softmax 计算慢的问题。负采样是由 Word2Vec 的作者 Mikolov 在第二篇论文①中提出的。

负采样的原理如图 7.6 所示。它使用二元分类器(逻辑回归)进行训练，在特定上下文中区别真实的目标单词 w_t 和 K 个虚构的噪声单词 $\tilde{w}$。

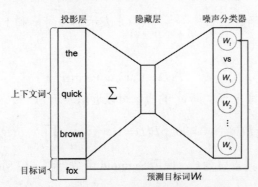

图 7.6　负采样的原理

下面以 Skip-Gram 模型为例来加以说明。负采样技术的核心就是，将原来根据中心词来预测一个上下文词的学习问题，转换为给定一对单词，预测它们是否是一对中心词-上下文词的有监督学习问题。例如，在英文句子 the quick brown fox jumped over the lazy dog 中，quick 和 brown 就是一对中心词-上下文词，这是一个标签为 1 的正样本。然后再构建多个负样本，假设随机选择一个词，它很可能与 quick 没什么关联，因此，随机在词典中选一个词，如 cat，这样 quick 和 cat 就构成一个标签为 0 的负样本。重复选择 king、two 和 apple，构建多个负样本，最终得到以下的训练数据：

```
([quick, brown], 1),
([quick, cat], 0),
([quick, king], 0),
([quick, two], 0),
([quick, apple], 0),
……
```

构建好训练数据以后，下一步就是构造一个有监督学习问题。学习算法的输入就是一个中心词与一个真实上下文词或随机选取词所构成的一对词，输出就是要预测的标签。因此，学习问题就是给定一对词，如 quick 和 brown，预测这两个词究竟是对文本中邻近的两

---

① Tomas Mikolov,et al. Distributed Representations of Words and Phrases and their Compositionality. arXiv: 1310.4546v1 [cs.CL] 16 Oct 2013.

个词采样得到的还是在文本中得到一个词，然后在词典中随机选取得到另一个词。该算法就是要学习如何去分辨这两种不同的生成样本的方法。

假设负样本的个数为 K，负采样技术就将多元分类问题转化成 $K+1$ 个二元分类问题，减少计算量从而加快训练速度。

可以使用 Sigmoid 函数 $g(x) = \dfrac{1}{1+\exp(-x)}$ 来表示中心词 w_c 和上下文词 w_o 同时出现在窗口的概率。

$$P(D=1 \mid w_o, w_c) = g(\boldsymbol{u}_o^T \boldsymbol{v}_c) \tag{7.7}$$

这样，中心词 w_c 生成上下文词 w_o 的概率可以近似表示为

$$\log P(w_o \mid w_c) = \log \left(P(D=1 \mid w_o, w_c) \prod_{k=1, w_k \sim P(w)}^{K} P(D=0 \mid w_k, w_c) \right) \tag{7.8}$$

假设噪声词 w_k 的词典索引为 i_k，使用 Sigmoid 函数可将式(7.8)改写为

$$\log P(w_o \mid w_c) = \log g(\boldsymbol{u}_o^T \boldsymbol{v}_c) + \sum_{k=1, w_k \sim P(w)}^{K} \log(1 - g(\boldsymbol{u}_{i_k}^T \boldsymbol{v}_c)) \tag{7.9}$$

式中：$g(.)$ 为 Sigmoid 函数。

中心词 w_c 生成上下文词 w_o 的损失函数 J_{NEG} 可用下式表示，即

$$\begin{aligned} J_{\text{NEG}} &= -\log P(w_o \mid w_c) \\ &= -\log g(u_o^T v_c) - \sum_{k=1, w_k \sim P(w)}^{K} \log(1 - g(\boldsymbol{u}_{i_k}^T v_c)) \end{aligned} \tag{7.10}$$

当模型为真实单词分配高概率值，为噪声单词分配低概率值时，可以最小化损失函数 J_{NEG}。这种负采样方法大大提升了训练速度，因为它只根据 K 个噪声词 w_k 和一个中心词 w_c 来计算损失函数，而非词典中的全部单词。

这里需要注意两个问题：第一个问题是假如在词典中随机选择的词正好在窗口内怎么办？实际上，由于是随机选择的，一般就不做判断，这种情况即便存在也不影响算法；第二个问题是如何选取负样本的个数 K？Mikolov 等推荐 K 与数据集成反比，数据集越小 K 就越大。小数据集就选择 K 在 5~20 之间。很大的数据集就选小一点的 K，更大的数据集就选择 K 在 2~5 之间。

还有一个问题，负采样该如何选择负样本？如果根据语料中单词出现的频率按照均匀分布来选择，显然频繁出现的单词更有可能选择为负样本。例如，假设将整个训练语料库转换为单词列表，然后从列表中随机选择 K 个负样本。在这种情况下，选择单词"king"的概率等于语料库中出现"king"的次数除以语料库中的单词总数。这可以用以下公式表示，即

$$P(w_i) = \frac{f(w_i)}{\sum_j (f(w_j))} \tag{7.11}$$

式中：$P(w_i)$ 为选择单词 w_i 的概率；$f(w_i)$ 为语料中出现 w_i 的次数。

Mikolov 在论文中尝试了式(7.11)的一些变体，其中最有效的是将单词次数改为单词次数的 3/4 幂，即

$$P(w_i) = \frac{f(w_i)^{3/4}}{\sum_j (f(w_j))^{3/4}} \tag{7.12}$$

式(7.12)有助于增大较小频率词的概率以及降低更大频率词的概率。

论文提供的 Word2Vec C 语言实现的代码中，还采用二次抽样来降低诸如"the""this""a"等频繁出现的停用词的影响。其方法是，按下式计算保留单词 w_i 的概率 $P(w_i)$，即

$$P(w_i) = \left(\sqrt{\frac{z(w_i)}{0.001}} + 1\right) \cdot \frac{0.001}{z(w_i)} \tag{7.13}$$

式中：$z(w_i)$ 为标准化的单词频数。例如，如果单词"king"在 10 亿单词的语料库中出现 1000 次，则 $z(\text{"king"}) = 1000/1000000000 = 10^{-6}$。C 代码中名称为 sample 的参数控制二次抽样的频率，默认值为公式中的 0.001，该值越小意味着越不可能保留。

下面 3 个关键点有助于理解二次抽样的用途。

① 当 $z(w_i) \leq 0.0026$ 时，$P(w_i) = 1.0$，百分之百地保留单词。这意味着只有 $z(w_i) > 0.0026$ 才有可能二次抽样。

② 当 $z(w_i) = 0.00746$ 时，$P(w_i) = 0.5$，有 50% 的可能性保留单词。

③ 当 $z(w_i) = 1.0$ 时，$P(w_i) = 0.033$，有 3.3% 的可能性保留单词。如果语料全部由单词 w_i 构成，这本身就很怪异。

总体来说，实现完整的负采样算法有很多细节问题需要考虑，示例程序不可能做到面面俱到。

负采样的 CBOW 模型与 Skip-Gram 模型类似，假设窗口大小为 m，当前中心词为 w_t，则上下文词 $w_{t-m}, \cdots, w_{t-1}, w_{t+1}, \cdots, w_{t+m}$ 生成中心词 w_t 的损失函数为

$$-\log(w_t \mid w_{t-m}, \cdots, w_{t-1}, w_{t+1}, \cdots, w_{t+m}) \tag{7.14}$$

损失函数 J_{NEG} 可用下式来近似表示，即

$$J_{\text{NEG}} = -\log g\left(\frac{\boldsymbol{u}_c^{\text{T}}(v_{o_1} + \cdots + v_{o_{2m}})}{2m}\right) - \sum_{k=1, w_k \sim P(w)}^{K} \log\left(1 - g\left(\frac{\boldsymbol{u}_{i_k}^{\text{T}}(v_{o_1} + \cdots + v_{o_{2m}})}{2m}\right)\right) \tag{7.15}$$

7.2.5 GloVe 算法

GloVe(Global Vectors for Word Representation，词表征的全局向量)算法是由 Jeffrey Pennington 等于 2014 年在《Empirical Methods in Natural Language Processing (EMNLP)》上发表的一篇论文中提出的，是一种基于全局词频统计的词嵌入算法，将一个单词表示为一个与 Word2Vec 类似的实数向量。GloVe 算法根据语料库构建单词的共现矩阵，然后学习词嵌入。

假设用 X 来表示共现矩阵(Co-Ocurrence Matrix)，元素 X_{ij} 表示在一个特定大小的上下文窗口中单词 i 和单词 j 共同出现的次数。

论文经过一系列公式推导，构建词嵌入与共现矩阵之间的关系如下。详细公式推导可参见原论文。为了不陷入数学公式中，这里只叙述结论。

$$w_i^T \tilde{w}_j + b_i + \tilde{b}_j = \log(X_{ij}) \tag{7.16}$$

式中：w_i^T 和 $\tilde{w}_j$ 分别为单词 i 和单词 j 的词嵌入；b_i 和 $\tilde{b}_j$ 分别为这两个词嵌入的偏置项。

注意，优化后的 w_i^T 和 $\tilde{w}$ 是要学习的词嵌入，从原理上说两者应该等价，但随机初始化会导致最终的实际值可能不一样，因此选择将两者之和 $w^T + \tilde{w}$ 作为最终的词嵌入。

有了上述关系，容易构建损失函数，即

$$J = \sum_{i,j=1}^{V} f(X_{ij})(w_i^T \tilde{w}_j + b_i + \tilde{b}_j - \log(X_{ij}))^2 \tag{7.17}$$

式中：V 为词典大小；$(w_i^T \tilde{w}_j + b_i + \tilde{b}_j - \log(X_{ij}))^2$ 为普通的均方损失；$f(X_{ij})$ 为权重函数，其作用是对损失进行分段加权。

权重函数应满足以下要求。

① $f(0) = 0$。如果单词 i 和单词 j 没有在一起出现，即 $X_{ij} = 0$，就不应参与损失函数的计算。

② $f(x)$ 应为非递减函数，很少在一起出现的单词其权重不能过大。

③ $f(x)$ 应在 x 值较大时取相对小的值，频繁在一起出现的单词的权重也不能过大。

满足上述要求的函数有很多，GloVe 采用以下的分段函数，即

$$f(x) = \begin{cases} \left(\dfrac{x}{x_{\max}}\right)^{\alpha}, & \text{当} x < x_{\max} \text{时} \\ 1, & \text{其他} \end{cases} \tag{7.18}$$

图 7.7 展示了权重函数在 $\alpha = 3/4$ 时的图像。

与 Word2Vec 模型相比，GloVe 充分利用语料库的全局统计信息，提高了词向量在大型

语料上的训练速度。

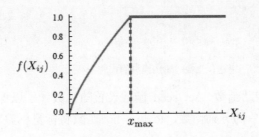

图 7.7　权重函数 f 在 $\alpha=3/4$ 时的图像

7.3　Word2Vec 算法实现

本节使用 TensorFlow 实现了 Skip-Gram 和 CBOW 算法。为了能够快速训练完成，采用一个非常小的语料，来源于维基百科(Wikipedia)关于 NLP 的介绍。

7.3.1　Skip-Gram 实现

Skip-Gram 算法实现的完整源代码可参见 skipgram.py。

代码 7.8 导入模块和设置模型超参数。其中，超参数 c 是附近上下文词数，embedding_size 是词嵌入向量的维数。

代码 7.8　导入模块和设置模型超参数

```
import torch
import torch.nn as nn
import torch.utils.data as data_utils

from collections import Counter
import numpy as np
import re
import random
from sklearn.manifold import TSNE
import matplotlib.pyplot as plt

device = torch.device("cuda" if torch.cuda.is_available() else "cpu")

# 超参数
c = 3  # 附近词数
max_vocab_size = 10000  # 词典最大大小
```

```
num_epochs = 80
batch_size = 16
learning_rate = 0.25
embedding_size = 100
corpus = "../datasets/wikipedia_nlp.txt"
log_file = "skip-gram.log"
log_per = 10    # 达到一定迭代次数时输出模型的损失
```

代码 7.9 是 3 个辅助函数,set_seed 函数设置随机数种子以保证实验结果可以复现,word_tokenize 是一个简单的分词函数,to_one_hot 函数将标量标签转换为独热码向量。

代码 7.9　3 个辅助函数

```
def set_seed(seed=1):
    """ 设置随机数种子,保证实验结果可以复现 """
    random.seed(seed)
    np.random.seed(seed)
    torch.manual_seed(seed)
    torch.cuda.manual_seed(seed)


def word_tokenize(text):
    """ 分词函数,将文本分解为单词 """
    return text.split()


def to_one_hot(labels_dense, num_classes):
    """ 将标量标签转换为独热码向量 """
    num_labels = labels_dense.shape[0]
    idx_offset = np.arange(num_labels) * num_classes
    labels_one_hot = np.zeros((num_labels, num_classes))
    labels_one_hot.flat[idx_offset + labels_dense.ravel()] = 1
    return labels_one_hot
```

代码 7.10 定义一个由原始语料生成训练数据的函数。第一步是生成一个词典,首先从文本文件读取文字,去除标点,然后转化为小写并分词,选取出现最多的 max_vocab_size 个单词并加入未登录词,得到 vocab 词典、idx2word(索引转换为单词)和 word2idx(单词转换为索引)。下一步是遍历语料,得到窗口范围内的中心词 w_c 和上下文词 w_o 组成的数据对 data_pairs,每一个数据对为一个样本。然后将中心词 w_c 转换为独热码,并存放到训练数据 input_data 中,上下文词 w_o 存放到训练标签 output_data 中。最后返回训练数据、训练标签、vocab 词典和两个词典。

代码 7.10　生成训练数据的函数

```
def make_dataset():
    # 从文本文件读取文字,再创建词典
```

```python
with open(corpus, "r") as fin:
    text = fin.read()

# 去除标点符号
re_str = "[\s+\.\!\/_,$%^*()+\"\']+|[+——!,。?、~@#¥%……&*()]+"
text = re.sub(re_str, " ", text)
# 转化为小写并分词
text = [w for w in word_tokenize(text.lower())]
# 选取出现最多的 max_vocab_size 个单词
vocab = dict(Counter(text).most_common(max_vocab_size - 1))
# "<unk>"表示词典中未列入单词
vocab["<unk>"] = len(text) - np.sum(list(vocab.values()))
# 索引到单词的词典
idx2word = [word for word in vocab.keys()]
# 单词到索引的词典
word2idx = {word: i for i, word in enumerate(idx2word)}

# 构建数据集
data_pairs = []
for idx in range(len(text)):
    center = word2idx[text[idx]]
    context_indices = list(range(idx - c, idx)) + list(range(idx + 1, idx + c + 1))
    context_indices = [i % len(text) for i in context_indices]

    for w_idx in context_indices:
        data_pairs.append([center, word2idx[text[w_idx]]])

data_pairs = np.array(data_pairs)
input_data = to_one_hot(data_pairs[:, 0], len(idx2word))
output_data = data_pairs[:, 1]

return input_data, output_data, vocab, idx2word, word2idx
```

代码 7.11 是简单的 Skip-Gram 模型实现。使用两个全连接层 nn.Linear 实现了图 7.5 所示的模型，input_embeddings 函数用于获取训练好的嵌入矩阵的权重参数。

代码 7.11 Skip-Gram 模型

```python
class SkipGramModel(nn.Module):
    """ SkipGram 词嵌入模型 """

    def __init__(self, vocab_size, embed_size):
        """ 初始化输出和输出的词嵌入 """
        super(SkipGramModel, self).__init__()
        self.W = nn.Linear(vocab_size, embed_size, bias=False)
        self.WT = nn.Linear(embed_size, vocab_size, bias=False)
```

```
def forward(self, inp):
    """ inp 为 [batch_size, vocab_size]的独热码 """
    out = self.W(inp)     # [batch_size, embedding_size]
    out = self.WT(out)    # [batch_size, vocab_size]
    return out

def input_embeddings(self):
    return self.W.weight.data.cpu().numpy()
```

代码 7.12 是一个可视化经过降维以后的低维词嵌入向量的函数。函数有两个输入参数：low_dim_embs 参数的第一维是序号，后两维是低维词嵌入向量；labels 是低维词嵌入向量对应的单词。

代码 7.12 可视化函数

```
# 可视化
def plot_with_labels(low_dim_embs, labels):
    """ 可视化词向量 """
    plt.figure(figsize=(18, 18))    # 单位为英寸
    for i, label in enumerate(labels):
        x, y = low_dim_embs[i, :]
        plt.scatter(x, y)
        plt.annotate(label, xy=(x, y), xytext=(5, 2),
                     textcoords='offset points',
                     ha='right',
                     va='bottom')
    plt.show()
```

代码 7.13 为程序主函数。首先调用 make_dataset 函数构建数据集，返回数据集和词典。使用 torch.utils.TensorDataset 创建 Dataset，使用 torch.utils.DataLoader 创建一个数据加载器实例，定义词向量模型、损失函数和优化器，并迭代训练模型。最后使用 sklearn.manifold.TSNE 函数将 100 维的词向量降为两维，以便可视化。

代码 7.13 主函数

```
def main():
    """ 主函数 """
    set_seed(1234)

    # 创建 Dataset 和 DataLoader
    input_data, output_data, vocab, idx2word, word2idx = make_dataset()

    vocab_size = len(idx2word)
    print('实际词典大小：', vocab_size)

    dataset = data_utils.TensorDataset(torch.tensor(input_data, dtype=torch.float),
```

```python
                            torch.tensor(output_data, dtype=torch.long))
dataloader = data_utils.DataLoader(dataset, batch_size=batch_size,
                            shuffle=True, num_workers=0)

# 定义词向量模型
model = SkipGramModel(vocab_size, embedding_size)
model = model.to(device)

criterion = nn.CrossEntropyLoss()
optimizer = torch.optim.SGD(model.parameters(), lr=learning_rate)
# 训练模型
for e in range(num_epochs):
    for i, (input_words, output_words) in enumerate(dataloader):
        # 尽量使用GPU
        input_words = input_words.to(device)
        output_words = output_words.to(device)

        # 优化参数
        optimizer.zero_grad()
        pred_words = model(input_words)
        loss = criterion(pred_words, output_words)
        loss.backward()
        optimizer.step()

        if i % log_per == 0:
            with open(log_file, "a") as fo:
                out_str = "轮次: {}, 迭代次数: {}, 损失: {}".format(e, i, loss.item())
                print(out_str)
                fo.write(out_str)

embedding_weights = model.input_embeddings()

tsne = TSNE(perplexity=30, n_components=2, init='pca', n_iter=5000, method='exact')
embedding_weights = np.transpose(embedding_weights)
plot_only = len(embedding_weights)
low_dim_embs = tsne.fit_transform(embedding_weights[: plot_only, :])
labels = [idx2word[i] for i in range(plot_only)]
plot_with_labels(low_dim_embs, labels)
```

训练得到的词嵌入可视化结果如图 7.8 所示。

7.3.2 CBOW 实现

CBOW 算法实现的完整源代码可参见 cbow.py。

CBOW 算法与 Skip-Gram 算法大部分都相同，区别主要有两点：一是生成训练数据的方式不同，二是模型不同。

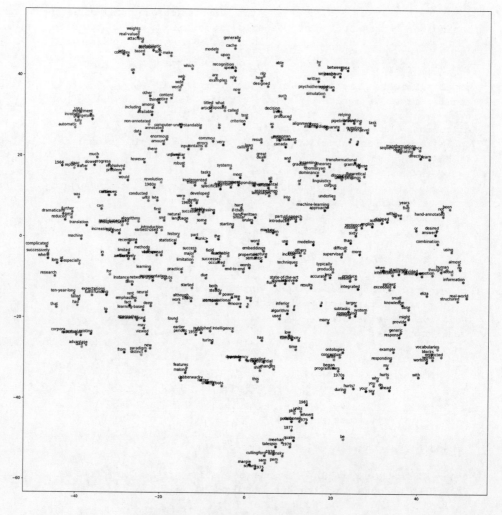

图 7.8　Skip-Gram 生成的词嵌入

代码 7.14 是生成训练数据的函数。在 Skip-Gram 算法中，有多少个上下文词 w_o，就会生成多少个中心词 w_c 的独热码和上下文词 w_o 组成的样本。在 CBOW 算法中，每个中心词 w_c 只对应一个样本，将多个上下文词 w_o 叠加作为训练数据，并将中心词 w_c 作为训练标签。

代码 7.14　生成训练数据的函数

```
def make_dataset():
    # 从文本文件读取文字，再创建词典
    with open(corpus, "r") as fin:
        text = fin.read()
```

```
# 去除标点符号
re_str = "[\s+\.\!\/_,$%^*()+\"\']+|[+——!,。?、~@#¥%……&*()]+"
text = re.sub(re_str, " ", text)
# 转小写并分词
text = [w for w in word_tokenize(text.lower())]
# 选取出现最多的 max_vocab_size 个单词
vocab = dict(Counter(text).most_common(max_vocab_size - 1))
# "<unk>"表示词典中未列入单词
vocab["<unk>"] = len(text) - np.sum(list(vocab.values()))
# 索引到单词的词典
idx2word = [word for word in vocab.keys()]
# 单词到索引的词典
word2idx = {word: i for i, word in enumerate(idx2word)}

# 构建数据集
input_data = []
output_data = []
for i in range(c, len(text) - c):
    context = (
            [word2idx[text[i - j - 1]] for j in range(c)]
          + [word2idx[text[i + j + 1]] for j in range(c)]
    )
    target = word2idx[text[i]]
    input_data.append(context)
    output_data.append(target)

return input_data, output_data, vocab, idx2word, word2idx
```

代码 7.15 定义了 CBOW 模型。模型有一个嵌入层和一个全连接层，self.embeddings 层用于将输入的小批量数据转化为词嵌入向量，调用 torch.sum 函数将上下文词的词嵌入向量相加，再使用 self.fc 层转换为模型输出。同样使用 input_embeddings 函数来获取训练好的嵌入矩阵的权重参数。

代码 7.15   CBOW 模型

```
class CBOWModel(nn.Module):
    """ CBOW 词嵌入模型 """

    def __init__(self, vocab_size, embedding_dim):
        super(CBOWModel, self).__init__()
        self.embeddings = nn.Embedding(vocab_size, embedding_dim)
        self.fc = nn.Linear(embedding_dim, vocab_size)

    def forward(self, inputs):
        embeds = self.embeddings(inputs)
        out = torch.sum(embeds, dim=1)
```

```
        out = self.fc(out)
        return out

    def input_embeddings(self):
        return self.embeddings.weight.data.cpu().numpy()
```

cbow.py 程序训练得到的词嵌入可视化结果如图 7.9 所示。

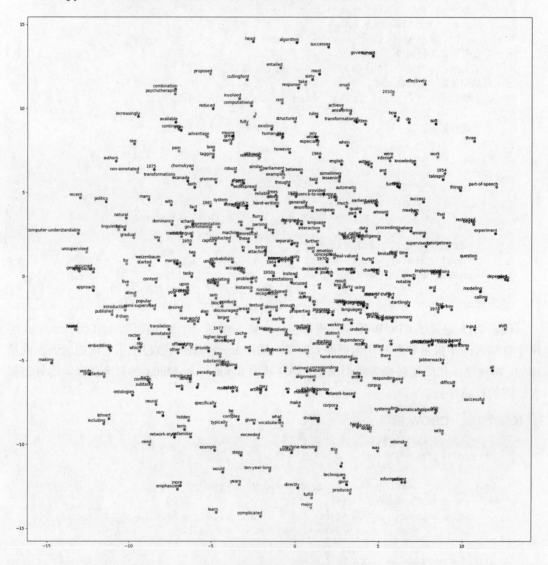

图 7.9　CBOW 生成的词嵌入

7.3.3 负采样 Skip-Gram 实现

skip_gram_negative_sampling.py 实现了负采样的 Skip-Gram 算法，本程序使用 text8 作为训练语料，该语料是去除标点符号的英文文本，单词之间用空格分隔。

代码 7.16 所示为设置超参数。其中，log_file 是设置日志目录，max_vocab_size 为词典最大大小，embedding_size 为词嵌入维度，corpus 为语料文件的位置，k 为负采样的样本数，c 为附近的上下文词数。

代码 7.16　超参数设置

```
# 超参数
k = 80           # 负采样样本数
c = 3            # 附近词数
max_vocab_size = 30000  # 词典最大大小
num_epochs = 2
batch_size = 128
learning_rate = 0.2
embedding_size = 100
corpus = "../datasets/text8/text8.train.txt"
log_file = "skip-gram-neg-sampling.log "
log_per = 10   # 达到一定迭代次数时输出模型的损失
```

代码 7.17 所示为实现两个辅助函数。set_seed 函数用于设置随机数种子以保证实验结果可以复现，word_tokenize 是一个简单的分词函数，将文本分解为单词。

代码 7.17　实现两个辅助函数

```
def set_seed(seed=1):
    """ 设置随机数种子，保证实验结果可以复现 """
    random.seed(seed)
    np.random.seed(seed)
    torch.manual_seed(seed)
    torch.cuda.manual_seed(seed)


def word_tokenize(text):
    """ 分词函数，将文本分解为单词 """
    return text.split()
```

代码 7.18 所示为实现词嵌入数据集类。其中，word2idx 是单词到索引的词典，idx2word 是索引到单词的词典，word_freq 是为了后面根据词频进行有放回采样，__len__ 函数返回整个数据集所有单词的长度，__getitem__ 函数根据给定的索引返回一个用于训练的样本，center_word 是中心词，pos_words 是中心词附近的单词，作为正确单词(Positive Words)， neg_words 是负采样得到的 k 个单词，作为错误单词(Negative Words)，pos_indices 是中心词前后各 c 个词的索引，取余操作是为了避免索引越界。torch.multinomial 函数根据词频进行有放回采样，词频数值越大，采样概率越大。

代码 7.18 实现词嵌入数据集类

```python
class WordEmbeddingDataset(data_utils.Dataset):
    """ 实现词嵌入数据集 """

    def __init__(self, text, word2idx, idx2word, word_freq, word_counts, vocab_size):
        """ text：文本序列的列表，所有文本都来自训练集
            word2idx：单词到索引的词典
            idx2word：索引到单词的词典
            word_freq：词频
            word_counts：单词出现次数
            vocab_size：词典大小
        """
        super(WordEmbeddingDataset, self).__init__()
        # text_encoded 存放文本对应的各个单词的序号
        self.text_encoded = [word2idx.get(doc, vocab_size - 1) for doc in text]
        self.text_encoded = torch.LongTensor(self.text_encoded)
        self.word_to_idx = word2idx
        self.idx_to_word = idx2word
        self.word_freq = torch.tensor(word_freq)
        self.word_counts = torch.tensor(word_counts)

    def __len__(self):
        """ 返回整个数据集所有单词的长度(item 数量) """
        return len(self.text_encoded)

    def __getitem__(self, idx):
        """ 根据给定的索引返回一个样本
        本函数返回以下数据：
            center_word：中心词
            pos_words：中心词附近的单词, positive words
            neg_words：负采样得到的 k 个单词, negative words
        """
        center_word = self.text_encoded[idx]
        pos_indices = list(range(idx - c, idx)) + list(range(idx + 1, idx + c + 1))
        pos_indices = [i % len(self.text_encoded) for i in pos_indices]
        pos_words = self.text_encoded[pos_indices]
        # 对词频输入做 k 次有放回采样
        neg_words = torch.multinomial(self.word_freq, k * pos_words.shape[0], True)

        return center_word, pos_words, neg_words
```

代码 7.19 所示为实现是词嵌入模型类。定义了 in_embed 和 out_embed 这两个嵌入层 (nn.Embedding)，在 __init__ 初始化函数中，按照均匀分布进行权重初始化。forward 函数体内主要调用 torch.bmm 函数来计算批量矩阵相乘，函数中的两个参数必须都是 3 个维度的张量，且第一维相同，后两维的维度应满足矩阵乘法的要求。

代码 7.19　实现词嵌入模型类

```python
class EmbeddingModel(nn.Module):
    """ 词嵌入模型 """

    def __init__(self, vocab_size, embed_size):
        """ 初始化输出和输出的词嵌入 """
        super(EmbeddingModel, self).__init__()
        self.vocab_size = vocab_size
        self.embed_size = embed_size

        # 按照均匀分布进行权重初始化
        init_range = 0.5 / self.embed_size
        self.out_embed = nn.Embedding(self.vocab_size, self.embed_size, sparse=False)
        self.out_embed.weight.data.uniform_(- init_range, init_range)

        self.in_embed = nn.Embedding(self.vocab_size, self.embed_size, sparse=False)
        self.in_embed.weight.data.uniform_(- init_range, init_range)

    def forward(self, input_words, pos_words, neg_words):
        """
            input_words：中心词
            pos_words：周围词
            neg_words：负采样得到的词
            返回：损失 loss
        """

        input_embedding = self.in_embed(input_words)
        pos_embedding = self.out_embed(pos_words)
        neg_embedding = self.out_embed(neg_words)

        log_pos = torch.bmm(pos_embedding, input_embedding.unsqueeze(2)).squeeze()
        log_neg = torch.bmm(neg_embedding, -input_embedding.unsqueeze(2)).squeeze()

        log_pos = F.logsigmoid(log_pos).sum(1)
        log_neg = F.logsigmoid(log_neg).sum(1)

        loss = log_pos + log_neg

        return -loss
```

```python
def input_embeddings(self):
    return self.in_embed.weight.data.cpu().numpy()
```

代码 7.20 所示为实现主函数。首先从文本文件读取文字，选取出现最多的 max_vocab_size-1 个单词，使用<unk>标记表示词典中未登录单词，再创建 idx2word 和 word2idx 词典。由于要进行负采样，因此需要统计词频，按照 Word2Vec 原论文的推荐方法，将词频修改为 0.75 幂次方。下一步是创建 Dataset 和 DataLoader，定义词向量模型和优化器，并迭代训练模型。最后使用 sklearn.manifold.TSNE 函数将 100 维的词向量降为两维，以便可视化。

代码 7.20 主函数

```python
def main():
    """ 主函数 """
    set_seed(1234)

    # 从文本文件读取文字，再创建词典
    with open(corpus, "r") as fin:
        text = fin.read()
    # 转小写并分词
    text = [w for w in word_tokenize(text.lower())]
    # 选取出现最多的 max_vocab_size 个单词
    vocab = dict(Counter(text).most_common(max_vocab_size - 1))
    # "<unk>"表示词典中未列入单词
    vocab["<unk>"] = len(text) - np.sum(list(vocab.values()))
    # 索引到单词的词典
    idx2word = [word for word in vocab.keys()]
    # 单词到索引的词典
    word2idx = {word: i for i, word in enumerate(idx2word)}

    # 单词计数
    word_counts = np.array([count for count in vocab.values()], dtype=np.float32)
    # 词频
    word_freqs = word_counts / np.sum(word_counts)
    # 用于负采样的词频
    word_freqs = word_freqs ** (3. / 4.)
    word_freqs = word_freqs / np.sum(word_freqs)
    vocab_size = len(idx2word)
    print('实际词典大小：', vocab_size)

    # 创建 Dataset 和 DataLoader
    dataset = WordEmbeddingDataset(text, word2idx, idx2word, word_freqs,
                                    word_counts, vocab_size)
    dataloader = data_utils.DataLoader(dataset, batch_size=batch_size,
                                        shuffle=True, num_workers=0)
```

```python
# 定义词向量模型
model = EmbeddingModel(vocab_size, embedding_size)
model = model.to(device)

# 训练模型
optimizer = torch.optim.SGD(model.parameters(), lr=learning_rate)
for e in range(num_epochs):
    for i, (input_words, pos_words, neg_words) in enumerate(dataloader):
        # 尽量使用 GPU
        input_words = input_words.to(device)
        pos_words = pos_words.to(device)
        neg_words = neg_words.to(device)

        # 优化参数
        optimizer.zero_grad()
        loss = model(input_words, pos_words, neg_words).mean()
        loss.backward()
        optimizer.step()

        if i % log_per == 0:
            with open(log_file, "a") as fo:
                out_str = "轮次: {}, 迭代次数: {}, 损失: {}".format(e, i, loss.item())
                print(out_str)
                fo.write(out_str)

    # 保存训练好的参数
    torch.save(model.state_dict(), "skip-gram-ns-{}.pt".format(embedding_size))

model.load_state_dict(torch.load("skip-gram-ns-{}.pt".format(embedding_size)))
embedding_weights = model.input_embeddings()

tsne = TSNE(perplexity=30, n_components=2, init='pca', n_iter=5000, method='exact')
plot_only = 500        # 要绘制的数据点数
low_dim_embs = tsne.fit_transform(embedding_weights[: plot_only, :])
labels = [idx2word[i] for i in range(plot_only)]
plot_with_labels(low_dim_embs, labels)
```

skip_gram_negative_sampling.py 程序训练得到的词嵌入可视化结果如图 7.10 所示。可以看到，相似词的距离都很近，聚集在一起。

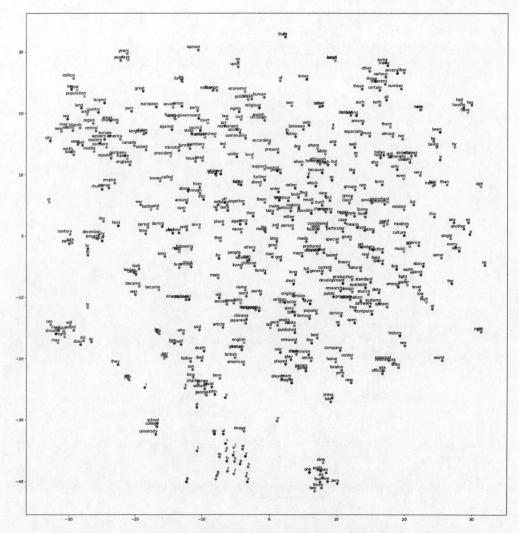

图 7.10 负采样 Skip-Gram 生成的词嵌入

习 题

7.1 简述词嵌入的优点。

7.2 访问 Gensim 官网 https://radimrehurek.com/gensim/index.html，安装 Gensim 工具，了解 Gensim 的用途和基本 API。

7.3 研读 explore_word_vector.py 代码。

7.4 尝试阅读 Tomas Mikolov 等的 Word2Vec 论文，深入理解 Word2Vec 算法。

7.5 尝试阅读 Jeffrey Pennington 等的 GloVe 论文，深入理解 GloVe 算法。

7.6 学习词嵌入时使用 nn.Embedding 来替换 nn.Linear 的好处是什么？
(注：考虑两者的输入以及偏置参数。)

7.7 研读 skip_gram_negative_sampling.py，修改代码实现负采样的 CBOW 算法。

第 8 章

循环神经网络原理

循环神经网络(Recurrent Neural Network，RNN)是一种序列模型，它主要用于自然语言处理、语音识别、音乐生成等领域。RNN 的特色就在于它能够实现某种形式的"记忆"功能，特别适合时间序列分析。

本章首先介绍 RNN 的基本概念以及 RNN 的用途；然后介绍基本的 RNN 模型原理和示例以及 LSTM、GRU 的原理和示例；最后介绍广泛应用的注意力机制和 Transformer 模型。

8.1 RNN 介绍

RNN 主要用于处理序列数据，即有先后次序的一组数据。在 NLP 语言模型中，下一个单词的预测往往与前面的单词有关联，因为一个句子中的前后单词并非独立。例如，英语有一条简单的语法规则，一般现在时在主语为第三人称单数时，句子中的谓语动词要加 s 或 es。预测谓语动词时，就要查看前面的主语是否为第三人称单数，再决定动词是否变化。

RNN 网络记忆以前的输入信息并应用于计算当前的输出，也就是说，当前的输出不仅取决于当前的输入，而且还和记忆的信息有关，RNN 就是有记忆的神经网络。

8.1.1 有记忆的神经网络

RNN 的本质是有记忆的神经网络，假设有一个两层的循环神经网络，输入层的节点数为 d_x，隐藏层的节点数为 d_h，输出层的节点数为 d_y，如图 8.1 所示。RNN 中的隐藏层通常叫作循环层(Recurrent)。显然，图中的左边是普通的神经网络，右边是记忆部分，记忆功能使得 RNN 有别于普通的神经网络，输出 $\hat{y}$ 不只是取决于当前的输入 $x^{<t>}$，还与 $t-1$ 时刻的状态 h 有关。时刻通常又称为时间步，因此本书混用这两个术语，不再赘述。

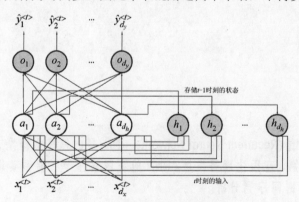

图 8.1 有记忆的神经网络原理

先看图 8.1 的左半部分，输入 x 是长度为 T_x 的序列，$x^{<t>}$ 为 t 时刻的输入。假如 x 为一个自然语言的句子，$x^{<t>}$ 就是该句子中第 t 个单词的 d_x 维词向量。$x^{<t>}$ 经过循环层再到输出层，如果没有右边的记忆部分，这就是标准的全连接神经网络。然后再看图 8.1 的右半部分，

在 $t-1$ 时刻，h_1、…、h_{d_h} 存储循环层的状态，并在 t 时刻，h_1、…、h_{d_h} 和 $x_1^{<t>}$、…、$x_{d_x}^{<t>}$ 一起作为循环层的输入，循环层的输出作为输出层的输入，输出结果为 $\hat{y}_1^{<t>}$、…、$\hat{y}_{d_y}^{<t>}$，同时 h_1、…、h_{d_h} 存储循环层的输出。

开始时，在 0 时刻 h_1、…、h_{d_h} 需要存储一个初值 $a^{<0>}$，一般设为零向量。

由于图 8.1 中有些过于注重细节，不容易描述清楚整个序列的处理过程，因此经常将图 8.1 简化为图 8.2。其中，$x^{<t>}$ 表示 t 时刻的输入向量，ⓐ 表示循环层的全部神经元，ⓞ 表示输出层的全部神经元，■ 表示记忆层的全部单元，它会延迟一个时间步输出。另外，按照习惯，用大写字母 W 表示权重矩阵，用下标区分不同层的 W。例如，W_{ax} 为输入层到循环层的权重矩阵，W_{ya} 为循环层到输出层的权重矩阵，W_{aa} 为记忆层到循环层的权重矩阵。权重矩阵的表示符号有两个下标，遵循以下的符号约定：第二个下标表示权重矩阵要乘以的变量类型，第一个下标表示要得到的目标变量类型例如，W_{ax} 表示要乘以一个 x 类型的变量，计算得到一个 a 类型的变量。图中一般不画出截距项。

图 8.2 表示了 t 时刻的网络结构，由于输入不只是序列中的第 t 个元素而是整个序列，为了清楚地表示每个时间步的输入和输出，通常将图 8.2 展开为图 8.3。可以看到，时间步从左到右递增，在 $t=1$ 时刻，循环层的输入有 $a^{<0>}$ 和 $x^{<1>}$，输出为 $\hat{y}^{<1>}$；在 $t=2$ 时刻，循环层的输入有 $a^{<1>}$ 和 $x^{<2>}$，输出为 $\hat{y}^{<2>}$，以此类推。

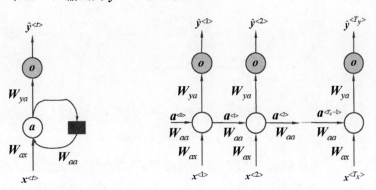

图 8.2　简化的 RNN 表示　　　　　图 8.3　展开的 RNN

注意，图 8.3 只是为了说明在每一个时间步的输入和输出，并不说明存在若干个 RNN。由于有且仅有一个 RNN 网络，因此每个时间步的参数是共享的，都是同样的 W_{ax}、W_{ya} 和 W_{aa}。

以上介绍的是基本的 RNN，由此衍生出效果更好的 LSTM 和 GRU 网络，其原理详见后文。如果将 LSTM 或 GRU 视为一个部件，可以直接使用 LSTM 或 GRU 单元来替换图 8.3

所示的循环层单元◯。

图 8.3 所示网络记忆的是循环层在上一个时间步的隐藏状态，称为 Elman 网络。另一种称为 Jordan 网络记忆的是网络的最终输出，如图 8.4 所示。由于 Elman 网络的循环层相对独立，使用起来方便一点，因此成为 RNN 的主流。

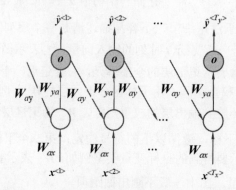

图 8.4 Jordan 网络

如果我们不太关心 RNN 网络结构的细节，既不关心循环层采用基本 RNN 还是 LSTM 或 GRU 单元，也不关心到底是 Elman 网络还是 Jordan 网络，可以把 RNN 进一步简化为图 8.5 所示的结构。

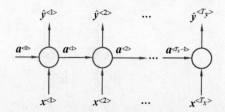

图 8.5 进一步简化的 RNN

上述 RNN 网络都是单向的，单向 RNN 只能记忆以前时间步的信息，不能记忆后面时间步的信息。有时为了能够更好地理解上下文，可能需要记忆两个方向的信息，这就是双向 RNN。双向 RNN 的循环模块可以是基本 RNN、LSTM 或 GRU，其结构如图 8.6 所示。其中，前向的循环单元使用 $\vec{a}^{<t>}$ 来表示，后向的循环单元使用 $\overleftarrow{a}^{<t>}$ 来表示。输出 $\hat{y}^{<t>}$ 由 $\vec{a}^{<t>}$ 和 $\overleftarrow{a}^{<t>}$ 共同决定，即 $\hat{y}^{<t>} = g_y(W_y[\vec{a}^{<t>}, \overleftarrow{a}^{<t>}] + b_y)$。

只要有完整的序列，双向 RNN 就能够预测任意位置的输出。对于很多自然语言处理的应用，完整序列这个条件很容易满足，一般都能获取整个句子，因此双向 RNN 在 NLP 中应用十分广泛。

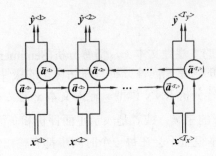

图 8.6　双向 RNN

前述的单向和双向 RNN 都是单层的版本，其功能有限。如果要学习非常复杂的函数，就需要把多个 RNN 堆叠在一起，构成更深的模型，这称为深层循环神经网络，图 8.7 所示的就是一个 3 层的深度 RNN。

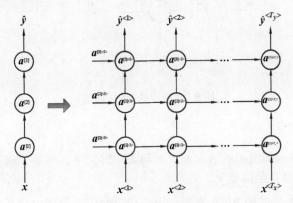

图 8.7　深度 RNN

图 8.7 左图所示为简化的深度 RNN 表示，右图为展开的深度 RNN 表示。由于深度 RNN 是由多个循环层堆叠起来的，这里使用符号 $a^{[l]<t>}$ 来表示第 l 层第 t 个时间步的隐藏状态，如 $a^{[1]<0>}$ 表示第一层隐藏状态的初值。

深度 RNN 的循环层没有要求一定是基本 RNN 单元，也可以是 GRU 单元或者 LSTM 单元，并且也可以构建深度双向 RNN 网络。由于深度 RNN 训练需要消耗很多计算资源，花费很长的时间，而且很难训练，因此很少使用很深的深度 RNN，一般很少用到 6 层以上，大多数都在 3 层左右。

8.1.2　RNN 用途

RNN 序列模型会记忆处理过的信息，适合为以下的应用建模。

1. 情感分析

给定一段带有情感色彩的主观性文本 x，情感分析(Sentiment Analysis)系统输出倾向性分析的结果 y，如影评文本的情感倾向性分析、商品评论的极性分析等。

图 8.8 所示为影评的情感分析 RNN 模型。输入文本 x 为文本序列，输出结果 y 可能是 1~5 之间的数字，表示电影的星级，或者是表示正面评价和负面评价的 0 或 1。不同于前面已经见过的 RNN 模型，本模型不会在每一个时间步都有输出，而是让 RNN 读入整个句子或段落，在最后的时间步上得到一个输出。由于是输入多个单词后系统仅在最后时刻才输出一个数字，因此称为"多对一"网络结构。

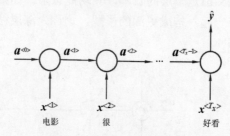

图 8.8　影评的 RNN 模型

2. 文本生成

文本生成(Text Generation)的输入 x 是一句或一段文字，然后生成下一个单词，递归可以生成整个句子、段落甚至篇章 y。

图 8.9 所示为文本生成的 RNN 模型，也是在自然语言处理中最基础的语言模型，它确定某个句子出现的概率，这需要用 RNN 来构建单词序列的概率模型。在 $t=1$ 时刻，循环层的输入有 $a^{<0>}$ 和 $x^{<1>}$，这两个一般都设为零向量，循环层会计算循环层的状态 $a^{<1>}$，再通过 Softmax 来计算第一个单词可能是什么，其结果就是 $\hat{y}^{<1>}$。$\hat{y}^{<1>}$ 实际就是字典中每个单词的概率分布。在下一个时间步 $t=2$ 时刻，循环层的输入有 $a^{<1>}$ 和真实的第一个单词 $y^{<1>}$，循环层计算 $a^{<2>}$ 通过 Softmax 来计算第二个单词在字典中的概率分布，得到 $\hat{y}^{<2>}$，以此类推。因此，RNN 在每一个时间步都会通过前面的已知单词来计算下一个单词的概率分布，这样一次次按顺序学习预测得到每一个单词。

注意到 $\hat{y}^{<t>}$ 和 $y^{<t>}$ 不同，前者为 t 时刻预测的概率分布，后者为真实的单词。

本书 9.3.1 小节将展示一个向莎士比亚学写诗的例子，让 RNN 网络学习莎士比亚十四行诗中跨越很多字符的长期依赖关系，然后自动生成文本序列。

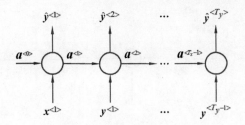

图 8.9　文本生成的 RNN 模型

3. 音乐生成

音乐生成(Music Generation)的输入 x 可以是空集或短序列，输出数据 y 是长序列。可以这样来设计音乐生成 RNN 模型：如果 x 为空，则任意输出音乐系列；如果 x 为一个整数，则代表想要生成的音乐风格；如果 x 是头几个音符，则要按照音符继续生成音乐。

图 8.10 是一个音乐生成的 RNN 模型，这是"一对多"的结构。输入 x，RNN 计算输出第一个音符 $\hat{y}^{<1>}$，以后就不再需要输入，而是将上一个时间步合成的音符 $\hat{y}^{<1>}$ 作为下一个时间步的输入，再将 $\hat{y}^{<2>}$ 作为第三个时间步的输入，以此类推。

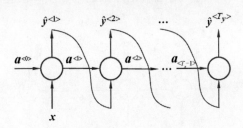

图 8.10　音乐生成的 RNN 模型

4. 机器翻译

神经机器翻译(Neural Machine Translation，NMT)系统给定源语言的一个输入句子或段落 x，要求输出目标语言的翻译结果 y。

图 8.11 所示的机器翻译应用中，首先读入某种要翻译的源语言的句子，这是一个单词组成的序列，全部读入完成以后，网络就会输出所翻译的目标语言的句子，这也是一个单词组成的序列。这显然是"多对多"结构，输入序列长度 T_x 与输出序列长度 T_y 在大部分时候都不相等。机器翻译 RNN 模型分为编码器和解码器两个部分，编码器负责获取输入，读取整个句子，解码器负责输出翻译为目标语言的句子。

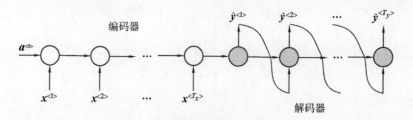

图 8.11 神经机器翻译的 RNN 模型

5. 命名实体识别

命名实体识别(Named Entity Recognition，NER)用于查找文本中具有特定意义的实体，包括人名、时间、地名、机构名、专有名词等。输入 x 为一段文本，输出 y 为单词对应的实体类型。

图 8.12 是命名实体识别的一种 RNN 模型，输入单词序列 $x^{<1>}$、$x^{<2>}$、…、$x^{<T_x>}$，RNN 模型计算对应的实体类型 $y^{<1>}$、$y^{<2>}$、…、$y^{<T_y>}$。这里的输入序列长度 T_x 与输出序列长度 T_y 相等，由于输入序列有多个单词，对应输出序列的多个实体类型，因此本例是"多对多"结构的另一种形式。

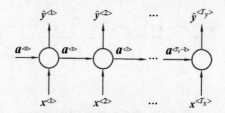

图 8.12 命名实体识别的 RNN 模型

总结以上不同应用的 RNN 结构，"一对多"结构适合文本生成和音乐生成。"多对一"结构适合情感分析。"多对多"结构有两种，第一种的 T_x 可以不等于 T_y，适合机器翻译应用；第二种要求 T_x 等于 T_y，适合命名实体识别。此外，还有很多有趣的应用，如语音识别、DNA 序列分析、Image Caption(图像理解)等，限于篇幅就不展开讨论了。

在前面所举的例子中，忽略了一个细节，序列长度是有限的，一般不使用固定的长度。因此，输入序列往往会设置一个特殊的向量来表示序列的结束，输出序列也设置一个特殊的向量来表示序列的结束。另外，如果使用小批量训练样本一起计算时，可能会遇到一个小批量中的多个训练样本长度不同的情况，这时可能需要进行填充，将短句子用一个特殊符号填充为和最长句子长度一样。

8.2 基本 RNN 模型

本节介绍基本的 RNN 模型，包括前向传播、反向传播等基本 RNN 原理，最后介绍基本 RNN 编程 API 和编程示例。

8.2.1 基本 RNN 原理

前面只是大概介绍了基本的 RNN，本小节将介绍基本 RNN 的前向传播和反向传播原理，给出数学公式，并讨论 RNN 的序列采样和梯度消失问题。

1. 前向传播

假设已经训练好了网络参数，容易使用前向传播算法计算每一个时间步的隐藏状态和输出。首先设置隐藏状态的初值 $a^{<0>}$ 为零向量，按下面两个公式分别计算 $a^{<1>}$ 和 $\hat{y}^{<1>}$，即

$$a^{<1>} = g_a(W_{aa}a^{<0>} + W_{ax}x^{<1>} + b_a) \tag{8.1}$$

$$\hat{y}^{<1>} = g_y(W_{ya}a^{<1>} + b_y) \tag{8.2}$$

式中：g_a 和 g_y 分别为 RNN 的循环层和输出层的激活函数；b_a 和 b_y 均为对应的偏置向量。g_a 激活函数通常会选 Tanh 或 ReLU，g_y 激活函数取决于 RNN 的输出，如果是二元分类，通常会选择 Sigmoid 函数，多元分类则通常选择 Softmax 函数。

式(8.1)和式(8.2)可以推广到更一般的形式，在任意 t 时刻，有

$$a^{<t>} = g_a(W_{aa}a^{<t-1>} + W_{ax}x^{<t>} + b_a) \tag{8.3}$$

$$\hat{y}^{<t>} = g_y(W_{ya}a^{<t>} + b_y) \tag{8.4}$$

式(8.3)说明，任意 t 时刻的状态 $a^{<t>}$ 不但与当时的输入 $x^{<t>}$ 有关，还与前一时刻的状态 $a^{<t-1>}$ 有关，$a^{<t-1>}$ 又与 $a^{<t-2>}$ 有关，……，直到 $a^{<1>}$。可以想象，即便 t 很大，也仍然会受到 $a^{<1>}$ 的影响，这就是长期依赖问题。

有了上述两个公式，容易将简化的 RNN 表示重新绘制为图 8.13 所示的 RNN 计算示意图，该图的右半部分也称为基本 RNN 单元。

可以简化式(8.3)和式(8.4)。使用 W_a 来表示 $[W_{aa} \quad W_{ax}]$，使用 $[a^{<t-1>}, \quad x^{<t>}]$ 来表示 $\begin{bmatrix} a^{<t-1>} \\ x^{<t>} \end{bmatrix}$，使用 W_y 来表示 W_{ya}，式(8.3)和式(8.4)可以简化为

$$a^{<t>} = g_a(W_a[a^{<t-1>}, \quad x^{<t>}] + b_a) \tag{8.5}$$

$$\hat{y}^{<t>} = g_y(W_y a^{<t>} + b_y) \tag{8.6}$$

式中：W_a 和 b_a 表示这些参数用于计算 a；W_y 和 b_y 表示这些参数用于计算 y。

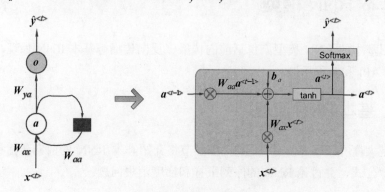

图 8.13 RNN 计算示意图

2. 反向传播

虽然 PyTorch 能自动处理反向传播，但是，大致了解循环神经网络的反向传播机制还是很有必要的，RNN 反向传播的名称为穿越时间的反向传播(Back-Propagation Through Time，BPTT)。

让我们来看看图 8.14 所示的 BPTT 原理，前向传播从左到右、从下到上地计算输出，直到计算出全部的预测结果。而反向传播的计算方向基本上是前向传播的反方向，从输出计算到输入。

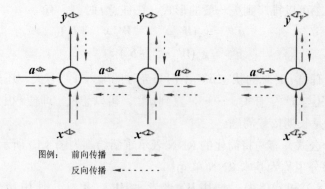

图 8.14 BPTT 原理

由式(8.3)和式(8.4)可知，基本 RNN 需要优化的参数 θ 有 W_{aa}、W_{ax}、b_a、W_y 和 b_y。为了反向传播计算，需要设置一个损失函数。先定义一个时间步的损失函数，即

$$\mathcal{L}^{<t>}(\hat{\boldsymbol{y}}^{<t>}, \boldsymbol{y}^{<t>}) = -\sum_{j=1}^{k} y_j^{<t>} \log \hat{y}_j^{<t>} \tag{8.7}$$

其中，输出 $\boldsymbol{y}$ 为 k 元分类。$\mathcal{L}^{<t>}(\hat{\boldsymbol{y}}^{<t>}, \boldsymbol{y}^{<t>})$ 表示一个样本在时间步 t 的损失，使用交叉熵损失，则整个序列的损失函数 $J(\boldsymbol{\theta})$ 定义为将每一个时间步的损失都累加起来，有

$$J(\boldsymbol{\theta}) = \sum_{t=1}^{T_x} \mathcal{L}^{<t>}(\hat{\boldsymbol{y}}^{<t>}, \boldsymbol{y}^{<t>}) \tag{8.8}$$

要优化基本 RNN 的参数 $\boldsymbol{\theta}$，需要对 $J(\boldsymbol{\theta})$ 求关于 $\boldsymbol{W}_y$、$\boldsymbol{b}_y$、$\boldsymbol{W}_{aa}$、$\boldsymbol{W}_{ax}$ 和 $\boldsymbol{b}_a$ 的偏导数，然后使用梯度下降算法来更新参数。

下面首先求 $\boldsymbol{W}_y$ 和 $\boldsymbol{b}_y$ 的偏导数，即

$$\frac{\partial J}{\partial \boldsymbol{W}_y} = \sum_{t=1}^{T_y} \frac{\partial \mathcal{L}^{<t>}}{\partial \boldsymbol{W}_y} = \sum_{t=1}^{T_y} \frac{\partial \mathcal{L}^{<t>}}{\partial \hat{\boldsymbol{y}}^{<t>}} \frac{\partial \hat{\boldsymbol{y}}^{<t>}}{\partial \boldsymbol{W}_y} \tag{8.9}$$

$$\frac{\partial J}{\partial \boldsymbol{b}_y} = \sum_{t=1}^{T_y} \frac{\partial \mathcal{L}^{<t>}}{\partial \boldsymbol{b}_y} = \sum_{t=1}^{T_y} \frac{\partial \mathcal{L}^{<t>}}{\partial \hat{\boldsymbol{y}}^{<t>}} \frac{\partial \hat{\boldsymbol{y}}^{<t>}}{\partial \boldsymbol{b}_y} \tag{8.10}$$

然后分别求 $\boldsymbol{W}_{aa}$、$\boldsymbol{W}_{ax}$ 和 $\boldsymbol{b}_a$ 的偏导数。

$$\frac{\partial J}{\partial \boldsymbol{W}_{aa}} = \sum_{t=1}^{T_y} \frac{\partial \mathcal{L}^{<t>}}{\partial \boldsymbol{W}_{aa}} = \sum_{t=1}^{T_y} \frac{\partial \mathcal{L}^{<t>}}{\partial \hat{\boldsymbol{y}}^{<t>}} \frac{\partial \hat{\boldsymbol{y}}^{<t>}}{\partial \boldsymbol{a}^{<t>}} \frac{\partial \boldsymbol{a}^{<t>}}{\partial \boldsymbol{W}_{aa}} \tag{8.11}$$

由公式 $\boldsymbol{a}^{<t>} = \tanh(\boldsymbol{W}_{aa}\boldsymbol{a}^{<t-1>} + \boldsymbol{W}_{ax}\boldsymbol{x}^{<t>} + \boldsymbol{b}_a)$ 可知，$\boldsymbol{a}^{<t>}$ 的计算要用到 $\boldsymbol{a}^{<t-1>}$，且 $\boldsymbol{a}^{<t-1>}$ 的计算也要使用 $\boldsymbol{W}_{aa}$；同样 $\boldsymbol{a}^{<t-1>}$ 的计算要用到 $\boldsymbol{a}^{<t-2>}$，且 $\boldsymbol{a}^{<t-2>}$ 的计算也要使用 $\boldsymbol{W}_{aa}$，以此类推，因此 $\boldsymbol{a}^{<t>}$ 的计算需要回溯到 $1 \sim t$ 的所有时刻，使用求导的链式法则，可以将 $\frac{\partial \boldsymbol{a}^{<t>}}{\partial \boldsymbol{W}_{aa}}$ 项展开，即

$$\frac{\partial \boldsymbol{a}^{<t>}}{\partial \boldsymbol{W}_{aa}} = \sum_{j=1}^{t} \frac{\partial \boldsymbol{a}^{<t>}}{\partial \boldsymbol{a}^{<j>}} \frac{\partial \boldsymbol{a}^{<j>}}{\partial \boldsymbol{W}_{aa}} \tag{8.12}$$

由 $\frac{\partial \boldsymbol{a}^{<t>}}{\partial \boldsymbol{a}^{<j>}}$ 可以计算如下，即

$$\frac{\partial \boldsymbol{a}^{<t>}}{\partial \boldsymbol{a}^{<j>}} = \frac{\partial \boldsymbol{a}^{<t>}}{\partial \boldsymbol{a}^{<t-1>}} \frac{\partial \boldsymbol{a}^{<t-1>}}{\partial \boldsymbol{a}^{<t-2>}} \cdots \frac{\partial \boldsymbol{a}^{<j+1>}}{\partial \boldsymbol{a}^{<j>}} = \prod_{k=j+1}^{t} \frac{\partial \boldsymbol{a}^{<k>}}{\partial \boldsymbol{a}^{<k-1>}} \tag{8.13}$$

将式(8.13)代入到式(8.12)，有

$$\frac{\partial \boldsymbol{a}^{<t>}}{\partial \boldsymbol{W}_{aa}} = \sum_{j=1}^{t} \left(\prod_{k=j+1}^{t} \frac{\partial \boldsymbol{a}^{<k>}}{\partial \boldsymbol{a}^{<k-1>}} \right) \frac{\partial \boldsymbol{a}^{<j>}}{\partial \boldsymbol{W}_{aa}} \tag{8.14}$$

最后将式(8.14)代入到式(8.11)，得

$$\frac{\partial J}{\partial W_{aa}} = \sum_{t=1}^{T_y} \frac{\partial \mathcal{L}^{<t>}}{\partial \hat{y}^{<t>}} \frac{\partial \hat{y}^{<t>}}{\partial a^{<t>}} \sum_{j=1}^{t} \left(\prod_{k=j+1}^{t} \frac{\partial a^{<k>}}{\partial a^{<k-1>}} \right) \frac{\partial a^{<j>}}{\partial W_{aa}}$$

$$= \sum_{t=1}^{T_y} \sum_{j=1}^{t} \frac{\partial \mathcal{L}^{<t>}}{\partial \hat{y}^{<t>}} \frac{\partial \hat{y}^{<t>}}{\partial a^{<t>}} \left(\prod_{k=j+1}^{t} \frac{\partial a^{<k>}}{\partial a^{<k-1>}} \right) \frac{\partial a^{<j>}}{\partial W_{aa}}$$

(8.15)

同理，可得

$$\frac{\partial J}{\partial W_{ax}} = \sum_{t=1}^{T_y} \sum_{j=1}^{t} \frac{\partial \mathcal{L}^{<t>}}{\partial \hat{y}^{<t>}} \frac{\partial \hat{y}^{<t>}}{\partial a^{<t>}} \left(\prod_{k=j+1}^{t} \frac{\partial a^{<k>}}{\partial a^{<k-1>}} \right) \frac{\partial a^{<j>}}{\partial W_{ax}} \quad (8.16)$$

$$\frac{\partial J}{\partial b_a} = \sum_{t=1}^{T_y} \sum_{j=1}^{t} \frac{\partial \mathcal{L}^{<t>}}{\partial \hat{y}^{<t>}} \frac{\partial \hat{y}^{<t>}}{\partial a^{<t>}} \left(\prod_{k=j+1}^{t} \frac{\partial a^{<k>}}{\partial a^{<k-1>}} \right) \frac{\partial a^{<j>}}{\partial b_a} \quad (8.17)$$

以上计算得到基本 RNN 各个参数的偏导数，容易使用梯度下降算法来对网络参数进行优化。

3. 序列采样

序列采样主要用于文本生成应用。假设已经训练好了一个文本生成序列模型，该模型能够根据前文预测后一个单词的概率，需要对这些概率分布进行采样以生成新单词的序列。

序列采样原理如图 8.15 所示。第一个时间步 $t=1$，对模型生成的第一个单词进行采样，循环层的初值 $a^{<0>}$ 为零向量，输入 $x^{<1>}$ 也为零向量，模型得到输出 $\hat{y}^{<1>}$，这是经过 softmax 层后得到的预测词在词典中的概率分布，即预测词是词典的第一个词的概率是多少，是第二个词的概率是多少，……，是<unk>(词典未收录的未知词)的概率是多少，是<eos>(序列结束)的概率是多少。然后需要根据这个概率分布进行采样，以确定第一个词 $\hat{y}^{<1>}$ 到底该是哪一个词。

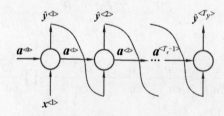

图 8.15　从已训练的 RNN 中进行序列采样

下一个时间步 $t=2$，需要将刚才采样得到的 $\hat{y}^{<1>}$ 作为这时的输入，然后预测 $\hat{y}^{<2>}$ 应该是什么词；再下一个时间步 $t=3$，…，以此类推。在某一个特定时间步采样得到一个词，除非是代表句子结束的<eos>符号，否则都要传递到下一个时间步作为输入，softmax 层再预测下一个词，这样模型就会得到预测的整个句子。

上述采样方法称为随机采样(Random Sampling)策略,它基于概率分布来随机采样,能够兼顾输出结果的多样性和准确度。此外,还有两种采样策略,即贪婪搜索(Greedy Search)和集束搜索(Beam Search),前者直接取 softmax 的最大概率所对应的结果,这种策略的缺点是不具备结果的多样性;后者是一种启发式的搜索算法,为了减少搜索所占用的空间和时间,在每一步深度扩展的时候,只保留一些较大概率的结果,缺点是可能会丢弃潜在的最佳方案。

以上是基于单词的 RNN 序列采样,另一种 RNN 模型是基于字符的,字典会包含字母、数字和空格符等。不同点在于这种模型的输出序列 $\hat{y}^{<1>}$、$\hat{y}^{<2>}$、$\hat{y}^{<3>}$、…将是字符而非单词。

8.2.2 基本 RNN 的训练问题

训练基本 RNN 有一些技巧,不像训练全连接神经网络那样简单,这些技巧也有可能无法训练出 RNN 模型。

1. 训练问题

Razvan Pascanu 等在论文"On the difficulty of training recurrent neural networks"中详细阐述了 RNN 难训练的问题。该论文使用单个循环层节点,给出图 8.16 所示的误差平面。

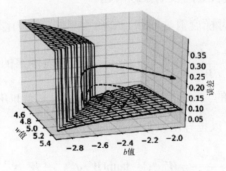

图 8.16　单个 RNN 节点的误差平面[①]

可以看到,在误差平面上,一部分非常平缓而另一部分非常陡峭,一旦梯度下降算法碰到陡峭的误差平面,马上会飞离最优区域,导致算法难以寻找到参数最优点。

RNN 训练的梯度爆炸问题可以使用梯度修剪(Gradient Clipping)来解决,当梯度向量大于某个阈值时,直接将梯度向量修剪到某一个固定值,以避免优化算法出现难以收敛的

---

① 来源:http://jmlr.org/proceedings/papers/v28/pascanu13.pdf。

问题。

RNN 训练的另一个问题是下面将讲述的梯度消失。

2. 梯度消失

基本 RNN 存在一个很大的问题，那就是梯度消失问题。

自然语言中，往往存在句子中单词的长期依赖。例如，下面两句英文：

The **cat**, which already ate a bunch of food, **was** full.

The **cats**, which already ate a bunch of food, **were** full.

后面的动词 was 和 were 的选择与前面的主语是单数(cat)还是复数(cats)密切相关，对于基本 RNN，由于主语和动词相距较远，很难解决这类长期依赖问题。

基本 RNN 的反向传播很困难，后面时间步的输出误差很难影响到前面时间步的参数优化，因而前面时间步的信息也很难影响到后面时间步的计算。对于前面英语单、复数例子，就是很难让基本 RNN 记住前面看到的主语到底是单数还是复数，然后在序列后面生成对应形式的 was 或 were。在英语中，主语和动词间的距离可能非常长，这就要求 RNN 网络长时间记住前面的信息，后面使用到这些信息才能构造正确的英语句子。由于基本 RNN 容易受到局部影响，时间步 t 的输出 $\hat{y}^{<t>}$ 主要受附近输入值的影响，很难受到距离远的输入值的影响，也就是基本 RNN 不擅长处理长期依赖问题。

可以用数学方法来探讨梯度消失问题。式(8.15)到式(8.17)都含有 $\dfrac{\partial a^{<k>}}{\partial a^{<k-1>}}$ 的连乘项，该项的取值大小决定 $\dfrac{\partial J}{\partial W_{aa}}$、$\dfrac{\partial J}{\partial W_{ax}}$ 和 $\dfrac{\partial J}{\partial b_a}$ 的大小，从而影响网络的参数学习。

假设 g_a 为循环层常用的 Tanh 激活函数，由于 $a^{<k>} = \tanh(W_{aa}a^{<k-1>} + W_{ax}x^{<k>} + b_a)$，且 $\dfrac{\partial \tanh(x)}{\partial x} = 1 - \tanh(x)^2$，可以推导出以下公式，即

$$\dfrac{\partial a^{<k>}}{\partial a^{<k-1>}} = W_{aa}^{\mathrm{T}}(1 - \tanh(W_{aa}a^{<k-1>} + W_{ax}x^{<k>} + b_a)^2)a^{<k-1>T} \tag{8.18}$$

式(8.18)第二项 $(1 - \tanh(W_{aa}a^{<k-1>} + W_{ax}x^{<k>} + b_a)^2)$ 就是 $\tanh(W_{aa}a^{<k-1>} + W_{ax}x^{<k>} + b_a)$ 的导数。

Tanh 及其导数图像如图 8.17 所示，该图由 plot_tanh_derivative.py 绘制。从图 8.17 中可以看到，Tanh 的导数只有在输入为 0 时等于 1，其他情况下都在 0~1 范围内，且大部分情况下都接近 0。

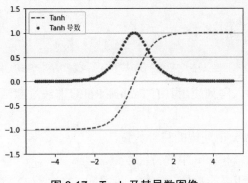

图 8.17 Tanh 及其导数图像

这样就会使得 $\dfrac{\partial a^{<k>}}{\partial a^{<k-1>}}$ 的值在绝大部分情况下都小于 1，其连乘项过多时容易导致计算结果趋近 0 或等于 0，这样会产生梯度消失，其结果是无法学习网络参数。

正是由于存在梯度消失问题，基本 RNN 难以学习到间隔很长时间步所保持的信息，这是其主要缺点，而后文将讲述的 LSTM 和 GRU 就是为了解决梯度消失问题而提出的改进模型。

8.2.3 基本 RNN 编程

1. 基本 RNN API

PyTorch 提供实现基本 RNN 的 torch.nn.RNNCell 和 torch.nn.RNN 类，分述如下。

torch.nn.RNNCell 类是一个具有 Tanh 或 ReLU 非线性激活函数的 Elman RNN 单元的简单实现，将每个时刻分开来进行处理，这种方式使用起来比较麻烦但也更灵活。其主要参数如下。

① input_size：输入 x 中期望的特性数量。
② hidden_size：隐藏状态 h 中的特征数量。
③ bias：如果为 False，则该层不使用权重偏置。默认为 True。
④ nonlinearity：使用的非线性函数，可以是'tanh'或'relu'。默认为'tanh'。

RNNCell 实例的输入为 input 和 hidden。input 是形状为(batch, input_size)的输入特征张量；hidden 是形状为(batch, hidden_size)的张量，包含小批量中每一个元素的初始隐藏状态，如果不提供该张量，则默认为 0。RNNCell 实例的输出 h'是形状为(batch, hidden_size)的张量，包含小批量中每一个元素的下一个隐藏状态。

以下代码片段展示如何使用 torch.nn.RNNCell 类来构建一个基本 RNN 单元：

```
import torch.nn as nn

# 一个 RNN 单元
cell = nn.RNNCell(input_size=input_size, hidden_size=hidden_size)
```

torch.nn.RNN 类对输入序列应用具有 Tanh 或 ReLU 非线性激活函数的多层 Elman RNN。其主要参数如下。

① input_size：输入 x 中期望的特性数量。

② hidden_size：隐藏状态 h 中的特征数量。

③ num_layers：循环层的数量。例如，设置 num_layers=2 意味着将两个 RNN 堆叠在一起形成一个堆叠 RNN，第二个 RNN 接收第一个 RNN 的输出并计算最终结果。默认为 1。

④ nonlinearity：使用的非线性函数，可以是'tanh'或'relu'。默认为'tanh'。

⑤ bias：如果为 False，则该层不使用权重偏置。默认为 True。

⑥ batch_first：如果为 True，则输入和输出张量以(batch, seq, feature)形式来提供。默认为 False。

⑦ dropout：如果为非零值，则在除最后一层以外的每一层 RNN 的输出上引入一个 Dropout 层，Dropout 概率等于所设的 dropout 值。默认为 0。

⑧ bidirectional：若为 True，则为双向 RNN。默认为 False。

RNN 实例的输入为 input 和 h_0，input 是形状为(seq_len, batch, input_size)的输入特征张量，h_0 是形状为(num_layers * num_directions, batch, hidden_size)的张量，包含小批量中每一个元素的初始隐藏状态，如果不提供该张量，则默认为 0。RNN 实例的输出是 output 和 h_n，output 是形状为(seq_len, batch, num_directions * hidden_size)的张量，包含每一个 t 时刻 RNN 最后一层的输出特征 h_t。h_n 是形状为(num_layers * num_directions, batch, hidden_size) 的张量，包含 t = seq_len 的隐藏状态。

以下代码片段展示如何使用 torch.nn.RNN 类来构建一个基本 RNN 单元：

```
import torch.nn as nn

# 一个 RNN 单元
cell = nn.RNN(input_size=input_size, hidden_size=hidden_size, batch_first=True)
```

2. torch.nn.RNNCell 编程

下面以将字符串"aloha"输入到基本 RNN 为例，说明如何使用 torch.nn.RNNCell 进行编码。完整代码可参见 rnncell_basics.py。

首先，定义输入单元维度和隐藏单元维度，以及字符串"aloha"的独热编码；然后声明一个 RNN 单元；最后初始化隐藏单元。

代码 8.1　定义 RNNCell 单元

```
# 输入单元维度
input_size = 4
# 隐藏单元维度
hidden_size = 2

# 字符串'aloha'每个字符的独热编码
a = [1, 0, 0, 0]
l = [0, 1, 0, 0]
o = [0, 0, 1, 0]
h = [0, 0, 0, 1]

# 一个RNN单元
cell = nn.RNNCell(input_size=input_size, hidden_size=hidden_size)

# 隐藏单元的形状：(batch, hidden_size)
hidden = torch.randn((1, 2), requires_grad=True)
```

下面依次将每个字符输入到 RNN。首先定义一个要输入到 RNN 的字符串向量 inputs，然后用一个 for 循环依次取出字符串中的字符向量。在循环体中，先调用 view 函数将输入字符转换为形状为(batch, input_size)的格式，然后调用 cell 实例计算隐藏状态 hidden，最后将隐藏状态 hidden 作为输出。

代码 8.2　迭代输入 RNN

```
inputs = torch.tensor([a, l, o, h, a], dtype=torch.float)
for one_input in inputs:
    # 输入形状为(batch, input_size)
    one_input = one_input.view(1, -1)
    hidden = cell(one_input, hidden)
    output = hidden
```

可见，这种方法使用起来比较麻烦但更为灵活。由于 torch.nn.RNN 功能更为完善，因此本书着重讨论 torch.nn.RNN 的编程。

3. torch.nn.RNN 编程

下面同样以将字符串"aloha"输入到基本 RNN 为例，说明如何使用 torch.nn.RNN 进行编码。完整代码可参见 rnn_basics.py。

如代码 8.3 所示，首先定义输入单元维度、隐藏单元维度和序列长度，以及字符串"aloha"的独热编码；然后声明一个 RNN 单元；最后初始化隐藏单元。

代码 8.3 定义 RNN 单元

```
# 输入单元维度
input_size = 4
# 隐藏单元维度
hidden_size = 2
# 序列长度
seq_len = 5

# 字符串'aloha'每个字符的独热编码
a = [1, 0, 0, 0]
l = [0, 1, 0, 0]
o = [0, 0, 1, 0]
h = [0, 0, 0, 1]

# 一个 RNN 单元
rnn = nn.RNN(input_size=input_size, hidden_size=hidden_size, batch_first=True)

# 隐藏单元的形状: (num_layers * num_directions, batch, hidden_size)
hidden = torch.randn((1, 1, 2), requires_grad=True)
```

根据自己的编程偏好，可以选择依次将每个字符输入到 RNN、将全部字符串一次全部输入到 RNN 和将小批量字符串一次全部输入到 RNN。另外，还可以选择将 batch_first 设为 True 或 False，为 True 则认定输入张量的第一维是 batch；否则应该将输入张量的第一维和第二维交换，将 batch 换到第二维。

1) 依次将每个字符输入到 RNN

下面的代码片段演示如何依次将每个字符输入到 RNN，首先定义一个要输入到 RNN 的字符串向量 inputs，然后用一个 for 循环依次取出字符串中的字符。在循环体中，先调用 view 函数将输入字符转换为形状为(batch, seq_len, input_size)的格式，然后调用 rnn 实例计算输出 out 和隐藏状态 hidden。这种方法的好处是能够得到每一次输入对应的输出和隐藏状态。事实上，这样编码与使用 torch.nn.RNNCell 编码很相似，虽然麻烦但能得到完全的控制权。

代码 8.4 依次输入 RNN

```
inputs = torch.tensor([a, l, o, h, a], dtype=torch.float)
for one_input in inputs:
    # 设置 batch_first 为 True 时，输入形状为(batch, seq_len, input_size)
    one_input = one_input.view(1, 1, -1)
    out, hidden = rnn (one_input, hidden)
```

2) 将全部字符串一次全部输入到 RNN

依次将每个字符输入到 RNN 的方法比较麻烦，一次性地将全部字符串输入到 RNN 则方便了很多。以下代码首先调用 view 函数将输入字符转换为形状为(batch, seq_len, input_size)的格式,由于"aloha"序列的长度为 5,因此将 seq_len 设置为 5。最后调用 rnn 实例计算输出 out 和隐藏状态 hidden。

代码 8.5　一次全部输入 RNN

```
inputs = inputs.view(1, 5, -1)
out, hidden = rnn (inputs, hidden)
```

3) 将小批量字符串一次全部输入到 RNN

在实践中,往往需要一次将小批量字符串输入到 RNN,这样可以使用小批量梯度下降算法。以下代码首先按照(batch, seq_len, input_size)的格式定义输入张量 inputs,然后重新定义隐藏状态 hidden 的形状。注意到隐藏单元的形状为(num_layers * num_directions, batch, hidden_size),这里的 num_layers 和 num_directions 都为 1,batch 为 3 是因为一次输入 3 个字符串。

代码 8.6　小批量输入 RNN

```
inputs = torch.tensor([[a, l, o, h, a],
            [l, o, h, a, a],
            [h, a, h, a, l]], dtype=torch.float)
# 此时需要重新定义 hidden 的形状,以满足批量输入的要求
del hidden
hidden = torch.randn((1, 3, 2), requires_grad=True)
out, hidden = rnn (inputs, hidden)
```

4) 参数 batch_first 的设置

如果将参数 batch_first 设为 True,则输入和输出张量以(batch, seq, feature)形式来提供;否则应该交换 batch 和 seq 这两维。交换维度 0 和维度 1 的代码如代码 8.7 所示。

代码 8.7　交换维度 0 和维度 1

```
# 此时必须将维度 0 和维度 1 交换,即交换 batch 和 seq
inputs = inputs.transpose(dim0=0, dim1=1)
```

交换维度 0 和维度 1 以后,可以使用 batch_first 为 True 的全部方法。

8.2.4　基本 RNN 示例

下面依次使用 3 种方法让基本 RNN 模型学习从字符串序列"welcom"推断出"elcome",补全单词"welcome"。

1. 依次将每个字符输入到 RNN

welcome_rnn.py 采用依次将字符串序列"welcom"中的每一个字符输入到基本 RNN 模型的方式。

代码 8.8 定义了第一个基本 RNN 类。该 RNN 类继承 nn.Module 类，需要实现 __init__ 和 forward 这两个方法。__init__ 方法进行初始化设置，其中，self.rnn 属性存放一个基本 RNN 实例。forward 方法执行前向传播，首先变换输入 x 的形状，然后调用 self.rnn(x, hidden) 方法输入 RNN，最后返回隐藏状态和输出张量。init_hidden 方法实现隐藏状态的初始化为全零张量。

代码 8.8　定义基本 RNN 类

```python
class Model(nn.Module):
    """ RNN 模型 """
    
    def __init__(self, input_size, num_layers, hidden_size, batch_size,
                 sequence_length, num_classes):
        super(Model, self).__init__()
        self.input_size = input_size
        self.num_layers = num_layers
        self.hidden_size = hidden_size
        self.batch_size = batch_size
        self.sequence_length = sequence_length
        self.num_classes = num_classes
        
        self.rnn = nn.RNN(input_size=input_size,
                          hidden_size=hidden_size, batch_first=True)
    
    def forward(self, hidden, x):
        # 变换输入形状，torch.Size([6]) -> torch.Size([1, 1, 6])
        x = x.view(self.batch_size, self.sequence_length, self.input_size)
        
        # 输入到 RNN
        # x 形状：(batch, seq_len, input_size)
        # hidden 形状：(num_layers * num_directions, batch, hidden_size)
        out, hidden = self.rnn(x, hidden)
        # 下面的 out.view 函数将 out 张量由 torch.Size([1, 1, 6]) 变换为 torch.Size([6])
        return hidden, out.view(-1, self.num_classes)
    
    def init_hidden(self):
        # 初始化隐藏单元状态，形状为(num_layers * num_directions, batch, hidden_size)
        return torch.zeros(self.num_layers, self.batch_size, self.hidden_size)
```

代码 8.9 初始化超参数以及输入数据独热码 x_one_hot 和输出 y_data，最后将输入数据和输出数据更改为 inputs 张量和 labels 张量。注意到 hidden_size 设置为 6 是因为可以直接用隐藏状态预测输出的独热码。

代码 8.9　初始化超参数和数据

```
# 超参数
epochs = 100
learning_rate = 0.1
num_classes = 6
input_size = 6   # 输入 size，即独热码长度
hidden_size = 6  # RNN 的输出，size 为 6 可以直接预测独热码
batch_size = 1   # 批大小
sequence_length = 1  # 序列长度为 1，一个字符接一个字符
num_layers = 1   # 1 层 RNN

#              0    1    2    3    4    5
idx2char = ['w', 'e', 'l', 'c', 'o', 'm']

# 教会模型学习从 welcom 推断出 elcome
x_data = [0, 1, 2, 3, 4, 5]  # welcom
# 独热码查找表
one_hot_lookup = [[1, 0, 0, 0, 0, 0],  # 0
                  [0, 1, 0, 0, 0, 0],  # 1
                  [0, 0, 1, 0, 0, 0],  # 2
                  [0, 0, 0, 1, 0, 0],  # 3
                  [0, 0, 0, 0, 1, 0],  # 4
                  [0, 0, 0, 0, 0, 1]]  # 5

y_data = [1, 2, 3, 4, 5, 1]  # elcome
# x 的独热编码
x_one_hot = [one_hot_lookup[x] for x in x_data]

# 由于只有一批样本，只需要一次将它们更改为张量即可
inputs = torch.tensor(x_one_hot, dtype=torch.float)
labels = torch.tensor(y_data, dtype=torch.long)
```

代码 8.10 实例化 RNN 模型并打印。

代码 8.10　实例化 RNN 模型并打印

```
# 实例化 RNN 模型
model = RNN(input_size, num_layers, hidden_size, batch_size, sequence_length,
            num_classes)
print("RNN 模型：")
print(model)
print()
```

可以看到，基本 RNN 模型的输入大小和隐藏状态大小都为 6，且 batch_first 属性设置

为 True。输出结果如下：

```
RNN 模型：
Model(
  (rnn): RNN(6, 6, batch_first=True)
)
```

代码 8.11 首先定义损失函数和优化器；然后在一个 for 循环中依次在 inputs 中取出一个字符，送入基本 RNN 模型，生成一个隐藏状态和输出，并累加损失；最后进行反向传播和参数优化。

代码 8.11　模型训练

```
# 交叉熵损失
criterion = nn.CrossEntropyLoss()
# 优化器
optimizer = torch.optim.Adam(model.parameters(), lr=learning_rate)

# 训练模型
for epoch in range(epochs):
    optimizer.zero_grad()              # 复位梯度
    loss = torch.tensor(0.)            # 将损失初始化为0
    hidden = model.init_hidden()       # 每轮要初始化隐藏单元状态

    print("预测字符串: ", end='')
    for input_c, label in zip(inputs, labels):
        hidden, output = model(hidden, input_c)
        _, idx = output.max(1)         # 最大概率作为预测
        print(idx2char[idx.item()], end='')
        loss += criterion(output, label.unsqueeze(0))

    print("\t轮次: %3d\t损失: %1.4f" % (epoch + 1, loss.item()))
    loss.backward()                    # 反向传播
    optimizer.step()                   # 参数优化
```

可以看到，在第 4 轮模型就能正确预测出字符串 elcome，一直运行至 100 轮预测都不再变化，只是损失还在逐步减小。具体输出结果如下：

```
预测字符串: occcoc 轮次:   1 损失: 10.5652
预测字符串: oocooe 轮次:   2 损失: 9.0901
预测字符串: eoeome 轮次:   3 损失: 8.0015
预测字符串: elcome 轮次:   4 损失: 6.8858
预测字符串: elcome 轮次:   5 损失: 5.9317
......
预测字符串: elcome 轮次:  98 损失: 3.1061
预测字符串: elcome 轮次:  99 损失: 3.1061
预测字符串: elcome 轮次: 100 损失: 3.1060
```

程序运行完毕!

2. 一次性地将字符序列输入到 RNN

welcome_rnn_seq.py 实现与 welcome_rnn.py 相同的功能，只不过是将一个序列全部一次性地送入 RNN 中。

代码 8.12 定义第二个基本 RNN 类。该类基本上与代码 8.1 一致，不同之处有以下两点：一是 forward 方法不再返回隐含状态，仅返回输出 out 张量；二是不再定义初始化隐藏单元状态 init_hidden 方法，因为是一次性输入整个字符序列，只需要在 forward 方法中初始化即可。

代码 8.12　定义第二个基本 RNN 类

```python
class RNN(nn.Module):
    """ RNN 模型 """

    def __init__(self, input_size, num_layers, hidden_size, batch_size,
                 sequence_length, num_classes):
        super(RNN, self).__init__()

        self.input_size = input_size
        self.num_layers = num_layers
        self.hidden_size = hidden_size
        self.batch_size = batch_size
        self.sequence_length = sequence_length
        self.num_classes = num_classes

        self.rnn = nn.RNN(input_size=input_size,
                          hidden_size=hidden_size, batch_first=True)

    def forward(self, x):
        # 初始化隐藏状态,batch_first=True 时,形状为(num_layers * num_directions, batch,
        # hidden_size)
        hidden = torch.zeros(self.num_layers, x.size(0), self.hidden_size)

        # 变换输入形状, torch.Size([1, 6, 6]) -> torch.Size([1, 6, 6])
        x = x.view(x.size(0), self.sequence_length, self.input_size)

        # 输入到 RNN
        # x 形状: (batch, seq_len, input_size)
        # hidden 形状: (num_layers * num_directions, batch, hidden_size)
        out, _ = self.rnn(x, hidden)
        # 与前例不同, 不再返回隐含状态, 仅返回输出即可
        return out.view(-1, self.num_classes)
```

一次性地将字符序列输入到 RNN 示例的其余过程与依次将每个字符输入到 RNN 基本

相同，只不过要将 sequence_length 超参数初始化为 6，另外，代码 8.13 的模型训练也有所不同，代码 8.11 有两重 for 循环，内层循环实现依次取出一个字符送入 RNN，现在则只需要单重循环即可，因为代码 8.5 定义的 RNN 类已经能够处理字符序列。

代码 8.13 一次性输入的模型训练

```
# 训练模型
for epoch in range(epochs):
    outputs = model(inputs)
    optimizer.zero_grad()          # 复位梯度
    loss = criterion(outputs, labels)
    loss.backward()                # 反向传播
    optimizer.step()               # 参数优化
    _, idx = outputs.max(1)
    result_str = [idx2char[c] for c in idx]
    print("预测字符串: ", ''.join(result_str), end='')
    print("\t轮次: %3d\t损失: %1.4f" % (epoch + 1, loss.item()))
```

welcome_rnn_seq.py 程序的运行结果与 welcome_rnn.py 一致。

3. 增加嵌入层的 RNN

welcome_rnn_emb.py 在 welcome_rnn_seq.py 功能的基础上增加了一个嵌入层，增加嵌入层的 RNN 模型如代码 8.14 所示，更改的代码已经以粗体字标出。nn.Embedding 类通常用于存储词嵌入并使用索引来检索这些词嵌入，这里的第一个输入参数 num_embeddings 指定嵌入字典的大小，第二个输入参数 embedding_dim 指定每个嵌入向量的维度。实例化完成后，nn.Embedding 对象的输入是一个索引列表，输出是词嵌入字典中查询得到的词嵌入。

代码 8.14 增加嵌入层的 RNN 模型

```
class Model(nn.Module):
    """ RNN 模型 """

    def __init__(self, input_size, embedding_size, num_layers, hidden_size,
                 batch_size, sequence_length, num_classes):
        super(Model, self).__init__()
        self.input_size = input_size
        self.embedding_size = embedding_size
        self.num_layers = num_layers
        self.hidden_size = hidden_size
        self.batch_size = batch_size
        self.sequence_length = sequence_length
        self.num_classes = num_classes

        self.embedding = nn.Embedding(input_size, embedding_size)
```

```python
        self.rnn = nn.RNN(input_size=embedding_size,
                    hidden_size=hidden_size, batch_first=True)
        self.fc = nn.Linear(hidden_size, num_classes)

    def forward(self, x):
        # 初始化隐藏状态,batch_first=True 时,形状为(num_layers * num_directions, batch,
        # hidden_size)
        hidden = torch.zeros(self.num_layers, x.size(0), self.hidden_size)

        # 嵌入层
        emb = self.embedding(x)
        emb = emb.view(self.batch_size, self.sequence_length, -1)

        # 输入到 RNN
        # x 形状: (batch, seq_len, input_size)
        # hidden 形状: (num_layers * num_directions, batch, hidden_size)
        out, _ = self.rnn(emb, hidden)
        return self.fc(out.view(-1, self.num_classes))
```

本程序仅增加一个嵌入层,在程序中设置 embedding_size 为 10,其他功能不变,读者可自行研读代码。

8.3 LSTM

LSTM(Long Short-Term Memory,长短时记忆)网络是 1997 年由 Hochreiter 和 Schmidhuber 提出的,后来经 Alex Graves 改良,主要试图解决梯度爆炸和梯度消失问题。LSTM 在解决很多应用问题上都取得了成功,得到相当广泛的应用。

8.3.1 LSTM 原理

基本 RNN 在反向传播时的偏导数是连乘的形式,从而容易导致梯度消失问题。为了解决这个问题,LSTM 采用了累加的形式,让偏导数从连乘变为累加,以避免产生梯度消失。

1. 理解 LSTM

LSTM 重复网络模块的结构较复杂,核心部分是存储网络状态的记忆单元(Cell),可以将 LSTM 视为一个拥有 4 个输入和 1 个输出的神经元部件,如图 8.18 所示。

LSTM 实现 3 个门计算,分别是输入门(input gate)、遗忘门(forget gate)和输出门(output gate)。每个门的职责不同,输入门决定保留多少当前时间步的输入到记忆单元,遗忘门决定保留多少前一时间步的记忆单元状态到当前时间步的记忆单元，输出门决定输出多少当前时间步记忆单元状态。

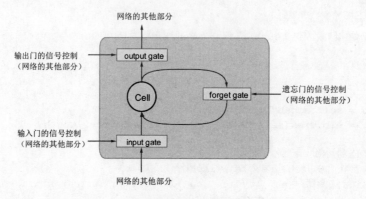

图 8.18　理解 LSTM

3 个门分别由不同信号进行控制，门控信号一般采用 Sigmoid 激活函数进行变换，其输出值在 0~1 范围，这样可以模拟门的开和关。注意到门的控制信号是一个向量，而不是一个标量，它控制一组门的开和关。

为了更好地理解 LSTM 的工作原理，将图 8.18 改画为图 8.19，图中的 tanh 和 σ 分别表示 tanh 函数和 sigmoid 函数。

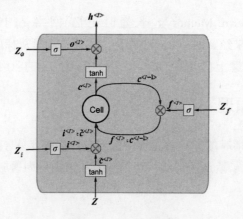

图 8.19　LSTM 原理

图中，Z、Z_i、Z_f 和 Z_o 都是由 $h^{<t-1>}$ 和 $x^{<t>}$ 连接而成的向量经过线性变换得到的向量，对应图 8.18 相应位置的门控信号，隐藏状态 $h^{<t-1>}$ 为 LSTM 单元在上一个时间步的输出，$x^{<t>}$ 为当前时间步的输入。Z 经过 tanh 函数变换为 $\tilde{c}^{<t>}$，再与输入门 $i^{<t>}$ 进行元素积运算得到

$i^{<t>} \circ \tilde{c}^{<t>}$；记忆单元 Cell 上一个时间步的状态为 $c^{<t-1>}$，与 Z_f 经 sigmoid 函数得到的遗忘门 $f^{<t>}$ 进行元素积运算，得到 $f^{<t>} \circ c^{<t-1>}$，再与前面得到的 $i^{<t>} \circ \tilde{c}^{<t>}$ 相加，然后将结果 $c^{<t>}$ 存到记忆单元中，即 $c^{<t>} = f^{<t>} \circ c^{<t-1>} + i^{<t>} \circ \tilde{c}^{<t>}$；$c^{<t>}$ 经过 tanh 函数，并与 Z_o 经 sigmoid 函数得到的输出门 $o^{<t>}$ 进行元素积运算，即 $o^{<t>} \circ \tanh(c^{<t>})$，得到结果 $h^{<t>}$，这就是 LSTM 单元在当前时间步的输出。

需要说明的是，图 8.19 只是为了加深理解而绘制的，通常 LSTM 使用另一种画法，详见后文。

2. LSTM 单元

我们已经知道，LSTM 有两个状态，而隐藏状态 $h^{<t>}$ 和内部状态 $c^{<t>}$，用于循环信息的传递。LSTM 引入门控机制来控制信息传递的路径，改善了隐藏层捕捉深层次连接的能力。LSTM 的 3 个门分别为输入门 $i^{<t>}$、遗忘门 $f^{<t>}$ 和输出门 $o^{<t>}$。LSTM 门的取值范围为 0~1。取值为 0，表示不许信息通过；取值为 1，表示允许信息通过；取值为 0~1，表示允许一定比例的信息通过。

通常 $c^{<t>}$ 是由 $c^{<t-1>}$ 加上一些数据构成，变化较慢，但 $h^{<t>}$ 变化较大，$h^{<t>}$ 和 $h^{<t-1>}$ 可能会有较大差别。

相关资料一般将 LSTM 单元绘制为图 8.20。图中，tanh 表示双曲正切 tanh 函数，σ 表示遗忘门、输入门和输出门的 sigmoid 函数，⊗ 和 ⊕ 分别表示按位的乘法和加法。

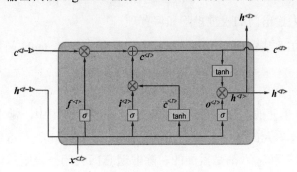

图 8.20 LSTM 单元

图中的 $h^{<t-1>}$ 和 $x^{<t>}$ 连接在一起，因此使用 $[h^{<t-1>}, x^{<t>}]$ 来表示这两个向量合并在一起，形成一个向量。

遗忘门用于计算哪些信息需要忘记，计算公式为

$$f^{<t>} = \sigma(W_f[h^{<t-1>}, x^{<t>}] + b_f) \tag{8.19}$$

式中：W_f 为遗忘门的权重矩阵；b_f 为遗忘门的偏置项；σ 表示 sigmoid 运算，不再赘述。

注意，虽然常说遗忘门，但由于 $f^{<t>}$ 在取值为 1 时，表示允许以前的记忆信息通过，即不遗忘，因此称为"不"遗忘门似乎更为恰当。

输入门用于计算哪些输入信息将保存到记忆单元中，分为两个部分。第一部分 $i^{<t>}$ 按照下式计算，即

$$i^{<t>} = \sigma(W_i[h^{<t-1>}, x^{<t>}] + b_i) \tag{8.20}$$

式中：W_i 和 b_i 分别为输入门的权重矩阵和偏置项。可以将 $i^{<t>}$ 视为当前时间步的输入有多少需要保存到记忆单元。

第二部分 $\tilde{c}^{<t>}$ 按照下式计算，即

$$\tilde{c}^{<t>} = \tanh(W_c[h^{<t-1>}, x^{<t>}] + b_c) \tag{8.21}$$

式中：W_c 和 b_c 分别为权重矩阵和偏置项。可以将 $\tilde{c}^{<t>}$ 视为当前时间步的输入通过变换产生的要保存到记忆单元的新信息。

当前时间步的记忆状态由遗忘门输入 $f^{<t>}$ 与上一时间步记忆状态 $c^{<t-1>}$ 的积再加上输入门两个部分 $i^{<t>}$ 和 $\tilde{c}^{<t>}$ 的积，计算公式为

$$c^{<t>} = f^{<t>} \circ c^{<t-1>} + i^{<t>} \circ \tilde{c}^{<t>} \tag{8.22}$$

式中，运算符号 $\circ$ 表示元素积或哈达玛积。

输出门用于计算有多少状态信息需要输出，计算公式为

$$o^{<t>} = \sigma(W_o[h^{<t-1>}, x^{<t>}] + b_o) \tag{8.23}$$

式中：W_o 和 b_o 分别为输出门的权重矩阵和偏置项。

当前时间步的输出结果为输出门 $o^{<t>}$ 与当前记忆状态经过 tanh 函数的值的乘积，计算公式为

$$h^{<t>} = o^{<t>} \circ \tanh(c^{<t>}) \tag{8.24}$$

以上就是 LSTM 单元的工作原理和计算公式。在实际应用中，常常将 LSTM 单元作为一个能取代基本 RNN 单元的部件，torch.nn 模块封装了 LSTM 类，可直接使用。

LSTM 的记忆状态和输入都是累加的，除非遗忘门关闭；否则记忆和输入的影响都不会消失。因此，LSTM 不会导致梯度消失，但无法避免梯度爆炸。

由于 LSTM 使用门控机制来控制信息的传递，能够记住需要长时间记忆的信息，而忘记不太重要的信息，比基本 RNN 的记忆叠加方式优越，因此得到广泛的应用。

8.3.2 LSTM 编程

1. LSTM API

PyTorch 提供实现 LSTM 的 torch.nn.LSTMCell 类和 torch.nn.LSTM 类,前者是 LSTM 单元的简单实现,后者能够将多层 LSTM RNN 应用于输入序列。

torch.nn.LSTMCell 是 LSTM RNN 单元的一种简单实现。主要参数如下。

① input_size:输入 x 中期望的特性数量。
② hidden_size:隐藏状态 h 中的特征数量。
③ bias:如果为 False,则该层不使用权重偏置。默认为 True。

LSTMCell 实例的输入为 input、h_0 和 c_0,input 是形状为(batch, input_size)的输入特征张量,h_0 是形状为(batch, hidden_size)的张量,包含小批量中每一个元素的初始隐藏状态,c_0 是形状为(batch, hidden_size) 的张量,包含小批量中每一个元素的初始内部状态。LSTMCell 实例的输出为(h_1, c_1),h_1 和 c_1 都是形状为(batch, hidden_size) 的张量,h_1 包含小批量中每一个元素的下一个隐藏状态,c_1 包含小批量中每一个元素的下一个内部状态。

torch.nn.LSTM 类实现多层 LSTM,因此功能更为复杂,参数更多。主要参数如下。

① input_size:输入 x 中期望的特性数量。
② hidden_size:隐藏状态 h 中的特征数量。
③ num_layers:循环层的数量。例如,设置 num_layers=2 意味着将两个 LSTM 堆叠在一起形成一个堆叠 LSTM,第二个 LSTM 接收第一个 LSTM 的输出并计算最终结果。默认为 1。
④ bias:如果为 False,则该层不使用权重偏置。默认为 True。
⑤ batch_first:如果为 True,则输入和输出张量以(batch, seq, feature)形式来提供。默认为 False。
⑥ dropout:如果为非零值,则在除最后一层以外的每一层 LSTM 的输出上引入一个 Dropout 层,Dropout 概率等于所设的 dropout 值。默认为 0。
⑦ bidirectional:若为 True,则为双向 LSTM。默认为 False。

LSTM 实例的输入为 input 和(h_0, c_0),input 是形状为(seq_len, batch, input_size)的输入特征张量,输入可使用变长序列;h_0 是形状为(num_layers * num_directions, batch, hidden_size)的张量,包含小批量中每一个元素的初始隐藏状态,如果是双向 LSTM 则

num_directions 应为 2,否则为 1;c_0 是形状为(num_layers * num_directions, batch, hidden_size) 的张量,包含小批量中每一个元素的初始内部状态;如果不提供(h_0, c_0),则 h_0 和 c_0 默认为 0。LSTM 实例的输出为 output 和(h_n, c_n),output 是形状为(seq_len, batch, num_directions * hidden_size) 的张量,h_n 和 c_n 都是形状为(num_layers * num_directions, batch, hidden_size)的张量,h_n 包含 t = seq_len 时刻的隐藏状态,c_n 包含 t = seq_len 时刻的内部状态。

2. LSTM PyTorch 编程

下面还是以将字符串"aloha"输入到 LSTM 为例,说明如何使用 PyTorch 的 LSTM 进行编码,完整代码可参见 lstm_basics.py。

LSTM 的编程与基本 RNN 大致相同,只是要注意输入及输出的区别。LSTM 实例的输入为 input 和(h_0, c_0),输出为 output 和(h_n, c_n),不像基本 RNN 那样只有 h_0,这是因为 LSTM 除隐藏单元外,还有一个内部状态 cell 单元。

8.4 GRU

GRU(Gated Recurrent Unit,门控循环单元)是由 Kyunghyun Cho 等于 2014 年提出的,是 LSTM 的变体。GRU 将遗忘门和输入门合成一个单独的更新门,并且合并了隐藏状态 h 和内部状态 c,此外还有一些小的改动。最终形成的 GRU 模型比 LSTM 模型简单,实验效果与 LSTM 近似,由于参数较少,因而能够提高模型的训练效率,在构建较大的模型上具有一定的优势。

8.4.1 GRU 原理

与 LSTM 一样,GRU 也采用门控机制来控制信息更新,只是在 LSTM 的基础上做了一些改进。由于 LSTM 的遗忘门和输入门是互补关系,显得冗余,因此 GRU 把这两个门合并为一个更新门。另外,GRU 放弃了额外的内部状态记忆单元 c,直接在当前时间步隐藏状态 $h^{<t>}$ 和前一个时间步隐藏状态 $h^{<t-1>}$ 之间建立依赖关系。

GRU 单元的内部结构如图 8.21 所示。图中,[tanh] 表示双曲正切 tanh 函数,[reset gate] 和 [update gate] 分别为重置门和更新门,这两个门实际都是一个 sigmoid 函数运算。⊗和⊕分别表示按位进行的乘法和加法。[1-] 表示"1-"运算。

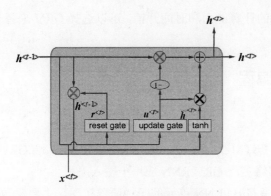

图 8.21　GRU 单元的内部结构

图 8.21 中的 $h^{<t-1>}$ 和 $x^{<t>}$ 连接在一起,因此使用 $[h^{<t-1>}, x^{<t>}]$ 来表示这两个向量合并在一起,形成一个向量。

重置门用于计算前一个时间步隐藏状态 $h^{<t-1>}$ 有多少需要重置,计算公式为

$$r^{<t>} = \sigma(W_r[h^{<t-1>}, x^{<t>}] + b_r) \quad (8.25)$$

式中:W_r 为重置门的权重矩阵;b_r 为重置门的偏置项。

更新门用于计算更新的比例,计算公式为

$$u^{<t>} = \sigma(W_u[h^{<t-1>}, x^{<t>}] + b_u) \quad (8.26)$$

式中:W_u 为更新门的权重矩阵;b_u 为更新门的偏置项。

得到重置门控信号 $r^{<t>}$ 以后,使用以下公式得到重置以后的隐藏状态 $h'^{<t-1>}$,即

$$h'^{<t-1>} = r^{<t>} \circ h^{<t-1>} \quad (8.27)$$

然后,将 $h'^{<t-1>}$ 和 $x^{<t>}$ 连接在一起,使用 $[h'^{<t-1>}, x^{<t>}]$ 来表示连接而成的向量。再通过一个线性变换和 tanh 激活函数,将数据缩放至 $-1 \sim 1$ 范围,公式为

$$\tilde{h}^{<t>} = \tanh(W_h[h'^{<t-1>}, x^{<t>}] + b_h) \quad (8.28)$$

这里的 $\tilde{h}^{<t>}$ 包含了当前的输入 $x^{<t>}$ 和经过变换后的 $h'^{<t-1>}$,代表了当前时间步的状态。

最后,对隐藏状态 h 进行更新操作,公式为

$$h^{<t>} = (1 - u^{<t>}) \circ h^{<t-1>} + u^{<t>} \circ \tilde{h}^{<t>} \quad (8.29)$$

式(8.29)的更新门 $u^{<t>}$ 的取值范围为 $0 \sim 1$,因此,$1 - u^{<t>}$ 和 $u^{<t>}$ 分别表示旧的隐藏状态 $h^{<t-1>}$ 和新的更新状态 $\tilde{h}^{<t>}$ 各自所占的比例。显然,$u^{<t>}$ 越接近 1,表示记忆过去信息越多;而越接近 0,表示遗忘得越多。

GRU 的独特之处在于,只使用一个门控信号 $u^{<t>}$ 就可以同时设置遗忘和记忆的比例,不像 LSTM 需要更多门控信号来控制。由于 GRU 的参数比 LSTM 少,但功能并不比 LSTM

差多少，如果考虑硬件的计算能力和时间开销，可以选择 GRU 来替代 LSTM 以构建更大的模型。

8.4.2 GRU 编程

1. GRU API

PyTorch 提供实现 LSTM 的 torch.nn.GRUCell 类和 torch.nn.GRU 类，前者是 GRU 单元的简单实现，后者能够将多层 GRU RNN 应用于输入序列。

torch.nn.GRUCell 是 GRU RNN 单元的一种简单实现。主要参数如下。

① input_size：输入 x 中期望的特性数量。

② hidden_size：隐藏状态 h 中的特征数量。

③ bias：如果为 False，则该层不使用权重偏置。默认为 True。

GRUCell 实例的输入为 input 和 hidden，input 是形状为(batch, input_size)的输入特征张量，hidden 是形状为(batch, hidden_size)的张量，包含小批量中每一个元素的初始隐藏状态，如果不提供该张量，则默认为 0。GRUCell 实例的输出 h'是形状为(batch, hidden_size)的张量，包含小批量中每一个元素的下一个隐藏状态。

torch.nn.GRU 类对输入序列应用一个多层门控循环单元 GRU。其主要参数如下。

① input_size：输入 x 中期望的特性数量。

② hidden_size：隐藏状态 h 中的特征数量。

③ num_layers：循环层的数量。例如，设置 num_layers=2 意味着将两个 GRU 堆叠在一起形成一个堆叠 GRU，第二个 GRU 接收第一个 GRU 的输出并计算最终结果。默认为 1。

④ nonlinearity：使用的非线性函数，可以是'tanh'或'relu'。默认为'tanh'。

⑤ bias：如果为 False，则该层不使用权重偏置。默认为 True。

⑥ batch_first：如果为 True，则输入和输出张量以(batch, seq, feature)形式来提供。默认为 False。

⑦ dropout：如果为非零值，则在除最后一层以外的每一层 GRU 的输出上引入一个 Dropout 层，Dropout 概率等于所设的 dropout 值。默认为 0。

⑧ bidirectional：若为 True，则为双向 GRU。默认为 False。

GRU 实例的输入为 input 和 h_0。input 是形状为(seq_len, batch, input_size)的输入特征张量；h_0 是形状为(num_layers * num_directions, batch, hidden_size)的张量，包含小批量中每一个元素的初始隐藏状态，如果不提供该张量则默认为 0，如果是双向 GRU 则

num_directions 为 2，否则为 1。GRU 实例的输出是 output 和 h_n。output 是形状为(seq_len, batch, num_directions * hidden_size)的张量，包含每一个 t 时刻 GRU 最后一层的输出特征 h_t。h_n 是形状为(num_layers * num_directions, batch, hidden_size) 的张量，包含 t = seq_len 的隐藏状态。

2. GRU PyTorch 编程

下面还是以将字符串"aloha"输入到 GRU 为例，说明如何使用 PyTorch 的 GRU 进行编码。完整代码可参见 gru_basics.py，由于 GRU 编程与基本 RNN 一致，代码没有多少改动，请读者自行研读。

8.5 注意力机制

在深度网络中通常会引入注意力机制(Attention Mechanism)，使模型能够在众多输入信息中集中注意力到重要的信息上，降低对次要信息的注意力，以此来选取一些关键的输入信息进行处理，提高任务处理的效率和准确度。

8.5.1 Seq2Seq 模型的缺陷

很多论文都使用 Seq2Seq 模型完成机器翻译任务，该模型广泛应用于自然语言处理领域，其中最有代表性的论文是 "Sequence to Sequence Learning with Neural Networks"[①]。简单地说，Seq2Seq 模型可以将一个不定长的输入序列转化为另一个不定长的输出序列，一般使用图 8.22 所示的编码器-解码器结构。图中左部的编码器处理输入序列并将信息压缩到一个固定长度的上下文向量 z 中，可将 z 视为是输入序列的语义概要。图中右部的解码器使用 z 初始化隐藏状态，并在每一个时间步使用上一个隐藏状态 s_{t-1} 和当前输入符号的嵌入向量一起计算出当前隐藏状态 s_t，最后使用一个线性层进行预测，输出预测的符号。注意，图中使用 h 来表示编码器的隐藏状态，而使用 s 来表示解码器的隐藏状态，以示区别。

固定长度的上下文向量 z 需要存储整个输入源句子的语义信息，因此具有无法记忆很长源句子的致命缺点。在记忆句子后续部分时，就会遗忘开始的部分。因此，为了解决这个问题而提出注意力机制。

---

① 来源：https://arxiv.org/pdf/1409.3215.pdf。

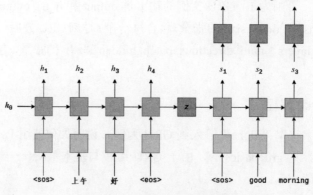

图 8.22 编码器-解码器结构

注意力机制的工作原理：首先是计算注意力向量 a，该向量长度与源句子长度一致，向量元素值大小表示对应位置单词应被关注的程度。注意力向量的重要性质是，每个元素 a_i 的取值都在 0～1，且向量全部元素之和为 1。然后计算源句子隐藏状态的加权和，得到加权源向量 w。

$$w = \sum_i a_i h_i \tag{8.30}$$

在译码时，在每一个时间步都要计算一个新的加权源向量，将其作为译码器 RNN 的输入，并通过线性层进行预测。

更详细的解释可参见下文。

8.5.2 机器翻译中的注意力机制

注意力模型源于论文"Neural Machine Translation by Jointly Learning to Align and Translate"[①]，该模型源于机器翻译，但在其他应用领域也得到推广。

注意力层使用解码器前一步的隐藏状态 s_{t-1} 和编码器的全部隐藏状态 H 来计算注意力向量 a_t，a_t 表示为了正确预测下一个要解码的单词 $\hat{y}_{t+1}$，应该在源句子中关注哪些单词。注意，a_t 与前文的 a_i 不同，前者表示 t 时间步的注意力向量，后者表示注意力向量中的第 i 个元素。

首先计算解码器的前一步隐藏状态和编码器的全部隐藏状态之间的能量 E_t。由于编码器的隐藏状态是长度为 T 序列的张量，而解码器前一步的隐藏状态是单一张量，因此需要

---

① 来源：https://arxiv.org/abs/1409.0473.

将解码器隐藏状态复制 T 次才能保证这两者在形状上一致。然后将两者连接在一起，并通过一个线性层(权重为 W_a)和 tanh 激活函数来计算其能量 E_t。可以将 E_t 视为编码器每个隐藏状态"匹配"解码器前一步隐藏状态的程度。

$$E_t = \tanh(W_a[s_{t-1}, H]) \tag{8.31}$$

由于 E_t 张量的形状是(解码器隐藏状态维度，源句子长度)，因此需要乘以一个形状为(1, 解码器隐藏状态维度)的张量 v，然后使用一个 softmax 层，使注意力向量 a_t 满足每个元素的取值都在 0～1，且向量全部元素之和为 1 的性质。计算公式为

$$a_t = \mathrm{softmax}(vE_t) \tag{8.32}$$

可以把 v 看作编码器所有隐藏状态的能量加权和的权重，这些权重表示应该对源序列中的每个符号关注的程度。v 的参数是随机初始化的，然后通过反向传播来学习得到优化的 v 参数。另外，v 不依赖于时间，即解码的每个时间步都使用相同的 v 参数。

图 8.23 是按照上述方法计算第一步注意力向量 a_1 的示意图，这里的 $t=1$，$s_0=z$。

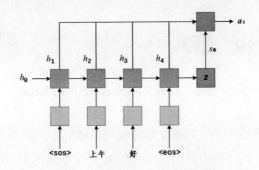

图 8.23 计算第一步注意力向量

计算出注意力向量 a_t 以后，就可以使用 a_t 作为权重创建一个加权源向量 w_t，它是编码器隐藏状态 H 的加权和。公式为

$$w_t = a_t H \tag{8.33}$$

然后，将输入词的嵌入向量 $e(y_t)$、加权源向量 w_t 和解码器前一步的隐藏状态 s_{t-1} 都传递给解码器 RNN 中，得到当前时间步的隐藏状态 s_t，即

$$s_t = \mathrm{decoder}(e(y_t), w_t, s_{t-1}) \tag{8.34}$$

最后，将 $e(y_t)$、w_t 和 s_t 进行连接操作，传递给一个权重为 W_o 的线性层，预测目标句子中的下一个单词 $\hat{y}_{t+1}$，即

$$\hat{y}_{t+1} = W_o[e(y_t), w_t, s_{t-1}] \tag{8.35}$$

图 8.24 显示如何解码第一个单词，预测该单词为 good。

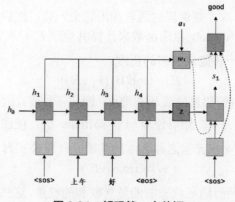

图 8.24 解码第一个单词

按照上述步骤,计算注意力向量 a_2 并预测下一个单词,以此类推,直到预测单词为序列终止<eos>符号为止。

8.6 Transformer 模型

Transformer 模型由一篇著名论文"Attention is All You Need"[①]创立,本节的全部示意图均来自该论文。

Transformer 模型并不像通常的 RNN 那样使用循环机制;相反,该模型完全由线性层、注意机制和规范化组成。到目前为止,Transformer 模型已经成为 NLP 的主流架构,用于实现许多 NLP 任务并得到最佳结果,其影响力日渐增强。最流行的 Transformer 变体是 BERT (Bidirectional Encoder Representations from Transformers,Transformer 的双向编码器表示),预训练的 BERT 模型可用于 NLP 的多种任务并创出最佳结果,是 NLP 领域近期最重要的进展。

图 8.25 所示为 Transformer 模型架构。与 seq2seq 模型类似,Transformer 架构也是由编码器(Encoder)和解码器(Decoder)组成,编码器对输入源语言句子编码为上下文向量,解码器将上下文向量解码并输出目标句子。图中的"N×"表示编码器和解码器由 N 层组成,一般 N 取 6,但没有强制要求编码器层和解码器层必须采用相同的层数。图中的"Add & Norm"层表示残差连接的相加操作和层规范化,简单地说,层规范化将特征值标准化,使得每个特征的均值为 0,标准差为 1,这使得更多层的神经网络更容易训练。

[①] 来源:https://arxiv.org/abs/1706.03762。

循环神经网络原理　第 8 章

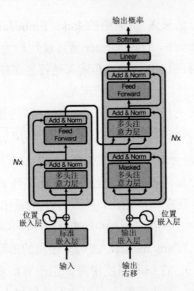

图 8.25　Transformer 模型架构

8.6.1　编码器

不同于通常的 RNN 模型，Transformer 编码器并不尝试将整个源句子 $X=(x_1,\cdots,x_n)$ 压缩为单一的上下文向量 z，而是生成一个上下文向量序列 $\boldsymbol{Z}=(z_1,\cdots,z_n)$。上下文向量序列与 RNN 的隐藏状态不同，后者在时刻 t 只能看见符号 x_t 及之前的符号，但上下文向量序列能够看见输入序列中的全部符号。

编码器结构如图 8.26 所示，可以看到，每个编码器层由两个子层组成。

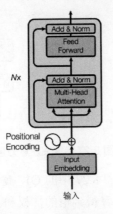

图 8.26　编码器结构

首先，将符号输入到标准的嵌入层(图中的 Input Embedding)，由于模型不采用递归方式，因此不知道序列中符号的顺序。Transformer 通过使用称为位置嵌入层(图中的 Positional Encoding)的第二个嵌入层来解决这个问题，其输入是符号在序列中的位置，位置 0 是<sos>符号，然后是句子的第一个符号，一直到句子末尾。

然后，将符号和位置嵌入进行相加得到一个向量，该向量包含符号及其在序列中的位置信息。在求和之前，符号嵌入还要先乘上一个比例因子 $\sqrt{d_{model}}$，d_{model} 是隐藏状态的维度，即 hid_dim。原论文认为这可能会减少嵌入的方差，如果没有该比例因子，模型很难可靠训练。然后，嵌入组合通过 N 个编码器层得到上下文向量序列 Z，输出 Z 以便解码器使用。

由于每个子层都使用残差连接和规范化，因此子层的输出可以表示为

$$sub\_layer\_output = LayerNorm(x + (SubLayer(x))) \tag{8.36}$$

源掩码(PyTorch 代码中记为 src_mask)与源句子张量的形状相同，当源句子的符号不是<pad>时，其值为 1；否则为 0。在编码器层中掩码用于屏蔽多头注意力机制，该机制用于计算和应用对源句子的注意力，因此模型不应关注不含任何有用信息的<pad>符号。

8.6.2 多头注意力层

Transformer 模型引入的一个关键而新颖的概念是多头注意力层，如图 8.27 所示。编码器层利用多头注意力层对源句子进行关注，由于它仅针对自身而不是其他序列计算和应用注意力，因此称其为自注意力。

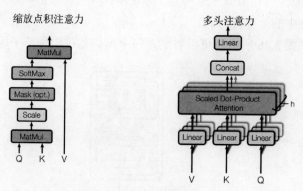

图 8.27 多头注意力层

注意力可以视为查询(queries，图 8.27 中的 Q)、键(keys，图 8.27 中的 K)和值(values，图 8.27 中的 V)组成的，然后用于计算得到值的加权和。其中，查询和键一起计算得到注意力向量，该向量通常经 softmax 输出，所有值的取值范围都在 0~1，总和为 1。

Transformer 使用的注意力叫作 "缩放点积注意力" (scaled dot-product attention),其计算图如图 8.27 左图所示,计算公式如下。查询和键一起经点积运算后使用 d_k 进行缩放,再应用 softmax 操作,最后乘以值。其中,d_k 为头的维度。原论文陈述缩放的原因是为了避免点积的结果增长过大而导致梯度变得过小。

$$\text{Attention}(\boldsymbol{Q},\boldsymbol{K},\boldsymbol{V}) = \text{Softmax}\left(\frac{\boldsymbol{Q}\boldsymbol{K}^{\text{T}}}{\sqrt{d_k}}\right)\boldsymbol{V} \tag{8.37}$$

缩放点积注意力方法并不是仅使用单一注意力,而是将查询、键和值划分为 h 个头,然后并行计算这些头的缩放点积注意力,并将计算结果重新组合,计算公式为

$$\begin{aligned}\text{MultiHead}(\boldsymbol{Q},\boldsymbol{K},\boldsymbol{V}) &= \text{Concat}(\text{head}_1,\cdots,\text{head}_h)\boldsymbol{W}^O \\ \text{head}_i &= \text{Attention}(\boldsymbol{Q}\boldsymbol{W}_i^Q,\boldsymbol{K}\boldsymbol{W}_i^K,\boldsymbol{V}\boldsymbol{W}_i^V)\end{aligned} \tag{8.38}$$

式中:$\boldsymbol{W}^O$ 为多头注意力层后面的线性层的权重参数,图 8.27 右图最上面的 Linear 层。$\boldsymbol{W}^Q$、$\boldsymbol{W}^K$ 和 $\boldsymbol{W}^V$ 则是图 8.27 右图下面的 Linear 层的权重参数。

8.6.3 前向层

前向层是编码器中多头注意力层后面的那一层,图 8.26 标记为 "Feed Forward"。与多头注意力层比较而言,前向层相对简单。输入的维度由 hid_dim 变换为 pf_dim,然后再变换回 hid_dim,pf_dim 通常比 hid_dim 大很多,最初的 Transformer 使用 512 和 2048 来分别作为 hid_dim 和 pf_dim 的维度。在变换回 hid_dim 维度之前,先使用 ReLU 激活函数和丢弃法。

8.6.4 位置编码

Transformer 抛弃了 RNN 使用时间序列依次输入数据的方式,提出一种位置编码方式,将相对位置信息数据与嵌入数据求和编码,融合每个符号的位置信息与语义信息,弥补其无法捕捉位置信息的缺陷。

Transformer 原论文提出两种位置编码方法:一种是使用不同频率的 sine 和 cosine 函数直接计算;另一种是通过训练得到位置编码。经过实验,发现这两种方法的结果一致,因此最终选择第一种方法,使用如下公式,即

$$\text{PE}_{(\text{pos},2i)} = \sin\left(\frac{\text{pos}}{10000^{2i/d_{\text{model}}}}\right)$$
$$\text{PE}_{(\text{pos},2i+1)} = \cos\left(\frac{\text{pos}}{10000^{2i/d_{\text{model}}}}\right)$$
(8.39)

8.6.5 解码器

解码器的目标是获取源句子 Z 的编码表示，并将其转换为目标句子 $\hat{Y}$ 中的预测符号。然后，将 $\hat{Y}$ 与目标句子 Y 中的真实符号进行比较以计算损失，再将损失用于计算网络参数的梯度，然后使用优化器更新权重以改进预测。

解码器的结构类似于编码器，只不过它有两个多头注意力层，如图 8.28 所示。在目标序列上有一个掩码多头注意力层，还有一个多头注意力层使用解码器的表示作为查询，并使用编码器的表示作为键和值。

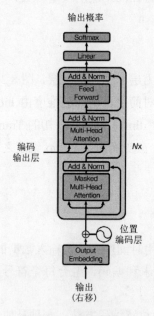

图 8.28 解码器结构

解码器同样使用位置嵌入，通过按元素求和操作将位置嵌入与缩放后的嵌入目标符号进行组合，然后再使用丢弃法。随后，组合后的嵌入与编码后的源(enc_src)、源掩码和目标掩码一起传递给 N 个解码器层。需要注意，并不要求编码器中的层数与解码器中的层数相等，即使它们都用 N 表示。

然后，第 N 层的解码器表示会传递给一个线性层(图中的 Linear)，然后再传递给 softmax 层。

正如在编码器使用源掩码来防止模型去关注<pad>符号，在解码器中使用类似的目标掩码。当并行地处理全部目标标记时，目标掩码用于阻止解码器通过"偷看"目标序列中的下一个符号并简单地输出看到的符号，以免模型依靠"欺骗"得到比真实情况更为乐观的结果。

8.6.6 解码器层

正如前文所述，与编码器层类似，但解码器层有两个多头注意力层。解码器层并没有引入什么新概念，只是用稍微不同的方式来重新编排与编码器同样的层。

第一个多头注意力层完成自注意力的计算，其过程与在编码器中一样，使用解码器表示中到目前为止的查询、键和值来计算注意力，接下来是丢弃层、残差连接和层规范化。该自注意力层使用目标序列掩码来防止解码器在并行处理目标句子中的所有标记时，可能会"偷看"当前正在处理的标记之后的标记来"作弊"。

第二个多头注意力层决定如何将经过编码的源句子输入到解码器中。在该多头注意力层中，查询是解码器表示，而键和值是编码器表示。这里的源掩码用于防止多头注意力层关注源句子中的<pad>符号。接下来还是丢弃层、残差连接和层规范化。

最后，将数据传递给图中标记为"Feed Forward"的前向层，紧接另一个丢弃层、残差连接和层规范化。

8.6.7 Transformer 的 PyTorch 实现

torch.nn.Transformer 类实现了 Transformer 模型，用户可自行更改模型属性。Transformer 类原型如下：

```
CLASS torch.nn.Transformer(d_model=512, nhead=8, num_encoder_layers=6,
num_decoder_layers=6, dim_feedforward=2048, dropout=0.1, activation='relu',
custom_encoder=None, custom_decoder=None, layer_norm_eps=1e-05,
batch_first=False, device=None, dtype=None)
```

输入参数定义如下。

① d_model：编码器/解码器输入中期望的特征数量，默认值为 512。
② nhead：多头注意模型中的头数，默认值为 8。
③ num_encoder_layers：编码器中子编码器的层数，默认值为 6。

④ num_decoder_layers：解码器中子解码器的层数，默认值为 6。
⑤ dim_feedforward：前向网络模型的维数，默认值为 2048。
⑥ dropout：丢弃概率值，默认值为 0.1。
⑦ activation：编码器/解码器中间层的激活函数，可以是 relu 或 gelu，默认为 relu。
⑧ custom_encoder：定制的编码器，默认为 None。
⑨ custom_decoder：定制的解码器，默认为 None。
⑩ layer_norm_eps：层规范化组件中的 eps 值，默认值为 10^{-5}。
⑪ batch_first：如果为 True，则输入和输出张量的形状为(batch, seq, feature)。默认值为 False，即张量形状为 (seq, batch, feature)。

forward 函数的原型如下：

```
forward(src, tgt, src_mask=None, tgt_mask=None, memory_mask=None,
src_key_padding_mask=None, tgt_key_padding_mask=None,
memory_key_padding_mask=None)
```

输入参数定义如下。
① src：输入编码器的序列(必需)。
② tgt：输入解码器的序列(必需)。
③ src_mask：src 序列的附加掩码(可选)。
④ tgt_mask：tgt 序列的附加掩码(可选)。
⑤ memory_mask：编码器输出的附加掩码(可选)。
⑥ src_key_padding_mask：每批数据的 src 键的 ByteTensor 掩码(可选)。
⑦ tgt_key_padding_mask：每批数据的 tgt 键的 ByteTensor 掩码(可选)。
⑧ memory_key_padding_mask：每批数据的内存键的 ByteTensor 掩码(可选)。

习 题

8.1 试说明 RNN 与神经网络的区别体现在哪里？
8.2 了解基本 RNN 的原理，说说为什么基本 RNN 存在难训练的问题。
8.3 为什么要使用 LSTM？说说 LSTM 相比基本 RNN 的优势。
8.4 试比较 GRU 和 LSTM，它们中哪一个的参数更少？更容易训练？
8.5 什么是注意力？总结注意力、自注意力和多头注意力的概念。

8.6 简述 Seq2Seq 模型的工作原理，谈一谈为什么 Seq2Seq 模型对很长句子的翻译效果不佳。

8.7 阅读 8.5.2 小节的 "Neural Machine Translation by Jointly Learning to Align and Translate" 论文，尝试实现该论文中提出的方法。

注：可参考 9.3.2 小节的实现。

8.8 阅读 "Attention is All You Need" 论文，结合 harvardnlp 实现的 Transformer(http://nlp.seas.harvard.edu/2018/04/03/attention.html)，了解和掌握 Transformer 的工作原理。

第 9 章

NLP 示例

深度网络特别是循环神经网络在 NLP 上的应用丰富多彩。其中,情感分析是对带有情感色彩的主观性文本进行倾向性分析的过程;语言模型对一段文本的概率进行估计,以判断一段文字是不是一句自然语言,广泛应用于语音识别、机器翻译等领域中。文本生成是根据一句或一段上下文来生成下一个单词,递归下去可以生成整个句子、段落甚至篇章,可用于生成某种风格的文本。机器翻译是利用计算机将一种自然语言(源语言)转换为另一种自然语言(目标语言)的过程。

本章介绍自然语言处理的 3 个典型应用场景,第一个是情感分析,介绍 AG NEWS 的分类示例和基于 Kaggle 竞赛 Quora Insincere Questions Classification 的分类示例;第二个是语言模型,通过构建一个 LSTM 神经网络来探索 WikiText2 数据集中自然语言的内在依赖关系;第三个是文本序列生成,包括向莎士比亚学写诗和神经机器翻译。

9.1 情感分析

情感分析(Sentiment Analysis)利用自然语言处理和文本挖掘技术，对带有情感色彩的主观性文本进行分析、处理和抽取。本章涉及的任务类型为情感分类(Sentiment Classification)，根据文本的情感信息将文本划分为正面或负面两种或更多种类型，也可根据文本内容将文本划分为体育、财经、科技等类型。

本节介绍两种情感分类的方法：第一种方法使用词袋模型，首先对文本的全部词向量进行平均，然后使用一个全连接层对平均后的向量进行分类；第二种方法使用 RNN 序列模型，依次输入文本序列，最后得到该文本的类别。

9.1.1 AG NEWS 示例

本例展示如何编写代码对 AG NEWS 文本分类数据集进行分类并评估分类模型的性能。

首先定义如代码 9.1 所示的辅助函数。yield_tokens 函数用于输出数据迭代器 data_iter 的符号列表，以便模型进行处理；text_pipeline 函数先对输入文本字符串 x 分词，然后返回对应词典序号的张量；label_pipeline 函数将 1~4 范围的标签字符转换为 0~3 范围的整数，如将字符'2'转换为整数 1。

代码 9.1　辅助函数

```
def yield_tokens(data_iter, tokenizer):
    """ 输出符号列表 """
    for _, text in data_iter:
        yield tokenizer(text)


def text_pipeline(x, vocab, tokenizer):
    """ 对输入文本字符串分词并返回对应词典序号的张量 """
    return vocab(tokenizer(x))


def label_pipeline(c):
    """ 将 1~4 范围的标签字符转换为 0~3 范围的整数, 如: '2'-->1
    AG_NEWS 有如下 4 种类别:
    1 : World  2 : Sports  3 : Business  4 : Sci/Tec
    """
    return int(c) - 1
```

然后定义如代码 9.2 所示的批量对齐函数，其功能是将样本列表合并为小批量张量，作为 collate_fn 的参数传递给 nn.DataLoader 类，以用于批量加载实现 getitem 和 len()方法的映射样式(map-style)数据集。在输入模型之前，collate_fn 函数首先处理批量数据。本例中，标签(label_list)是一个保存文本类别标签的张量；原始数据的批量输入中的文本打包为一个列表中，并连接为一个张量(text_list)，作为 nn.EmbeddingBag 的输入；偏移(offsets)是一个分隔符张量，用于表示文本张量中各个序列的起始位置。

代码 9.2　批量对齐函数

```
def collate_batch(batch, vocab, tokenizer):
    """ 将样本列表合并为小批量张量，用于批量加载映射样式数据集 """
    label_list, text_list, offsets = [], [], [0]
    for (_label, _text) in batch:
        label_list.append(label_pipeline(_label))
        processed_text = torch.tensor(text_pipeline(_text, vocab, tokenizer),
                                      dtype=torch.int64)
        text_list.append(processed_text)
        offsets.append(processed_text.size(0))
    label_list = torch.tensor(label_list, dtype=torch.int64)
    offsets = torch.tensor(offsets[:-1]).cumsum(dim=0)
    text_list = torch.cat(text_list)
    # 返回标签、文本和偏移
    return label_list.to(device), text_list.to(device), offsets.to(device)
```

下面定义如代码 9.3 所示的文本分类模型。模型主要包含一个 nn.EmbeddingBag 层和一个 nn.Linear 层。nn.EmbeddingBag 的功能是将整个嵌入向量(称为"包")整合为一个嵌入向量，其整合的默认模式为"mean"，其功能是计算嵌入"包"的均值。尽管本例的各个文本的长度不一，nn.EmbeddingBag 模块并不要求将文本填充为统一的长度，因为已经使用偏移(offsets)来保存文本长度。

代码 9.3　文本分类模型

```
class TextClassificationModel(nn.Module):
    """ 简单的文本分类模型 """
    def __init__(self, vocab_size, embed_dim, num_class):
        super(TextClassificationModel, self).__init__()
        # EmbeddingBag 计算嵌入"包"的和或者均值，参数 mode 取值可为"sum"和"mean"或"max"，
        # 默认为"mean"
        self.embedding = nn.EmbeddingBag(vocab_size, embed_dim, sparse=True)
        self.fc = nn.Linear(embed_dim, num_class)
        self.init_weights()

    def init_weights(self):
        init_range = 0.5
```

```
        self.embedding.weight.data.uniform_(-init_range, init_range)
        self.fc.weight.data.uniform_(-init_range, init_range)
        self.fc.bias.data.zero_()

    def forward(self, text, offsets):
        # offsets 指定输入中每个序列的起始索引位置
        embedded = self.embedding(text, offsets)
        return self.fc(embedded)
```

代码 9.4 是模型训练函数,迭代数据加载器以获取每批数据的标签、文本和偏移,通过模型计算出预测标签,与真实标签比较计算损失,反向传播计算梯度并裁剪参数,最后更新参数并打印日志。

代码 9.4　模型训练函数

```
def train(model, dataloader, optimizer, criterion, epoch):
    """ 模型训练 """
    model.train()
    total_acc, total_count = 0, 0
    log_interval = 200      # 打印日志的间隔
    start_time = time.time()

    for idx, (label, text, offsets) in enumerate(dataloader):
        # 训练
        optimizer.zero_grad()
        pred_label = model(text, offsets)
        loss = criterion(pred_label, label)
        loss.backward()
        torch.nn.utils.clip_grad_norm_(model.parameters(), 0.1)  # 裁剪参数的梯度范数
        optimizer.step()
        # 统计预测准确样本数和总体样本数
        total_acc += (pred_label.argmax(1) == label).int().sum().item()
        total_count += label.size(0)

        # 打印日志
        if idx % log_interval == 0 and idx > 0:
            elapsed = time.time() - start_time
            print('第{:3d}轮\t{:5d}/{:5d}批\t耗时: {:5.2f}秒\t训练准确率: {:8.3f}\t'
                  '训练损失: {:8.5f}'.format(
                epoch, idx, len(dataloader), elapsed, total_acc / total_count, loss))

            # 开始新一轮统计
            total_acc, total_count = 0, 0
            start_time = time.time()
```

代码 9.5 所示为模型验证函数,该函数计算验证集的准确率和损失指标。

代码 9.5　模型验证函数

```
def evaluate(model, dataloader, criterion):
    """ 模型验证 """
    model.eval()
    total_acc, total_count = 0, 0

    with torch.no_grad():
        for idx, (label, text, offsets) in enumerate(dataloader):
            predited_label = model(text, offsets)
            loss = criterion(predited_label, label)
            total_acc += (predited_label.argmax(1) == label).int().sum().item()
            total_count += label.size(0)
    return total_acc / total_count, loss
```

代码 9.6 所示为预测函数，使用训练好的模型预测输入文本的类别。

代码 9.6　预测函数

```
def predict(text, model, vocab, tokenizer):
    """ 预测 """
    with torch.no_grad():
        text = torch.tensor(text_pipeline(text, vocab, tokenizer))
        pred = model(text.to(device), torch.tensor([0]).to(device))
        return pred.argmax(1).item() + 1
```

主函数如代码 9.7 所示。首先获取基本英语(basic_english)分词器，通过训练迭代器构建词典，并计算数据集的类别数和词典大小；然后实例化文本分类模型，定义损失函数和优化器，由于原数据集没有提供验证集，因此将原训练集划分一部分数据出来作为验证集，分别实例化训练集、验证集和测试集的数据加载器；最后迭代训练模型以及评估模型性能。其中，lr_scheduler.StepLR 用于根据训练轮次的增大而逐渐减小学习率。

代码 9.7　主函数

```
def main():
    """ 主函数 """
    train_iter = AG_NEWS(root='../datasets', split='train')
    # 获取分词器
    tokenizer = get_tokenizer('basic_english')
    # 通过迭代器构建词典，添加的特殊符号是未登录词"<unk>"
    vocab = build_vocab_from_iterator(yield_tokens(train_iter, tokenizer),
                                     specials=["<unk>"])
    vocab.set_default_index(vocab["<unk>"])       # 未登录词的默认索引

    # 计算类别数和词典大小
    train_iter = AG_NEWS(root='../datasets', split='train')
```

```python
num_class = len(set([label for (label, text) in train_iter]))
vocab_size = len(vocab)

# 实例化文本分类模型
model = TextClassificationModel(vocab_size, emb_size, num_class).to(device)
print("模型：\n", model)

# 损失函数和优化器
criterion = torch.nn.CrossEntropyLoss()
optimizer = torch.optim.SGD(model.parameters(), lr=lr)
scheduler = torch.optim.lr_scheduler.StepLR(optimizer, 1, gamma=0.1)

total_acc = None
train_iter, test_iter = AG_NEWS(root='../datasets')
# 将可迭代样式数据集转换为映射样式数据集
train_dataset = to_map_style_dataset(train_iter)
test_dataset = to_map_style_dataset(test_iter)

# 将原训练集划分为训练集和验证集
num_train = int(len(train_dataset) * split_rate)
split_train_, split_valid_ = random_split(train_dataset, [num_train,
                                          len(train_dataset) - num_train])

# 对函数进行封装，目的是代入除 batch 外的参数
def collate_wrapper(batch):
    return collate_batch(batch, vocab, tokenizer)

# 训练集、验证集和测试集的数据加载器
train_dataloader = DataLoader(split_train_, batch_size=batch_size,
                              shuffle=True, collate_fn=collate_wrapper)
valid_dataloader = DataLoader(split_valid_, batch_size=batch_size,
                              shuffle=True, collate_fn=collate_wrapper)
test_dataloader = DataLoader(test_dataset, batch_size=batch_size,
                             shuffle=True, collate_fn=collate_wrapper)

# 迭代指定次数以训练模型
for epoch in range(1, epochs + 1):
    epoch_start_time = time.time()
    train(model, train_dataloader, optimizer, criterion, epoch)
    acc_val, loss = evaluate(model, valid_dataloader, criterion)
    if total_acc is not None and total_acc > acc_val:
        scheduler.step()
    else:
        total_acc = acc_val
    elapsed = time.time() - epoch_start_time
    print('完成第{:3d}轮训练\t 耗时：{:5.2f}秒\t 验证准确率：{:8.3f}\t 验证损失：
        {:8.5f}'.format(
```

```
            epoch, elapsed, acc_val, loss))

    print('现在开始评估模型......')
    acc_test, loss = evaluate(model, test_dataloader, criterion)
    print('测试准确率：{:8.3f}\t 测试损失：{:8.5f}'.format(acc_test, loss))
```

模型最终的测试准确率高于 90%。完整代码可参见 ag_news_classifier.py。

9.1.2 Quora 竞赛示例

Quora 网站类似于国内的知乎，有很多问题和解答，有的问题存在色情、种族歧视等非真诚情感倾向。本例使用 Kaggle 竞赛数据集 Quora Insincere Questions Classification，目标是预测 Quora 网站的不真诚问题。本示例是一个简单的实现，演示了如何使用 LSTM 解决情感分析问题，完整程序可参见 qiqc.py。

代码 9.8 导入必要的模块，然后设置一些超参数。为了简化编程，本例使用 torchtext 工具来分词，使用 pandas 来读取和写入文件，使用 PyTorch 构建网络模型，使用 scikit-learn 来计算性能指标。超参数的后面都有注释，含义明显。

代码9.8 导入模块和设置超参数

```
import torch
from torch import nn
from torch.utils.data import Dataset, DataLoader
import torch.optim as optim
from torchtext.data.utils import get_tokenizer
from torchtext.vocab import build_vocab_from_iterator
from typing import Iterable
from sklearn.model_selection import train_test_split
from sklearn import metrics
import numpy as np
import pandas as pd
import os
import time

device = torch.device("cuda" if torch.cuda.is_available() else "cpu")

# 超参数
data_path = "../datasets/qiqc"
embedding_file = "../datasets/glove.6B.300d.txt"
max_len = 100   # 句子最大长度
emb_dim = 300   # 词向量维数
batch_size = 512   # 批大小
epochs = 5   # 训练轮次
```

```
clip = 1      # 梯度裁剪
lr = 0.0003   # 学习率

# 获取分词器
tokenizer = get_tokenizer("basic_english")
```

代码 9.9 实现加载数据集和简单预处理功能。read_csv_files 函数调用 pandas 的 read_csv 函数来读取 CSV 格式的训练集和测试集。load_data_sets 函数首先调用 read_csv_files 函数读取数据集，然后从原始训练集中划分一部分出来作为验证集，随后分离数据集的文本部分和标签部分，最后返回预处理后的数据集。

代码 9.9　加载数据集和预处理

```python
def read_csv_files(path):
    """ 读取数据集 """
    data_train = pd.read_csv(os.path.join(path, "train.csv"))
    data_test = pd.read_csv(os.path.join(path, "test.csv"))
    return data_train, data_test


def yield_tokens(data_iter: Iterable):
    """ 输出符号列表的辅助函数 """
    for sentence in data_iter:
        yield tokenizer(sentence)


def data_process(raw_text, vocab):
    """ 将迭代数据转换为张量 """
    data = [torch.tensor(vocab(tokenizer(sentence)), dtype=torch.long) for
            sentence in raw_text]
    return data


def load_data_sets(val_split=0.1):
    """ 加载数据集并进行简单预处理 """
    data_train, data_test = read_csv_files(data_path)
    # 从训练集中划分一部分出来作为验证集
    data_train, data_val = train_test_split(data_train, test_size=val_split,
                                            random_state=1234)

    # 获取训练集、验证集和测试集的文本部分
    x_train = data_train["question_text"].values
    x_val = data_val["question_text"].values
    x_test = data_test["question_text"].values
    # 获取训练集和验证集的标签部分
    y_train = data_train["target"].values
```

```
y_val = data_val["target"].values

return x_train, y_train, x_val, y_val, x_test
```

代码 9.10 实现一个 Qiqc 数据集类，其功能是使用填充索引 pad_idx 将文本张量填充为指定长度，返回指定 index 的样本。

代码 9.10   Qiqc 数据集类

```
class QiqcDataset(Dataset):
    """ QIQC 数据集 """

    def __init__(self, data, label, pad_idx):
        super(QiqcDataset).__init__()
        self.data = data
        self.label = label
        self.pad_idx = pad_idx
        self.len = len(data)

    def __getitem__(self, index):
        data = torch.zeros((max_len,), dtype=torch.long) + self.pad_idx
        if self.label is not None:
            label = self.label[index]
        else:
            label = torch.zeros((1,), dtype=torch.long)
            # 如果没有标签，给一个零标签，因为不允许指定 None 标签
        # 填充到 max_len 长度
        if len(self.data[index]) >= max_len:
            data = self.data[index][:max_len]
        else:
            data[:len(self.data[index])] = self.data[index]
        return data, label

    def __len__(self):
        return self.len
```

QIQC 竞赛提供了 4 种词向量，其中之一是 glove.840B.300d[①]，由于本例只是一个简单示例，因此采用规模更小的 glove.6B.300d。代码首先打开 GloVe 词向量文件并读入到 embedding_idx 的 Python 字典中，后面关键的一步是将 GloVe 词向量填入到定制的词向量矩阵中。本例需要考虑<pad>和<unk>两个特殊标记的处理，按照常规会把<pad>标记初始化为全零的词向量，但<unk>标记显然不那么容易处理。由于 GloVe 词向量收录的单词数量远大于定制词向量，并且定制词向量也可能会有少量单词并没有被 GloVe 词向量收录，这些

---

① 网址：https://nlp.stanford.edu/projects/glove/。

词都会被认定为<unk>标记。本例使用了一个小技巧，先计算整个 GloVe 词向量的均值和方差，然后将均值和方差随机初始化定制嵌入矩阵的<unk>标记。这样，GloVe 未收录的单词就会以正态分布随机初始化，而不是初始化为全零值或其他固定值。最后循环将 GloVe 收录的词向量填入到定制的词向量矩阵。

代码 9.11　加载 GloVe 词向量

```python
def load_glove(word_idx, num_words, unk_idx, pad_idx):
    """ 加载 GloVe 词向量 """

    def get_coefs(word, *arr):
        # 定义参数传入为元组，则转换为字典
        return word, np.asarray(arr, dtype="float32")

    embedding_idx = dict(get_coefs(*o.split(" ")) for o in open(embedding_file,
            "r", encoding="utf-8"))

    # 求词嵌入的均值和方差
    all_embs = np.stack(list(embedding_idx.values()))
    emb_mean, emb_std = all_embs.mean(), all_embs.std()
    embed_size = all_embs.shape[1]
    # 初始化嵌入矩阵
    embedding_matrix = np.zeros((num_words, embed_size))

    # 填入词向量矩阵
    for word, i in word_idx.items():
        embedding_vector = embedding_idx.get(word)
        if embedding_vector is not None:
            embedding_matrix[i] = embedding_vector

    embedding_matrix[pad_idx] = 0
    # 用均值和方差随机初始化<unk>标记的词嵌入
    embedding_matrix[unk_idx] = np.random.normal(emb_mean, emb_std, (1, embed_size))
    return embedding_matrix
```

代码 9.12 创建一个 LSTM 模型。首先是根据嵌入矩阵 embedding_matrix 的值来设置嵌入层，代码设置了两种方案，第一种是在训练模型时同时训练嵌入矩阵；第二种是直接使用 GloVe 词向量填充的定制词向量矩阵，并且将 trainable 设置为 False 而不再对词向量矩阵参数进行训练。然后添加一个 64 个神经元的 LSTM 层，最后添加一个 16 个神经元的 Dense 层和一个 1 个神经元的 Dense 层。按照通常的做法，LSTM 层采用 Tanh 激活函数，第一个 Dense 层采用 ReLU 激活函数，由于第二个 Dense 层要进行二元分类，因此采用 Sigmoid 激活函数。

代码 9.12 创建 LSTM 模型

```python
class RNNModel(nn.Module):
    """ 简单的文本分类模型 """

    def __init__(self, num_input, num_hidden, num_layers, embedding_matrix,
                 padding_idx):
        super(RNNModel, self).__init__()
        # 嵌入层
        self.embedding = nn.Embedding.from_pretrained(torch.FloatTensor
                         (embedding_matrix), padding_idx=padding_idx)
        # RNN 层
        self.rnn = nn.LSTM(num_input, num_hidden, num_layers, batch_first=True)
        self.fc = nn.Linear(num_hidden, 128)
        self.out = nn.Linear(128, 1)
        self.init_weights()
        self.num_hidden = num_hidden
        self.num_layers = num_layers
        self.relu = nn.ReLU()
        self.sigmoid = nn.Sigmoid()

    def init_weights(self):
        init_range = 0.5
        self.fc.weight.data.uniform_(-init_range, init_range)
        self.fc.bias.data.zero_()

    def forward(self, x):
        bz = x.shape[0]
        h0 = torch.zeros((1, bz, self.num_hidden)).cuda()
        c0 = torch.zeros((1, bz, self.num_hidden)).cuda()
        embed = self.embedding(x)
        # 循环神经网络处理
        output, _ = self.rnn(embed, (h0, c0))
        output = torch.squeeze(output[:, -1, :])
        out = self.relu(self.fc(output))
        out = self.sigmoid(self.out(out))
        return torch.squeeze(out)
```

代码 9.13 实现了模型训练、评估和预测 3 个函数。

代码 9.13 模型训练、评估和预测

```python
def train(model, optimizer, criterion, clip, train_dataloader):
    """ 模型训练函数 """
    model.train()

    epoch_loss = 0.0
    epoch_correct = 0.0
```

```python
        for idx, (text, label) in enumerate(train_dataloader):
            text = text.to(device)
            label = label.to(device)

            # 优化参数
            optimizer.zero_grad()
            output = model(text)
            loss = criterion(output, label)
            loss.backward()
            torch.nn.utils.clip_grad_norm_(model.parameters(), clip)
            optimizer.step()
            epoch_loss += loss.item()

            with torch.no_grad():
                correct = int(torch.sum((output >= 0.5) == label))
                epoch_correct += correct

    return epoch_loss / len(train_dataloader.dataset), epoch_correct / len(
                        train_dataloader.dataset)


def evaluate(model, criterion, dataloader):
    """ 模型评估函数 """
    model.eval()

    epoch_loss = 0.0
    epoch_correct = 0.0

    with torch.no_grad():
        for idx, (text, label) in enumerate(dataloader):
            text = text.to(device)
            label = label.to(device)

            output = model(text)
            loss = criterion(output, label)
            epoch_loss += loss.item()
            correct = int(torch.sum((output >= 0.5) == label))
            epoch_correct += correct

    return epoch_loss / len(dataloader.dataset), epoch_correct / len(
                        dataloader.dataset)


def predict(model, dataloader):
    """ 模型预测函数 """
    model.eval()
```

```python
    pred_y = torch.tensor([], dtype=torch.long)
    real_y = torch.tensor([], dtype=torch.long)

    with torch.no_grad():
        for idx, (text, label) in enumerate(dataloader):
            text = text.to(device)
            output = model(text)
            pred_y = torch.cat((pred_y, output.cpu()), dim=0)
            real_y = torch.cat((real_y, label), dim=0)

    return pred_y, real_y
```

QIQC 竞赛的评估指标是 F1 score，不是准确率。因此，阈值不是默认的 0.5，而是需要寻找一个最佳阈值 best_threshold，当预测输出 pred_y 的值大于该阈值时，判断为正例；否则判断为负例。代码中，使用网格搜索迭代寻找 F1 指标最大时对应的最佳阈值并返回，如代码 9.14 所示。

代码 9.14 寻找最佳阈值

```python
def find_best_threshold(model, dataloader):
    """ 计算最佳阈值 """
    model.eval()

    pred_y, real_y = predict(model, dataloader)
    best_f1 = 0
    best_threshold = 0
    for threshold in np.arange(0.1, 0.501, 0.01):
        threshold = np.round(threshold, 2)
        f1 = metrics.f1_score(real_y.numpy().astype(int), (pred_y.detach()
                              >= threshold).numpy().astype(int))
        if f1 > best_f1:
            best_f1 = f1
            best_threshold = threshold
        print("阈值为{0}时的 F1 值为：{1}".format(threshold, f1))
    print("最佳阈值: {0}\tF1: {1}".format(best_threshold, best_f1))
    return best_threshold
```

代码 9.15 所示为主函数。首先获取训练集、验证集和预测集；然后构建模型并训练；随后寻找最佳阈值；最后使用最佳阈值进行预测，并将预测结果写入 submission.csv 文件。

代码 9.15 主函数

```python
def main():
    # 获取训练集、验证集和预测集
    x_train, y_train, x_val, y_val, x_pred = load_data_sets()
    # 从迭代器中构建 torchtext 的 Vocab 对象
```

```python
vocab = build_vocab_from_iterator(yield_tokens(iter(x_train)),
                                  specials=["<unk>", "<pad>"])
unk_idx = vocab["<unk>"]
pad_idx = vocab["<pad>"]
vocab.set_default_index(unk_idx)
vocab_length = len(vocab)
print("词典长度: ", vocab_length)

# 转换为单词索引张量
x_train = data_process(x_train, vocab)
x_val = data_process(x_val, vocab)
x_pred = data_process(x_pred, vocab)
y_train = torch.tensor(y_train, dtype=torch.float)
y_val = torch.tensor(y_val, dtype=torch.float)

# 数据集
train_dataset = QiqcDataset(x_train, y_train, pad_idx)
val_dataset = QiqcDataset(x_val, y_val, pad_idx)
pred_dataset = QiqcDataset(x_pred, None, pad_idx)

# 数据加载器
train_dataloader = DataLoader(dataset=train_dataset, batch_size=batch_size,
                              shuffle=True)
val_dataloader = DataLoader(dataset=val_dataset, batch_size=batch_size,
                            shuffle=False)
pred_dataloader = DataLoader(dataset=pred_dataset, batch_size=batch_size,
                             shuffle=False)

embedding_matrix = load_glove(vocab.get_stoi(), vocab_length, unk_idx, pad_idx)

model = RNNModel(emb_dim, 64, 1, embedding_matrix, pad_idx).to(device)
print(model)

# Adam 优化器
optimizer = optim.Adam(model.parameters(), lr=lr)

# 初始化损失函数
criterion = nn.BCELoss()

# 模型训练
for epoch in range(epochs):
    # 记录开始时间
    start_time = time.time()
    # 训练
    train_loss, train_acc = train(model, optimizer, criterion, clip, train_dataloader)
    # 验证
    valid_loss, valid_acc = evaluate(model, criterion, val_dataloader)
```

```
# 记录结束时间
end_time = time.time()
epoch_mins, epoch_secs = epoch_time(start_time, end_time)

print(f'轮次: {epoch + 1:02} \t 耗时: {epoch_mins}分{epoch_secs}秒')
print(f'\t 训练损失: {train_loss:.6f}\t 训练准确率: {train_acc:.3%}'
      f'\t 验证损失: {valid_loss:.6f}\t 验证准确率: {valid_acc:.3%}')

# 得到最佳阈值
best_threshold = find_best_threshold(model, val_dataloader)

# 预测
y_pred, _ = predict(model, pred_dataloader)
submission = pd.read_csv(os.path.join(data_path, "sample_submission.csv"))
submission.prediction = (y_pred >= best_threshold).numpy().astype(int)
submission.to_csv("submission.csv", index=False)
```

模型共训练 5 轮, 寻找最佳阈值的中间输出如下:

```
词典长度: 244023
RNNModel(
  (embedding): Embedding(244023, 300, padding_idx=1)
  (rnn): LSTM(300, 64, batch_first=True)
  (fc): Linear(in_features=64, out_features=128, bias=True)
  (out): Linear(in_features=128, out_features=1, bias=True)
  (relu): ReLU()
  (sigmoid): Sigmoid()
)
轮次: 01  耗时: 0 分 59 秒
    训练损失: 0.000472   训练准确率: 93.548%   验证损失: 0.000451   验证准确率: 93.843%
轮次: 02  耗时: 1 分 0 秒
    训练损失: 0.000259   训练准确率: 94.955%   验证损失: 0.000244   验证准确率: 95.040%
轮次: 03  耗时: 1 分 3 秒
    训练损失: 0.000228   训练准确率: 95.418%   验证损失: 0.000229   验证准确率: 95.421%
轮次: 04  耗时: 1 分 5 秒
    训练损失: 0.000218   训练准确率: 95.618%   验证损失: 0.000217   验证准确率: 95.670%
轮次: 05  耗时: 1 分 8 秒
    训练损失: 0.000211   训练准确率: 95.743%   验证损失: 0.000218   验证准确率: 95.559%
阈值为 0.1 时的 F1 值为: 0.5249343832020997
阈值为 0.11 时的 F1 值为: 0.5329455196330687
阈值为 0.12 时的 F1 值为: 0.5406167803911104
阈值为 0.13 时的 F1 值为: 0.5489951705873188
阈值为 0.14 时的 F1 值为: 0.5569640373534671
阈值为 0.15 时的 F1 值为: 0.5627579509589706
阈值为 0.16 时的 F1 值为: 0.5687445923118125
阈值为 0.17 时的 F1 值为: 0.5735103220133161
```

```
阈值为 0.18 时的 F1 值为: 0.577962931474239
阈值为 0.19 时的 F1 值为: 0.5833657377403326
阈值为 0.2 时的 F1 值为: 0.5882507787478611
阈值为 0.21 时的 F1 值为: 0.5927211247552946
阈值为 0.22 时的 F1 值为: 0.5964833183047791
阈值为 0.23 时的 F1 值为: 0.6000456516776991
阈值为 0.24 时的 F1 值为: 0.603413979738169
阈值为 0.25 时的 F1 值为: 0.6075094923358177
阈值为 0.26 时的 F1 值为: 0.611134842659832
阈值为 0.27 时的 F1 值为: 0.6147348212143028
阈值为 0.28 时的 F1 值为: 0.6169386169386168
阈值为 0.29 时的 F1 值为: 0.6197778433107245
阈值为 0.3 时的 F1 值为: 0.6224301856737519
阈值为 0.31 时的 F1 值为: 0.623793242156074
阈值为 0.32 时的 F1 值为: 0.6273671350030544
阈值为 0.33 时的 F1 值为: 0.6309388848809645
阈值为 0.34 时的 F1 值为: 0.6331025147081794
阈值为 0.35 时的 F1 值为: 0.6346194391735189
阈值为 0.36 时的 F1 值为: 0.6365185895387238
阈值为 0.37 时的 F1 值为: 0.6381809364728702
阈值为 0.38 时的 F1 值为: 0.639205630421736
阈值为 0.39 时的 F1 值为: 0.6403441049961398
阈值为 0.4 时的 F1 值为: 0.6419243219109275
阈值为 0.41 时的 F1 值为: 0.6425503052226995
阈值为 0.42 时的 F1 值为: 0.6424110468114365
阈值为 0.43 时的 F1 值为: 0.6427372199386325
阈值为 0.44 时的 F1 值为: 0.6436431749004917
阈值为 0.45 时的 F1 值为: 0.643784456695714
阈值为 0.46 时的 F1 值为: 0.6428571428571428
阈值为 0.47 时的 F1 值为: 0.642174070935722
阈值为 0.48 时的 F1 值为: 0.6410570100318808
阈值为 0.49 时的 F1 值为: 0.6401433248903441
阈值为 0.5 时的 F1 值为: 0.638042935596605
最佳阈值: 0.45  F1: 0.643784456695714
```

最终的 F1 score 约为 0.6438，对于简单模型来说效果较为满意。

9.2 语言模型

语言模型(Language Model，LM)是一种为单词序列分配概率的模型，对于一个给定长度为 n 的单词序列 $w_1, w_2, \cdots, w_n$，计算概率 $P(w_1, w_2, \cdots, w_n)$ 的模型就是语言模型。语言模型能够计算出任意一个单词序列是一句话的概率，也能预测给定单词序列的下一个词。传统的语言模型主要基于统计学，基于深度网络的语言模型也非常流行，如预训练模型 BERT

和 ERNIE。

本节通过构建一个 LSTM 神经网络来实现一个语言模型小应用程序,数据集使用 WikiText2,完整程序可参考 language_model_rnn.py。

代码 9.16 使用 WikiText2 的训练数据集来构建词典 vocab 对象,将单词符号数字化为张量,使用<unk>符号来表示出现次数较少的单词。

代码 9.16　构建词典

```
# 构建词典
train_it = WikiText2(root='../datasets', split='train')
tokenizer = get_tokenizer('basic_english')
vocab = build_vocab_from_iterator(map(tokenizer, train_it), specials=["<unk>"])
vocab.set_default_index(vocab["<unk>"])
```

代码 9.17 实现预处理的两个函数:data_process 函数通过分词器将迭代数据转换为张量,得到一个一维的张量数据序列;trim_batch 函数将这些一维数据序列按批大小 batch_size 排成多列,并丢弃多余数据,这样可以并行处理以加快处理速度。例如,假如批大小为 4,将英文字母 A~Z 作为数据输入,trim_batch 函数会将数据处理成长度为 6 的 4 个序列,丢弃 Y 和 Z,处理过程为

$$[A\ B\ C\ \cdots\ Z] \Rightarrow \begin{bmatrix} A \\ B \\ C \\ D \\ E \\ F \end{bmatrix} \begin{bmatrix} G \\ H \\ I \\ J \\ K \\ L \end{bmatrix} \begin{bmatrix} M \\ N \\ O \\ P \\ Q \\ R \end{bmatrix} \begin{bmatrix} S \\ T \\ U \\ V \\ W \\ X \end{bmatrix}$$

代码 9.17　预处理

```
def data_process(raw_text_iter):
    """ 将迭代数据转换为张量 """
    data = [torch.tensor(vocab(tokenizer(word)), dtype=torch.long) for word in
            raw_text_iter]
    return torch.cat(tuple(filter(lambda t: t.numel() > 0, data)))


def trim_batch(data, batch_sz):
    """ 将数据集按批大小排成多列,丢弃多余数据 """
    # 数据集大小除以批大小,得到批的数量
    num_batch = data.size(0) // batch_sz
    # 截断丢弃多余数据
    data = data.narrow(0, 0, num_batch * batch_sz)
```

```
# 均分数据
data = data.view(batch_sz, -1).t().contiguous()  # 保证张量存储连续
return data.to(device)
```

代码 9.18 将源数据划分为 bptt 长度的块，构建并返回数据和目标。对于本例的语言模型，下一个单词就是目标。例如，对于上述的英文字母例子，如果 bptt 为 2 且 idx 为 0，返回的数据和目标如下。注意，返回的数据 data 为二维张量，形状为[bptt, batch_size]，而目标 target 为一维张量，形状为[bptt × batch_size]。

$$\begin{matrix} \text{data} & & \text{target} \\ \begin{bmatrix} A & G & M & S \\ B & H & N & T \end{bmatrix} & & \begin{bmatrix} B & H & N & T & C & I & O & U \end{bmatrix} \end{matrix}$$

代码 9.18 划分一批数据

```python
def make_batch(source, idx):
    """ 将源数据划分为 bptt 长度的块，构建并返回数据和目标 """
    seq_len = min(bptt, len(source) - 1 - idx)
    data = source[idx: idx + seq_len]
    target = source[idx + 1: idx + 1 + seq_len].reshape(-1)
    return data, target
```

代码 9.19 定义一个 RNN 模型。模型包含一个词嵌入层、一个 LSTM 层、一个全连接 FC 层和一个丢弃层。init_weights 函数使用均匀分布来随机初始化权重参数，forward 函数进行网络前向传播，init_hidden 函数初始化 RNN 模型的隐藏单元。

代码 9.19 RNN 模型

```python
class RNNModel(nn.Module):
    """ 循环神经网络定义
    模型包含：词嵌入层、RNN 层、FC 层、丢弃层
    """
    def __init__(self, num_token, num_input, num_hidden, num_layers, dropout=0.5):
        super(RNNModel, self).__init__()
        # 词嵌入层
        self.encoder = nn.Embedding(num_token, num_input)
        # RNN 层
        self.rnn = nn.LSTM(num_input, num_hidden, num_layers, dropout=dropout)
        # FC 层
        self.decoder = nn.Linear(num_hidden, num_token)

        self.init_weights()

        self.num_hidden = num_hidden
```

```
        self.num_layers = num_layers
        self.dropout = nn.Dropout(dropout)

    def init_weights(self):
        # 使用均匀分布初始化权重参数
        init_range = 0.1
        self.encoder.weight.data.uniform_(-init_range, init_range)
        self.decoder.bias.data.zero_()
        self.decoder.weight.data.uniform_(-init_range, init_range)

    def forward(self, x, hidden):
        # 词向量
        embed = self.dropout(self.encoder(x))
        # 循环神经网络处理
        output, hidden = self.rnn(embed, hidden)
        output = self.dropout(output)
        # FC 层将隐藏状态转化为输出单词表
        # decoder 函数将 num_hidden(output.size(2))转换到 num_token(decoded.size(1))
        decoded = self.decoder(output.view(output.size(0) * output.size(1),
                            output.size(2)))
        return decoded.view(output.size(0), output.size(1), decoded.size(1)), hidden
                    def init_hidden(self, batch_sz, requires_grad=True):
        weight = next(self.parameters())
        return (weight.new_zeros((self.num_layers, batch_sz, self.num_hidden),
                requires_grad=requires_grad), weight.new_zeros((self.num_layers,
                batch_sz, self.num_hidden), requires_grad=requires_grad))
```

代码 9.20 包括模型评估 evaluate 函数和模型训练 model_train 函数。模型评估函数只需要做前向传播，不做反向传播，因此更为简单。模型训练函数使用两重循环结构，外循环迭代指定轮次，内循环将训练数据划分为多个长度为 bptt 的块，调用 make_batch 函数构建数据和目标，然后用于模型训练。注意到代码调用 torch.nn.utils.clip_grad_norm_ 函数参数以防止梯度爆炸。另外，模型还把训练过程中验证损失最小的最佳模型保存为文件，以便将来在测试数据上使用。

代码 9.20　模型训练和评估

```
def evaluate(model, evl_data, loss_fn, vocab_size):
    """ 模型评估，只需要做前向传播，不做反向传播 """
    model.eval()
    total_loss = 0.
    total_count = 0.
    # 不跟踪梯度
    with torch.no_grad():
        hidden = model.init_hidden(batch_size, requires_grad=False)
        for i in range(0, evl_data.size(0) - 1, bptt):
```

```python
            data, targets = make_batch(evl_data, i)
            data, targets = data.to(device), targets.to(device)
            hidden = repackage_hidden(hidden)
            output, hidden = model(data, hidden)
            loss = loss_fn(output.view(-1, vocab_size), targets.view(-1))
            total_count += np.multiply(*data.size())
            total_loss += loss.item() * np.multiply(*data.size())

    loss = total_loss / total_count
    # 记得设置回训练模式
    model.train()
    return loss


def model_train(model, train_data, val_data, criterion, vocab_size, optimizer, scheduler):
    """ 模型训练 """

    val_losses = []
    # 训练多个epoch
    for epoch in range(num_epochs):
        model.train()
        hidden = model.init_hidden(batch_size)
        # 每个epoch有多个batch数据
        for batch, i in enumerate(range(0, train_data.size(0) - 1, bptt)):
            data, targets = make_batch(train_data, i)
            data, targets = data.to(device), targets.to(device)
            hidden = repackage_hidden(hidden)
            model.zero_grad()
            # 前向传播
            output, hidden = model(data, hidden)
            loss = criterion(output.view(-1, vocab_size), targets)
            # 反向传播
            loss.backward()
            torch.nn.utils.clip_grad_norm_(model.parameters(), grad_clip)  # 防止梯度爆炸
            optimizer.step()            # 更新模型参数

            # 打印模型性能
            if i % print_per == 0:
                print(f"轮次：{epoch}\t 迭代：{i}\t 损失：{loss.item()}")

            # 模型评估
            if i % eval_per == 0:
                val_loss = evaluate(model, val_data, criterion, vocab_size)

                if len(val_losses) == 0 or val_loss < min(val_losses):
                    print(f"最佳模型的验证损失：{val_loss}")
                    torch.save(model.state_dict(), best_model_file)
```

```
        else:
            scheduler.step()
            optimizer = torch.optim.Adam(model.parameters(), lr=learning_rate)
        val_losses.append(val_loss)
```

代码 9.21 是主程序的部分代码。首先构建训练数据 train_data、验证数据 val_data 和测试数据 test_data，随后是为了演示 make_batch 函数的功能而编写一小段代码；然后初始化 LSTM 模型，定义损失函数和优化器，并训练模型；之后加载最佳模型，使用最佳模型分别在验证数据和测试数据上计算困惑度；最后尝试使用最佳模型来生成文本。

代码 9.21 主程序

```
set_seed(1234)
vocab_size = len(vocab)  # 词表长度

train_iter, val_iter, test_iter = WikiText2(root='../datasets', split=('train',
                                                                       'valid', 'test'))

train_data = data_process(train_iter)
val_data = data_process(val_iter)
test_data = data_process(test_iter)

train_data = trim_batch(train_data, batch_size)
val_data = trim_batch(val_data, batch_size)
test_data = trim_batch(test_data, batch_size)

data, targets = make_batch(train_data, 0)
print("打印模型的 data 和 targets: ")
# 由于语言模型的目标是根据之前的单词预测下一个单词，因此 data 和 targets 相差一个单词的位置
print(" ".join([vocab.get_itos()[i] for i in data[0, :]]))
print(" ".join([vocab.get_itos()[i] for i in data[1, :]]))
print(" ".join([vocab.get_itos()[i] for i in targets[:data.shape[1]]]))

# 初始化 LSTM 模型
model = RNNModel(vocab_size, embedding_size, embedding_size, 2, 0.5)
model = model.to(device)

# 损失函数
loss_fn = nn.CrossEntropyLoss()
# 优化器
optimizer = torch.optim.Adam(model.parameters(), lr=learning_rate)
scheduler = torch.optim.lr_scheduler.ExponentialLR(optimizer, 0.5)

model_train(model, train_data, val_data, loss_fn, vocab_size, optimizer, scheduler)

# 加载最佳模型
best_model = RNNModel(vocab_size, embedding_size, embedding_size, 2, 0.5)
```

```
best_model = best_model.to(device)
best_model.load_state_dict(torch.load(best_model_file))

# 使用最佳模型在验证数据上计算困惑度 perplexity
val_loss = evaluate(best_model, val_data, loss_fn, vocab_size)
print("验证 PPL: ", np.exp(val_loss))

# 使用最佳模型在测试数据上计算困惑度 perplexity
test_loss = evaluate(best_model, test_data, loss_fn, vocab_size)
print("测试 PPL: ", np.exp(test_loss))

# 使用最佳模型生成文本
hidden = best_model.init_hidden(1)
rnd_input = torch.randint(vocab_size, (1, 1), dtype=torch.long).to(device)
words = []
for i in range(100):
    output, hidden = best_model(rnd_input, hidden)
    word_weights = output.squeeze().exp().cpu()
    word_idx = torch.multinomial(word_weights, 1)[0].item()
    rnd_input.fill_(word_idx)
    word = vocab.get_itos()[word_idx]
    words.append(word)
print(" ".join(words))
```

9.3 文本序列数据生成

深度学习并不仅局限于图像分类等被动性任务，还包括一些创造性任务，如写诗、绘画和音乐创作。本节介绍两个 NLP 的典型应用示例：第一个例子可用于生成文本(或音乐)的序列数据生成；第二个例子是神经机器翻译。

一般使用循环神经网络来生成包含但不限于文本的序列数据，如音乐生成、图像生成等。生成序列数据的通用方法是，用序列数据来训练一个循环神经网络，使之能够识别序列前后的模式，然后使用部分序列作为输入，让网络来预测序列中后续的一个或多个标记。

9.3.1 向莎士比亚学写诗

循环神经网络的一个有趣应用是自动生成文字，如莎士比亚的诗。本例使用莎士比亚十四行诗(Shakespeare's Sonnets)[①]作为语料，训练一个单层 LSTM 网络，让网络学习十四行

---

① 网址：http://shakespeare.mit.edu/Poetry/sonnets.html。

诗中跨越很多字符的长期依赖关系。例如,某个字符出现在文中某处,可能会影响到文本序列后面很长一段距离的某处的另一个字符,这种依赖关系就是 NLP 领域热门的语言模型,在 9.2 节已经讲述过,本例是语言模型在诗歌文本生成上的应用。

完整代码实现可参见 shakespear.py。代码的任务是预测,也就是根据给定的字符序列预测下一个可能的字符。因此,需要训练一个循环神经网络模型,该模型的输入为字符序列,模型自动预测输出,也就是每个时间步的下一个字符。由于模型输入为多个字符,输出为单个字符,因此可归类为多输入单输出的模型。例如,假设字符长度 Tx 设定为 4,文本为"Hello",则将"Hell"创建为训练样本,将"o"创建为目标。另一种替代的文本生成模型是多输入多输出,以文本"Hello"为例,则将"Hell"创建为训练样本,将"ello"创建为目标。

首先是定义超参数,如代码 9.22 所示。其中,temperature_list 为后文会讲述的温度参数数列表,如果给定诗的开头,RNN 网络会接着生成由 generated_len 参数指定字符数的诗句。

代码 9.22　定义超参数

```
import gzip
import math
import random
import string
import time

import matplotlib.pyplot as plt

import torch
import torch.nn as nn

# 超参数
batch_size = 64        # 批大小
n_iters = 3000         # 总循环次数
print_every = 500      # 每次打印需要的循环次数
plot_every = 10        # 每次绘图需要的循环次数
hidden_size = 100      # 隐藏单元数
n_layers = 1           # 层数
lr = 0.005             # 学习率
temperature_list = [0.2, 0.5, 1.0, 1.2]    # 温度列表
generated_len = 200    # 生成句子长度
```

下一步是构建训练样本,代码 9.23 的 random_chunk 函数在读取语料中,随机截断语料并返回给定长度的文本。char_tensor 函数将字符向量化,将给定字符串转化为索引张量。make_training_sample 函数构建一个训练样本,该函数调用 random_chunk 函数返回给定长度的文本,然后构建训练数据 data 和目标 target,其中,data 为第 1 个字符到倒数第 2 个字符

的张量索引，target 为第 2 个字符到最后 1 个字符的张量索引。多次调用 make_training_sample 函数就能构建训练数据集。

代码 9.23　构建训练样本

```python
def random_chunk(corpus, corpus_len, chunk_len):
    """ 随机截断语料并返回给定长度的文本 """
    start_idx = random.randint(0, corpus_len - chunk_len)
    end_idx = start_idx + chunk_len + 1
    return corpus[start_idx: end_idx]


def char_tensor(my_str, all_chars):
    """ 将字符串转化为索引张量 """
    tensor_idx = torch.zeros((len(my_str),), dtype=torch.long)
    for c in range(len(my_str)):
        tensor_idx[c] = all_chars.index(my_str[c])
    return tensor_idx


def make_training_sample(corpus, corpus_len, chunk_len, all_chars):
    """ 构建一个训练样本 """
    # 返回给定长度的文本
    chunk = random_chunk(corpus, corpus_len, chunk_len)
    # data 为第 1 个字符到倒数第 2 个字符的张量索引，target 为第 2 个字符到最后 1 个字符的张量索引
    data = char_tensor(chunk[: -1], all_chars)
    target = char_tensor(chunk[1:], all_chars)
    return data, target
```

代码 9.24 是构建 LSTM 模型。模型由一个嵌入层、一个单向 LSTM 层和一个全连接层构成。输出层使用一个线性层 nn.Linear，其激活函数为 Softmax，用于预测字母的概率分布。由于 nn.CrossEntropyLoss 交叉熵损失函数已经内置了 LogSoftmax 函数，因此代码中没有显式使用 Softmax。

代码 9.24　构建 LSTM 模型

```python
class RNNModel(nn.Module):
    """ 简单 RNN 模型 """

    def __init__(self, input_size, hidden_dim, output_size, n_layers=1):
        super(RNNModel, self).__init__()
        self.input_size = input_size
        self.hidden_size = hidden_dim
        self.output_size = output_size
        self.n_layers = n_layers
```

```python
        self.emb = nn.Embedding(input_size, hidden_dim)
        self.lstm = nn.LSTM(hidden_dim, hidden_dim, n_layers)
        self.fc = nn.Linear(hidden_dim, output_size)

    def forward(self, inp, hidden):
        seq_len = len(inp)
        inp = self.emb(inp.view(seq_len, 1))
        output, hidden = self.lstm(inp.view(seq_len, 1, -1), hidden)
        output = self.fc(output.view(seq_len, -1))
        return output, hidden

    def init_hidden(self):
        h0 = torch.zeros((self.n_layers, 1, self.hidden_size), requires_grad=True)
        c0 = torch.zeros((self.n_layers, 1, self.hidden_size), requires_grad=True)
        return h0, c0
```

代码 9.25 是模型训练函数，首先初始化 RNN 隐藏单元，进行前向传播，然后经反向传播和梯度裁剪后优化网络参数。

代码 9.25　模型训练函数

```python
def train(model, criterion, optimizer, inp, target):
    """ 模型训练函数 """
    model.train()
    hidden = model.init_hidden()
    model.zero_grad()
    output, hidden = model(inp, hidden)
    loss = criterion(output, target)
    loss.backward()
    torch.nn.utils.clip_grad_norm_(model.parameters(), 1)
    optimizer.step()

    return loss.item()
```

模型的预测输出通常是一个经过 Softmax 激活函数后的概率分布，如何在概率分布中选取一个预测字符是一个值得讨论的有趣的数学问题，一般有贪婪抽样和随机抽样两种方法。贪婪抽样就是始终选取概率最大的字符，这种方法简单粗暴，会得到重复的、可预测的字符串。比如，如果 t 后面的字符为 i 的概率为 35%，比为其他字符的概率大，贪婪抽样就将 i 的概率设为 1，其他字符的概率设为 0，这样就总是选取 i，缺乏多样性。随机抽样在预测字符的概率分布中抽样，增加了随机性。例如，如果 t 后面接 i 的概率为 35%，就只会有 35% 的概率选取 i，有 1-35% 的概率选取其他字符。

使用 Softmax 温度可以更好地控制随机抽样过程中的随机性。具体方法是，对模型的 Softmax 输出的原始概率分布进行一个反向运算，得到 Softmax 输入，该输入通常称为 logits；

然后将 logits 除以温度，再重新进行 Softmax 运算，得到原始分布重新加权后的结果。由于温度是除数，温度越高则抽样分布的熵越大，更容易生成出人意料的结果，温度低则随机性小，生成结果的可预测性增大。

代码 9.26 实现了生成文本函数，使用训练好的模型随机生成句子。代码根据输出概率采样，首先使用 output.data.view(-1).div(temperature).exp()语句对模型预测的概率分布重新加权运算，然后使用 torch.multinomial(output_dist, 1)[0] 语句从中按照新的概率分布随机抽取一个字符索引，从而得到预测字符。其中，torch.multinomial 函数从重新加权后的多项式分布中进行抽样，第 1 个参数为概率分布输入张量，第 2 个参数是抽样次数。

代码 9.26　生成文本函数

```
def generate(model, preset_str, all_chars, predict_len=100, temperature=0.8):
    """ 使用训练好的模型随机生成句子 """
    hidden = model.init_hidden()
    preset_input = char_tensor(preset_str, all_chars)
    predicted = preset_str

    model.eval()
    with torch.no_grad():
        # 先使用给定字符串来改变隐藏状态
        for idx in range(len(preset_str) - 1):
            _, hidden = model(preset_input[idx].unsqueeze(0), hidden)
        inp = preset_input[-1]  # 给定字符串的最后一个字符作为预测的第一个输入

        # 迭代预测
        for idx in range(predict_len):
            output, hidden = model(inp.unsqueeze(0), hidden)

            # 根据输出概率采样
            output_dist = output.data.view(-1).div(temperature).exp()
            top_i = torch.multinomial(output_dist, 1)[0]

            # 用上一个输出作为下一轮的输入
            predicted_char = all_chars[top_i]
            predicted += predicted_char
            inp = char_tensor(predicted_char, all_chars)

    return predicted
```

代码 9.27 是主函数。首先将全部可打印字符作为词典，读取文本文件作为训练语料；然后实例化模型并定义优化器和损失函数，进行迭代模型训练；最后使用训练好的模型来生成诗句。

代码9.27 主函数

```python
def main():
    # 全部字符作为词典
    all_chars = string.printable
    n_chars = len(all_chars)

    # 读取文本文件
    corpus = gzip.open('../datasets/shakespeare.txt.gz', mode='rt', encoding='utf-8').read()
    corpus_len = len(corpus)
    print('成功读取文本文件,语料长度为: ', corpus_len)

    # 随机截断文件
    chunk_len = 200
    print("随机截断文件结果: \n", random_chunk(corpus, corpus_len, chunk_len))

    # 实例化模型
    model = RNNModel(n_chars, hidden_size, n_chars, n_layers)
    # 优化器和损失函数
    optimizer = torch.optim.Adam(model.parameters(), lr=lr)
    criterion = nn.CrossEntropyLoss()

    print("\n 开始训练")
    start = time.time()
    all_losses = []
    loss_accumulated = 0

    for it in range(1, n_iters + 1):
        loss = train(model, criterion, optimizer,
                *make_training_sample(corpus, corpus_len, chunk_len, all_chars))
        loss_accumulated += loss

        if it % print_every == 0:
            print(f"[第{it:2d}轮/共{n_iters:4d}轮 进度: {it / n_iters:.2%}]"
                    f"耗时: {time_since(start):s} 损失: {loss:.4f}")
            for temp in temperature_list:
                print('当前温度: ', temp)
                print(generate(model, 'Th', all_chars, temperature=temp), '\n')
            start = time.time()    # 重新计时

        if it % plot_every == 0:
            all_losses.append(loss_accumulated / plot_every)
            loss_accumulated = 0

    # 损失历史曲线图
    plt.figure()
```

```
    plt.plot(all_losses)
    plt.title("Losses history")
    plt.show()

    print("\n训练完毕!")

# 模型预测
print("\n生成诗句一: ")
print(generate(model, 'Wh', all_chars, generated_len, temperature=0.8))
print("\n生成诗句二: ")
print(generate(model, 'Wh', all_chars, generated_len, temperature=0.2))
print("\n生成诗句三: ")
print(generate(model, 'Look in thy glass', all_chars, generated_len,
temperature=0.8))
```

经过 1000 轮训练后, 生成文本结果如下。这时的结果比较差, 模型还没有收敛。

```
[第 1000 轮/共 3000 轮 进度: 33.33%] 耗时: 0 分 26 秒 损失: 1.9354
当前温度: 0.2
The worther the come the sour have is be a his he have to to have are to have a
with a to his be that

当前温度: 0.5
Thave have this not the sour befon no boll a soll.

KING RICHARD IIINIA:
And that a born a he pare to

当前温度: 1.0
Ths way baloy-'dsed,
Thy he tole be pores to grelfo,
A ding to irt, of the lorr shor gubo, trongs, God

当前温度: 1.2
This wor'd an.
And.
And to I, wouldel, nise,
IV sastlanow of ownord.

MENIOK:
Yis nost
Her his came is
```

经过 2500 轮训练后, 生成文本结果如下。这时的模型几乎收敛, 文本较为连贯。

```
[第 2500 轮/共 3000 轮 进度: 83.33%] 耗时: 0 分 28 秒 损失: 1.7465
当前温度: 0.2
There him for the strain.
```

```
LUCIO:
The have the perceast the will stain the have him the such the stran

当前温度: 0.5
This are and swears with off come the grace is is a doy thee may me thee
That sition of thou to the su

当前温度: 1.0
Th is ail, no sughame sight
that to good you know'd stayang allom you and wim hight.

QUEEN And CuI KI

当前温度: 1.2
Th mistineto-queeld I heast, whis,
Clarst. Warsh pazslom hill. and is,
Till that wently and no, for of
```

可以看到，小的温度值容易得到重复性高和可预测的文本，但局部结构真实，尤其是生成的单词看起来都是英文单词。大的温度值使得生成的文本变得有趣和出人意料，部分单词像是半随机的字符串。因此，需要找到一个合适的温度值，以便在学习到的语言模型和随机性之间找到一个平衡，生成有趣的文本序列。

程序生成的诗句如下：

```
生成诗句一:
Where it so the was the igind; Peid fies and the will happorth not lenerifest too
the bast be more fish with And the wother be he have but the not not amoulielders!

GRUMIO:
O, and have the cousio:
Woul

生成诗句二:
Where the sear and so the seast the sight the some the strangers, and the sears
and so the seat the sind the sight the seat the see,
The sight the sear the so the sight the seast the will so the sears t

生成诗句三:
Look in thy glassits, thy and dowing,
The be prematenis! where dost for thou with busing to Rome,

JOLTHARES:
The im of have's and good your rath.
```

```
GRUMEO:
Alange 'tis the some find so to have your will dange.

QUEEN
```

需要说明的是,指望机器能像莎翁那样写出经典名诗是不切实际的,生成的文本大多是由不知所云的单词堆砌而成。如果用更大的语料库来训练,可能得到的结果会好些。

9.3.2 神经机器翻译

translation_rnn.py 实现了一个简单的带注意力机制的神经机器翻译(Neural Machine Translation,NMT)系统,使用两个 RNN 网络组成 Seq2Seq 模型,这两个 RNN 网络分别称为编码器和解码器,如图 9.1 所示。编码器将输入源语言编码成一个上下文向量 z,解码器对上下文向量进行解码,最终解码得到对应的目标语言。

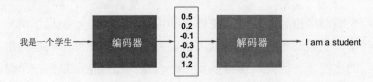

图 9.1　NMT 原理

注意力机制原理可参见第 8 章 8.5 节。

本程序使用的数据集是 Multi30k,可直接使用 torchtext.datasets 模块下载及加载。源语言和目标语言分别为英语和德语,使用 spaCy 分词器。

首先设置语言、分词器和词典,如代码 9.28 所示。由于源语言和目标语言都要使用分词器和词典,因此分词器和词典都使用 Python 字典来存放,以方便访问。直接调用 torchtext.data.utils 模块下的 get_tokenizer 函数构建分词器,然后定义 4 种特殊标记及对应索引,其中,unk 表示未知(未登录符号),pad 表示填充,bos 表示序列开始,eos 表示序列结束。

代码 9.28　设置语言、分词器和词典

```
# 源语言和目标语言
src_lang = 'de'
tgt_lang = 'en'

# 分词器和词典
tokenizer = {}
vocab = {}
```

```python
# 创建源语言和目标语言的分词器，需要预装 spaCy 模块
tokenizer[src_lang] = get_tokenizer('spacy', language='de_core_news_sm')
tokenizer[tgt_lang] = get_tokenizer('spacy', language='en_core_web_sm')

# 定义 4 种特殊标记及对应索引。unk 未知，pad 填充，bos 序列开始，eos 序列结束
special_symbols = ['<unk>', '<pad>', '<bos>', '<eos>']
unk_idx, pad_idx, bos_idx, eos_idx = 0, 1, 2, 3
```

然后定义如代码9.29所示的4个辅助函数。其中，yield_tokens是输出符号列表的辅助函数，sequential_transforms函数将多个文本输入转换操作组合在一起，tensor_transform函数为输入序列索引添加<bos>和<eos>符号并转换为张量，collate_fn函数将数据对齐为批量。

代码9.29　定义4个辅助函数

```python
def yield_tokens(data_iter: Iterable, language: str):
    """ 输出符号列表的辅助函数 """
    language_index = {src_lang: 0, tgt_lang: 1}
    # 迭代输出符号列表
    for sentence in data_iter:
        yield tokenizer[language](sentence[language_index[language]])


def sequential_transforms(*transforms):
    """ 将文本输入转换操作组合在一起的辅助函数 """

    def func(text_input):
        for transform in transforms:
            text_input = transform(text_input)
        return text_input

    return func


def tensor_transform(token_ids: List[int]):
    """ 为输入序列索引添加<bos>和<eos>符号并转换为张量 """
    return torch.cat((torch.tensor([bos_idx]),
                      torch.tensor(token_ids),
                      torch.tensor([eos_idx])))


def collate_fn(batch, text_transform):
    """ 将数据对齐为批量 """
    src_batch, tgt_batch = [], []
    for src_sentence, tgt_sentence in batch:
        src_batch.append(text_transform[src_lang](src_sentence.rstrip("\n")))
        tgt_batch.append(text_transform[tgt_lang](tgt_sentence.rstrip("\n")))
```

```
        src_batch = pad_sequence(src_batch, padding_value=pad_idx)
        tgt_batch = pad_sequence(tgt_batch, padding_value=pad_idx)
        return src_batch, tgt_batch
```

代码 9.30 定义编码器类。编码器使用单层双向的 GRU，只需要在构造函数中设置 bidirectional=True 就可以让编码器 GRU 成为双向。GRU 的下面是一个嵌入层，然后接一个丢弃层。由于解码器不是双向的，只需要一个上下文向量 z 作为解码器的初始隐藏状态 s_0，但编码器 GRU 是双向的，有前向和后向两个隐藏状态，即 $\vec{z} = \vec{h}_T$ 和 $\overleftarrow{z} = \overleftarrow{h}_T$。有两种方案来解决这个问题：第一种是简单丢弃一个隐藏状态，如只使用后向隐藏状态 $\overleftarrow{z}$；第二种是连接两个隐藏状态，再传递给一个线性层和一个 tanh 激活函数以整合这两个隐藏状态，即 $s_0 = z = \tanh(g(\vec{z}, \overleftarrow{z}))$，本书采用第二种方案。

代码 9.30 编码器类

```
class Encoder(nn.Module):
    """ 双向 GRU 编码器 """

    def __init__(self, input_dim, emb_dim, enc_hid_dim, dec_hid_dim, dropout):
        super().__init__()
        self.embedding = nn.Embedding(input_dim, emb_dim)
        self.rnn = nn.GRU(emb_dim, enc_hid_dim, bidirectional=True)
        self.fc = nn.Linear(enc_hid_dim * 2, dec_hid_dim)
        self.dropout = nn.Dropout(dropout)

    def forward(self, src):
        embedded = self.dropout(self.embedding(src))
        outputs, hidden = self.rnn(embedded)
        # 将编码器最后步骤的前向和反向隐藏状态经过一个线性层，得到解码器的初始隐藏状态
        hidden = torch.tanh(self.fc(torch.cat((hidden[-2, :, :], hidden[-1, :, :]), dim=1)))
        return outputs, hidden
```

代码 9.31 实现了第 8 章 8.5.2 小节所述的注意力机制。Attention 类的 attn 属性实现计算能量 $E_t = \tanh(W_a[s_{t-1}, H])$ 中的线性层(权重为 W_a)，v 属性则实现计算 $a_t = \text{softmax}(vE_t)$ 中与能量 E_t 相乘的操作，这里实现为一个线性层，forward 最终返回计算得到的整个源句子的注意力 a_t。

代码 9.31 实现注意力类

```
class Attention(nn.Module):
    """ 实现注意力机制 """

    def __init__(self, enc_hid_dim, dec_hid_dim):
        super().__init__()
```

```python
        self.attn = nn.Linear((enc_hid_dim * 2) + dec_hid_dim, dec_hid_dim)
        self.v = nn.Linear(dec_hid_dim, 1, bias=False)

    def forward(self, hidden, encoder_outputs):
        src_len = encoder_outputs.shape[0]
        # batch_size = encoder_outputs.shape[1]
        # 重复解码器隐藏状态 src_len 次,以便与 encoder_outputs 进行连接操作
        hidden = hidden.unsqueeze(1).repeat(1, src_len, 1)
        encoder_outputs = encoder_outputs.permute(1, 0, 2)
        # 计算能量
        energy = torch.tanh(self.attn(torch.cat((hidden, encoder_outputs), dim=2)))
        attention = self.v(energy).squeeze(2)
        return F.softmax(attention, dim=1)
```

代码 9.32 实现了解码器类。Decoder 类的 attention 属性实例化一个 Attention 类,该实例的输入为前一时刻的隐藏状态 s_{t-1} 以及编码器的全部隐藏状态 H,最终输出注意力 a_t。代码中的 weighted 变量计算 $w_t = a_t H$,然后调用解码器 RNN 计算得到当前时刻的隐藏状态 s_t (即 hidden),最后使用线性层 fc_out 计算目标句子中的下一个单词 $\hat{y}_{t+1}$ (即 prediction)。

代码 9.32　实现解码器类

```python
class Decoder(nn.Module):
    """ GRU 解码器 """

    def __init__(self, output_dim, emb_dim, enc_hid_dim, dec_hid_dim, dropout,
                 attention):
        super().__init__()
        self.output_dim = output_dim
        self.attention = attention
        self.embedding = nn.Embedding(output_dim, emb_dim)
        self.rnn = nn.GRU((enc_hid_dim * 2) + emb_dim, dec_hid_dim)
        self.fc_out = nn.Linear((enc_hid_dim * 2) + dec_hid_dim + emb_dim, output_dim)
        self.dropout = nn.Dropout(dropout)

    def forward(self, inp, hidden, encoder_outputs):
        inp = inp.unsqueeze(0)
        embedded = self.dropout(self.embedding(inp))
        a = self.attention(hidden, encoder_outputs)
        a = a.unsqueeze(1)
        encoder_outputs = encoder_outputs.permute(1, 0, 2)
        weighted = torch.bmm(a, encoder_outputs)
        weighted = weighted.permute(1, 0, 2)
        rnn_input = torch.cat((embedded, weighted), dim=2)
        output, hidden = self.rnn(rnn_input, hidden.unsqueeze(0))
        assert (output == hidden).all()
```

```
embedded = embedded.squeeze(0)
output = output.squeeze(0)
weighted = weighted.squeeze(0)
prediction = self.fc_out(torch.cat((output, weighted, embedded), dim=1))
return prediction, hidden.squeeze(0)
```

代码 9.33 实现 Seq2Seq 模型。模型中，outputs 张量用于存储全部预测 $\hat{Y}$，编码器 encoder 接受源序列 src 输入，计算得到上下文向量 z 和全部隐藏状态 H，解码器的隐藏状态初始化为 z，将一个批量的 <sos> 符号作为解码器的输入(代码中的 inp 变量)，最后使用 for 循环来迭代解码。解码过程：首先将符号 y_t、前一时刻隐藏状态 s_{t-1} 和编码器的全部隐藏状态 H 输入到解码器中，得到预测 $\hat{y}_{t-1}$ 和新的隐藏状态 s_t，然后决定是否使用强制教学，如果是则使用下一个真实符号作为下一时刻输入；否则使用预测符号作为下一时刻输入。

代码 9.33 实现 Seq2Seq 模型

```
class Seq2Seq(nn.Module):
    """ Seq2Seq 模型 """

    def __init__(self, encoder, decoder, device):
        super().__init__()
        self.encoder = encoder
        self.decoder = decoder
        self.device = device

    def forward(self, src, tgt, teacher_forcing_ratio=0.5):
        # teacher_forcing_ratio 为使用强制教学比例
        tgt_len = tgt.shape[0]
        batch_size = src.shape[1]
        tgt_vocab_size = self.decoder.output_dim

        outputs = torch.zeros((tgt_len, batch_size, tgt_vocab_size)).to(self.device)

        # encoder_outputs 是输入序列的全部隐藏状态，包括前向和后向
        # hidden 是最终的前向和后向隐藏状态经过一个线性层得到的
        encoder_outputs, hidden = self.encoder(src)

        # 第一个输入到解码器的符号是<sos>
        inp = tgt[0, :]

        for t in range(1, tgt_len):
            # 输入符号嵌入、前一个隐藏状态和编码器的全部隐藏状态，返回输出预测和新的隐藏状态
            output, hidden = self.decoder(inp, hidden, encoder_outputs)
            # 暂存输出预测
            outputs[t] = output
            # 是否使用强制教学(teacher forcing)
```

```
        teacher_force = random.random() < teacher_forcing_ratio
        # 预测最大值对应的符号
        top1 = output.argmax(1)
        # 如果是强制教学，使用下一个真实符号作为下一时刻输入；否则使用预测的符号
        inp = tgt[t] if teacher_force else top1

    return outputs
```

代码 9.34 所示是两个辅助函数。init_weights 函数简单地将偏置参数初始化为 0，将权重参数随机初始化为正态分布。count_parameters 函数统计模型中可训练的参数数量。

代码 9.34　两个辅助函数

```
def init_weights(m):
    """ 初始化权重参数 """
    for name, param in m.named_parameters():
        if 'weight' in name:
            nn.init.normal_(param.data, mean=0, std=0.01)
        else:
            nn.init.constant_(param.data, 0)


def count_parameters(model):
    """ 统计参数数量 """
    return sum(p.numel() for p in model.parameters() if p.requires_grad)
```

代码 9.35 是模型训练函数。注意到代码使用梯度裁剪来避免 RNN 训练的梯度爆炸问题。

代码 9.35　模型训练函数

```
def train(model, optimizer, criterion, clip, train_dataloader):
    """ 模型训练函数 """
    model.train()

    epoch_loss = 0

    for src, tgt in train_dataloader:
        src = src.to(device)
        tgt = tgt.to(device)

        # 优化参数
        optimizer.zero_grad()
        output = model(src, tgt)
        output_dim = output.shape[-1]
        output = output[1:].view(-1, output_dim)
        tgt = tgt[1:].view(-1)
        loss = criterion(output, tgt)
        loss.backward()
```

```
        torch.nn.utils.clip_grad_norm_(model.parameters(), clip)
        optimizer.step()
        epoch_loss += loss.item()

    return epoch_loss / len(train_dataloader)
```

代码 9.36 是模型评估函数,记得要将模型设置为评估模式,并关闭强制教学。

代码 9.36 模型评估函数

```
def evaluate(model, criterion, dataloader):
    """ 模型评估函数 """
    model.eval()

    epoch_loss = 0

    with torch.no_grad():
        for src, tgt in dataloader:
            src = src.to(device)
            tgt = tgt.to(device)

            output = model(src, tgt, 0)   # 关闭强制教学
            output_dim = output.shape[-1]

            output = output[1:].view(-1, output_dim)
            tgt = tgt[1:].view(-1)
            loss = criterion(output, tgt)
            epoch_loss += loss.item()

    return epoch_loss / len(dataloader)
```

代码 9.37 所示为主函数的构建词典的部分代码。首先调用自定义函数设置随机数种子,让实验有可重复性;然后由训练数据来构建源语言和目标语言的词典;最后设置未登录词为<unk>符号。

代码 9.37 构建词典

```
# 设置随机数种子,让实验有可重复性
set_seed(1234)

# 迭代源语言和目标语言以构建词典
for lang in [src_lang, tgt_lang]:
    # 训练数据迭代器
    train_it = Multi30k(root='../datasets', split='train', language_pair=
                        (src_lang, tgt_lang))
    # 从迭代器中构建 torchtext 的 Vocab 对象
    vocab[lang] = build_vocab_from_iterator(yield_tokens(train_it, lang),
                                            min_freq=1,
```

```
                                    specials=special_symbols,
                                    special_first=True)

# 设置未登录词为'<unk>'
for lang in [src_lang, tgt_lang]:
    vocab[lang].set_default_index(unk_idx)

input_dim = len(vocab[src_lang])
output_dim = len(vocab[tgt_lang])
```

代码 9.38 所示为主函数的模型训练与验证部分代码。首先实例化 Seq2Seq 模型,并初始化权重参数,以及将源语言和目标语言文本转换为张量索引;然后迭代训练模型,并保存验证性能最佳的模型参数;最后使用最佳参数来测试模型性能。

代码 9.38 模型训练与验证

```
attn = Attention(enc_hid_dim, dec_hid_dim)
enc = Encoder(input_dim, enc_emb_dim, enc_hid_dim, dec_hid_dim, enc_dropout)
dec = Decoder(output_dim, dec_emb_dim, enc_hid_dim, dec_hid_dim, dec_dropout, attn)

# 实例化 Seq2Seq 模型
model = Seq2Seq(enc, dec, device).to(device)

# 初始化权重参数
model.apply(init_weights)

print(f"模型共有{count_parameters(model):}个可训练参数。")

# Adam 优化器
optimizer = optim.Adam(model.parameters())

# 初始化损失函数
tgt_pad_idx = vocab[src_lang].get_stoi()['<pad>']
criterion = nn.CrossEntropyLoss(ignore_index=tgt_pad_idx)

best_valid_loss = float('inf')

# 将源语言和目标语言文本转换为张量索引
text_transform = {}
for language in [src_lang, tgt_lang]:
    text_transform[language] = sequential_transforms(tokenizer[language], # 分词
                                   vocab[language],      # 数值化
                                   tensor_transform)     # 添加<bos>和<eos>符号

def collate_wrapper(batch):
    return collate_fn(batch, text_transform)
```

```python
for epoch in range(epochs):
    # 记录开始时间
    start_time = time.time()
    # 加载训练数据
    train_iter = Multi30k(root='../datasets', split='train', language_pair=
                          (src_lang, tgt_lang))
    train_dataloader = DataLoader(train_iter, batch_size=batch_size,
                                  collate_fn=collate_wrapper)
    # 训练
    train_loss = train(model, optimizer, criterion, clip, train_dataloader)
    # 加载验证数据
    val_iter = Multi30k(root='../datasets', split='valid', language_pair=
                        (src_lang, tgt_lang))
    val_dataloader = DataLoader(val_iter, batch_size=batch_size, collate_fn=
                                collate_wrapper)
    valid_loss = evaluate(model, criterion, val_dataloader)

    # 记录结束时间
    end_time = time.time()
    epoch_mins, epoch_secs = epoch_time(start_time, end_time)

    if valid_loss < best_valid_loss:
        best_valid_loss = valid_loss
        torch.save(model.state_dict(), 'seq2seq-model.pt')

    print(f'轮次: {epoch + 1:02} \t耗时: {epoch_mins}分{epoch_secs}秒')
    print(f'\t 训练损失: {train_loss:.3f}\t 训练 PPL: {math.exp(train_loss):7.3f}')
    print(f'\t 验证损失: {valid_loss:.3f}\t 验证 PPL: {math.exp(valid_loss):7.3f}')

# 使用最佳参数测试模型性能
model.load_state_dict(torch.load('seq2seq-model.pt'))
# 加载测试数据
test_iter = Multi30k(root='../datasets', split='test', language_pair=
                     (src_lang, tgt_lang))
test_dataloader = DataLoader(test_iter, batch_size=batch_size, collate_fn=
                             collate_wrapper)
test_loss = evaluate(model, criterion, test_dataloader)
print(f'\t 测试损失: {test_loss:.3f}\t 测试 PPL: {math.exp(test_loss):7.3f}')
```

运行程序后的结果如下:

```
模型共有 33559382 个可训练参数。
轮次: 01  耗时: 1 分 43 秒
    训练损失: 5.111    训练 PPL: 165.836
    验证损失: 4.995    验证 PPL: 147.678
轮次: 02  耗时: 1 分 53 秒
    训练损失: 4.188    训练 PPL:  65.894
    验证损失: 4.566    验证 PPL:  96.112
```

```
轮次: 03  耗时: 2 分 10 秒
    训练损失: 3.590  训练 PPL:  36.239
    验证损失: 4.098  验证 PPL:  60.216
轮次: 04  耗时: 2 分 27 秒
    训练损失: 3.037  训练 PPL:  20.836
    验证损失: 3.809  验证 PPL:  45.099
轮次: 05  耗时: 2 分 49 秒
    训练损失: 2.606  训练 PPL:  13.548
    验证损失: 3.616  验证 PPL:  37.176
轮次: 06  耗时: 2 分 50 秒
    训练损失: 2.230  训练 PPL:   9.297
    验证损失: 3.681  验证 PPL:  39.674
轮次: 07  耗时: 2 分 50 秒
    训练损失: 1.953  训练 PPL:   7.048
    验证损失: 3.621  验证 PPL:  37.385
轮次: 08  耗时: 2 分 54 秒
    训练损失: 1.731  训练 PPL:   5.647
    验证损失: 3.666  验证 PPL:  39.098
轮次: 09  耗时: 2 分 58 秒
    训练损失: 1.575  训练 PPL:   4.829
    验证损失: 3.722  验证 PPL:  41.338
轮次: 10  耗时: 2 分 57 秒
    训练损失: 1.427  训练 PPL:   4.166
    验证损失: 3.779  验证 PPL:  43.760
    测试损失: 3.595  测试 PPL:  36.420
```

习 题

9.1　查阅 PyTorch 文档，了解 nn.EmbeddingBag 类的功能及其参数的用法。

9.2　研读 language_model_transformer.py 程序，对比 language_model_rnn.py，谈谈使用 Transformer 来构建语言模型的优势。

9.3　研读 qiqc.py 程序，说明寻找一个最佳阈值的方法以及应该在哪一个范围内去寻找最佳阈值的理由。

9.4　QIQC 给出以下 4 个 Embeddings：

① GoogleNews-vectors-negative300 - https://code.google.com/archive/p/word2vec/

② glove.840B.300d - https://nlp.stanford.edu/projects/glove/

③ paragram_300_sl999 - https://cogcomp.org/page/resource_view/106

④ wiki-news-300d-1M - https://fasttext.cc/docs/en/english-vectors.html

有人发现 glove 和 paragram 两个做加权和运算(0.7 glove +0.3 paragram 作为词向量)能够达到最好的效果，谈谈这样做的理由。

9.5 研究 language_model_rnn.py 和 shakespear.py 两者构建训练数据集的方式，说明两者的优、缺点。

9.6 dinosaur_name_generate.py 是使用 RNN 模型学习恐龙名称命名规律的程序，研究该程序并完成以下练习：

① 尝试使用现成的 PyTorch 模型来替换程序中的从头开始搭建的模型；

② 程序中恐龙名称的生成采用的是贪婪抽样策略，说说这种策略的优、缺点，并尝试使用其他策略来实现抽样。

9.7 研读 translation_transformer.py 程序，并与 translation_rnn.py 相比较，说一说使用 Transformer 来完成神经机器翻译的优、缺点。

参 考 文 献

[1] Eli Stevens, Luca Antiga. Deep Learning with PyTorch[M]. Manning Publications, 2019.

[2] Mishra, Pradeepta. PyTorch Recipes: A Problem-Solution Approach[M]. Apress Publications, 2019.

[3] 红色石头. 深度学习入门：基于 PyTorch 和 TensorFlow 的理论与实现[M]. 北京：清华大学出版社，2020.

[4] 陈云. 深度学习框架 PyTorch 入门与实践[M]. 北京：电子工业出版社，2018.

[5] Aston Zhang, Zachary C. Lipton, Mu Li, et al. 动手学深度学习(Relcase 2.0.0-alpha2). 开源书籍 https://zh-v2.d2l.ai/d2l-zh-pytorch.pdf, 2021.

[6] Ian Goodfellow, Yoshua Bengio, Aaron Courville. Deep Learning[M]. London: The MIT Press, 2016.

[7] Vishnu Subramanian. Deep Learning with PyTorch. Packt Publishing Ltd, 2018.